MATT RIDLEY

Die Biologie der Tugend

Warum es sich lohnt, gut zu sein

Aus dem Englischen
von Angelus Johansen
und Anne Weiland

ULLSTEIN

Die Deutsche Bibliothek – CIP-Einheitsaufnahme

Ridley, Matt:
Die Biologie der Tugend : warum es sich lohnt, gut zu sein / Matt Ridley.
Aus dem Engl. von Angelus Johansen. - Berlin : Ullstein, 1997
Einheitssacht.: The origins of virtue <dt>
ISBN 3-550-06953-7

Titel der englischen Originalausgabe
The Origins of Virtue
Published by the Penguin Group,
Harmondsworth, Middlesex, England 1996
© 1996 by Matt Ridley
Aus dem Englischen von Angelus Johansen

Deutsche Ausgabe © 1997 by Ullstein Buchverlage GmbH, Berlin
Alle Rechte vorbehalten
Satz: Fa. Mitterweger, Plankstadt
Druck und Verarbeitung: Grafischer Großbetrieb Pößneck
Ein Mohndruck-Betrieb
Printed in Germany
ISBN 3 550 06953 7

Gedruckt auf alterungsbeständigem Papier
mit chlorfrei gebleichtem Zellstoff

Für Anya

INHALT

DANKSAGUNG

Die Sätze in diesem Buch stammen allesamt von mir, aber die meisten Einsichten und Gedanken gehören anderen. Am tiefsten bin ich all jenen Menschen zu Dank verpflichtet, die ihre Gedanken und Erkenntnisse so großzügig mit mir teilten. Einige ließen lange Gespräche über sich ergehen oder schickten mir Aufsätze und Bücher, andere leisteten moralische oder praktische Unterstützung, und wieder andere lasen Korrektur oder kritisierten einzelne Kapitelentwürfe. Ihnen allen gebührt mein aufrichtiger Dank.

Darin sind eingeschlossen: Terry Anderson, Christopher Badcock, Roger Bate, Laura Betzig, Roger Bingham, Monique Borgehoff Mulder, Mark Boyce, Robert Boyd, Sam Brittan, Stephen Budiansky, Stephanie Cabot, Elizabeth Cashdan, Napoleon Chagnon, Bruce Charlton, Dorothy Cheney, Jeremy Cherfas, Leda Cosmides, Helena Cronin, Lee Cronk, Clive Crook, Bruce Dakowski, Richard Dawkins, Robin Dunbar, Paul Ekman, Wolfgang Fikentscher, Robert Frank, Anthony Gottlieb, David Haig, Bill Hamilton, Peter Hammerstein, Garrett Hardin, John Hartung, Toshikazu Hasegawa, Kristen Hawkes, Kim Hill, Robert Hinde, Mariko Hiraiwa-Hasegawa, David Hirshleifer, Jack Hirshleifer, Anya Hurlbert, Magdalena Hurtado, Lamar Jones, Hillard Kaplan, Charles Keckler, Bob Kentridge, Desmond King-Hele, Mel Konner, Robert Layton, Brian Leith, Mark Lilla, Tom Lloyd, Bobby Low, Michael McGuire, Gene Masher, Roger Masters, John Maynard Smith, Geoffrey Miller, Graeme Mitchison, Martin Nowak, Elinor

Ostrom, Wallace Raven, Peter Richerson, Adam Ridley, Alan Rogers, Paul Romer, Garry Runciman, Miranda Seymour, Stephan Shennan, Fred Smith, Vernon Smith, Lyle Steadman, James Steele, Michael Taylor, Lionel Tiger, John Tooby, Robert Trivers, Colin Tudge, Richard Webb, George Williams, Margo Wilson und Robert Wright. Es ist eine große Auszeichnung für mich gewesen, allen diesen Denkern beim Arbeiten zusehen zu dürfen, und ich hoffe, ich bin ihren Ideen gerecht geworden.

Für ihre Geduld und ihren klugen Rat danke ich meinen Lektoren Felicity Bryan und Peter Ginsberg, für ihre Ermutigung meinen Verlegern bei Viking Penguin, Ravi Mirchandani, Clare Alexander und Mark Stafford, sowie den Zeitungs- und Zeitschriftenverlegern Charles Moore, Redmond O'Hanlon, Rosie Boycott und Max Wilkinson, die mir den Platz gewährten, um verschiedene Gedanken in gedruckter Form auszuprobieren.

Vor allem aber und für alles danke ich meiner Ehefrau Anya Hurlbert.

PROLOG

Warum ein russischer Anarchist dem Gefängnis entkommt

Es bereitete mir Schmerzen, den elenden Zustand des alten Mannes anzusehen, und auf dieselbe Weise verschaffte es mir einige Linderung, ein Almosen zu geben.

Thomas Hobbes, bei der Erklärung, weshalb er einem Bettler ein Sixpence-stück gab

Der Gefangene war in einem Zwiespalt. Als er langsam seinen gewohnten Pfad entlangschritt, hörte er plötzlich aus dem offenen Fenster eines Hauses, von dem man den Gefängnishof überblicken konnte, eine Violine. Sie spielte eine aufregende Mazurka von Kontski. Das war das Signal! Aber er war gerade an jenem Punkt auf seinem Rundgang, der am weitesten vom Gefängnistor entfernt lag. Sein Fluchtplan mußte beim ersten Mal glücken, oder er würde überhaupt nicht gelingen, denn alles hing von der Überlistung der Wachen ab.

Jetzt mußte er sich seines schweren Morgenrocks entledigen, sich umdrehen und auf das offene Gefängnistor zulaufen, bevor die Wachen ihn einholen konnten. Das Tor war geöffnet, um die übliche Lieferung Brennholz passieren zu lassen. Erst einmal draußen, würden seine Freunde in einer Kutsche mit ihm rasch durch die Straßen von St. Petersburg jagen. Der Plan war sorgfältig ausgearbeitet und dem Gefangenen, in einer Uhr verborgen, die eine weibliche Besucherin mitgebracht hatte, in einer verschlüsselten Nachricht übermittelt worden. Über zwei Meilen hatten seine Freunde sich entlang der Straßen postiert; jeder würde dem nächsten durch immer andere Zeichen zu verstehen geben, daß auf den Straßen niemand verkehrte. Die Violine war das Signal, daß die Straße frei war, die Kutsche an ihrem Platz stand, ein Komplize des Gefangenen die Wache am Hospitaltor, dicht bei der Kutsche, in ein tiefes Gespräch darüber verwickelt hatte, wie Parasiten unter dem Mikroskop aussehen (Nachforschungen hatten ergeben, daß die Mikroskopie eine Liebhaberei des Wächters war). Alles war bereit.

Aber ein Schnitzer, und er würde nie wieder eine Chance bekommen. Er würde wahrscheinlich aus dem Gefängnis des St. Petersburger Militärkrankenhauses zurück in die kaltfeuchte, ungesunde Finsternis der Peter-und-Pauls-Festung gebracht werden, in der er bereits zwei einsame Jahre verbracht hatte. Nun mußte er mit Sorgfalt den richtigen Zeitpunkt wählen. Würde die Mazurka noch spielen, wenn er die Stelle auf seinem Rundgang erreicht hatte, die dem Gefängnistor am nächsten lag? Wann sollte er loslaufen?

Mit zitterndem Schritt setzte er seinen Weg in Richtung Gefängnistor fort. Er erreichte das Ende des Rundgangs und wandte sich um, um nach dem Wachtposten zu sehen, der ihm folgte: Der Mann hatte fünf Schritte hinter ihm angehalten. Die Violine spielte immer noch (und sie spielt gut, dachte er).

Jetzt! Mit zwei schnellen Bewegungen, die er tausendmal geübt hatte, warf er das schwerfällige Kleidungsstück ab und raste davon. Der Posten nahm die Jagd auf und riß sein Gewehr hoch, um den Fliehenden mit dem Bajonett niederzustechen. Aber die Verzweiflung verlieh dem Gefangenen Kräfte, unverletzt erreichte er das Tor einige Schritte vor seinem Verfolger. Im Tor zögerte er einen Moment, als er in der Kutsche einen Mann mit Militärmütze erblickte. Verraten an den Feind! dachte er. Doch dann entdeckte er unter der Mütze den rötlichen Backenbart seines Freundes, den

14

Leibarzt der Zarin und heimlichen Revolutionär, und er sprang in die Freiheit. Das Gefährt schoß davon in die Stadt; die Verfolgung wurde durch seine Freunde vereitelt, die alle Wagen in der Nähe gemietet hatten. Sie fuhren zu einem Friseur, rasierten dem Gefangenen den Bart ab und verbargen sich am Abend in einem der exklusivsten Restaurants St. Petersburgs, in der Tat so exklusiv, daß die Geheimpolizei nicht auf die Idee kam, ihn dort zu suchen.

Gegenseitige Hilfe

Viel, viel später sollte der Gefangene der Tatsache gedenken, daß er seine Freiheit dem Mut anderer verdankte: der Frau, die die Uhr brachte, der Frau, die die Violine spielte, dem Freund, der die Kutsche lenkte, dem Arzt, der darin saß, den vielen Komplizen, die die Straßen freihielten, damit seine Flucht gelang. Es war eine gemeinschaftliche Anstrengung, die seine Befreiung aus dem Gefängnis möglich gemacht hatte, und die Erinnerung daran brachte in seinem Denken eine ganze Theorie der menschlichen Entwicklung ins Rollen.

An Fürst Peter Kropotkin erinnert man sich heutzutage, wenn überhaupt, nur als einen Anarchisten. Aber seine Flucht aus einem zaristischen Gefängnis im Jahre 1876 war das dramatischste und bemerkenswerteste Ereignis in einem langen und bewegten öffentlichen Leben. Seit frühester Jugend war Fürst Kropotkin für ein großes Schicksal bestimmt gewesen. Der Sohn eines herausragenden adligen Generals erregte als Achtjähriger, als in ein Perserkostüm gekleideter Page während eines Balls die Aufmerksamkeit Zar Nikolaus' I. und wurde dem Pagenkorps, Rußlands erster Militärakademie, zugeteilt. Im Korps brillierte er mit ausgezeichneten Leistungen, man verlieh ihm den Rang eines Sergeanten, eine Position, die das Amt des Leibpagen

für den Zaren höchstselbst (inzwischen Alexander II.) bein-
haltete. Eine glänzende militärische oder diplomatische
Karriere lag vor ihm.

Doch Kropotkin, dessen brillanter Geist von einem französischen Hauslehrer mit den Gedanken der Freidenker infiziert worden war, hegte andere Vorstellungen. Er trat einem sibirischen Regiment mit skandalös schlechtem Ruf
bei, verbrachte mehrere Jahre mit der Erforschung des
fernöstlichen Sibiriens, bahnte in einer Pioniertat mehrere
neue Routen durch die Berge und Flußschluchten dieses
Landes und entwickelte seine eigenen frühreifen Theorien
über die Geologie und Geschichte des asiatischen Kontinents. Nach St. Petersburg kehrte er als vielbeachteter Geo-
graph zurück und, angewidert von den politischen Gefäng-
nissen, die er gesehen hatte, auch als heimlicher
Revolutionär. Nach einem Besuch in der Schweiz, wo er unter den Einfluß des Anarchisten Michael Bakunin geriet, ge-
sellte er sich in der russischen Hauptstadt zu einem Kreis
von Anarchisten und schürte die Revolution. Manchmal
ging er direkt vom Mittagessen im Winterpalast aus zu
Treffen, auf denen er verkleidet die Arbeiter und Bauern
politisch aufzuklären versuchte. Unter dem Pseudonym
Borodin veröffentlichte er aufrührerische Flugblätter und
erlangte großes Ansehen als Volksredner.

Als die Polizei Borodin schließlich aufspürte und ihn als
niemand anderen als den berühmten Prinzen Kropotkin ent-
larvte, waren der Zar und sein ganzer Hof schockiert und auf-
gebracht. Noch wütender wurden sie, als ihm zwei Jahre später eine derart glänzende Flucht gelang und er unentdeckt ins
Exil entkommen konnte. Er lebte nacheinander in England,
der Schweiz und Frankreich und schließlich, als ihn kein anderes Land mehr aufnehmen wollte, wieder in England. Dort
gab er nach und nach die Agitation zugunsten verständigerer
philosophischer Schriften und Reden im Dienste des Anar-
chismus auf und wandte sich dabei mit aller Entschiedenheit

16

gegen den konkurrierenden Marxismus, der es seiner Meinung nach nur darauf abgesehen hatte, genau den autokratischen, bürokratischen Zentralstaat wiederzuerrichten, den er und andere so unerbittlich bekämpft hatten.

Im Jahre 1888 lebte Kropotkin, ein kahl werdender, bärtiger Mann mit Brille, rundlicher Figur und freundlichem Wesen, als verarmter freischaffender Schriftsteller in Harrow, einem der Außenbezirke Londons, und harrte geduldig der Revolution in seinem Vaterland. In jenem Jahr, aufgestachelt von einem Essay von Thomas Henry Huxley, mit dessen Inhalt er nicht übereinstimmte, begann der Anarchist mit der Arbeit an dem, was sich als sein bleibendes Vermächtnis erweisen sollte, seinem Hauptwerk, aufgrund dessen man sich heute an ihn erinnert. Es war ein Buch mit dem Titel *Gegenseitige Hilfe: Ein Faktor der Entwicklungsgeschichte* – ein prophetisches Werk, wenngleich es jetzt weitgehend der Vergessenheit anheimgefallen ist.

Huxley vertrat die These, die Natur sei der Schauplatz eines gnadenlosen Kampfes egoistischer Individuen. Das stellt ihn in eine lange Tradition, die über Malthus, Hobbes, Machiavelli und Augustin bis zu den Sophistikern der Antike zurückreicht und die menschliche Natur als im wesentlichen egoistisch und individualistisch ansieht, es sei denn, sie würde durch Kultur gebändigt. Kropotkin berief sich auf eine andere Tradition, eine, die sich von Godwin, Rousseau, Pelagius und Plato herleitet und der zufolge der Mensch als tugendhaftes und gutes Wesen auf die Welt kommt, aber durch die Gesellschaft verdorben wird.

Kropotkin argumentierte, daß die Bedeutung, die Huxley dem ›Kampf ums Dasein‹ beimaß, schlicht nicht mit dem übereinstimmte, was er in der Natur beobachtete, von den Menschen ganz zu schweigen. Für ihn war das Leben kein blutiges Gerangel oder, wie es in Huxleys Umschreibung von Thomas Hobbes heißt, »ein Krieg jeder gegen jeden«, sondern es war von Kooperation ebenso stark geprägt wie

von Konkurrenz. Dabei waren die erfolgreichsten Tiere offensichtlich gleichzeitig die kooperativsten. Sollte die Evolution die Individuen gegeneinander aufbieten, dann veranlaßte die Evolution sie auch, sich gegenseitig zu unterstützen.[1] Kropotkin weigerte sich anzunehmen, daß Egoismus ein Vermächtnis der Natur, Moral dagegen ein Vermächtnis der Kultur sei. Seiner Überzeugung nach war Kooperation eine uralte Tradition der Tiere, die auch auf das Tier Mensch übergegangen war.»Doch wenn wir bei einem indirekten Versuch Zuflucht nehmen und an die Natur die Frage richten: ›Wer ist tüchtiger: die [Arten], die einander ständig bekriegen, oder die, die sich gegenseitig unterstützen?‹, dann sehen wir sofort, daß jene Tiere, welche die Gewohnheit gegenseitiger Hilfeleistung angenommen haben, unzweifelhaft die Tüchtigsten sind.«Der Gedanke, daß das Leben ein ruchloser Kampf egoistischer Wesen sei, war ihm unerträglich. War er nicht dank eines Dutzend treuergebener Freunde aus dem Gefängnis entkommen, die dabei ihr eigenes Leben aufs Spiel gesetzt hatten? Wie war in Huxleys ›Kampf‹ eine solche Uneigennützigkeit zu erklären? Papageien sind anderen Vögeln überlegen, vermutete er, weil sie geselliger und somit intelligenter seien. Und unter den Menschen ist Kooperation bei den Naturvölkern genauso verbreitet wie bei den Kulturvölkern. Vom gemeinschaftlich genutzten Dorfanger bis zur Organisation einer mittelalterlichen Handwerkerzunft, so Kropotkin, gedeiht die Gemeinschaft um so besser, je mehr sich die Leute gegenseitig helfen.

»Der Anblick einer russischen Dorfgemeinschaft beim Mähen einer Wiese – die Männer in der Tüchtigkeit ihrer Sensen miteinander wetteifernd, die Frauen das Heu wendend und zu hohen Haufen schichtend –, das ist einer der ehrfurchteinflößendsten Anblicke, die es gibt: Er zeigt, was menschliche Arbeit sein könnte und sein sollte.«

Kropotkins Evolutionstheorie war keine mechanistische Theorie wie die Darwins. Die einzige Erklärung, die er dafür hatte, daß das Phänomen der gegenseitige Hilfe derart Raum greifen konnte, war, daß sich soziale Arten und Gruppen im selektiven Konkurrenzkampf gegenüber weniger sozialen Arten behauptet haben – was lediglich bedeutet, Konkurrenz und natürliche Auslese auf eine andere Ebene zu verlagern, nämlich vom Individuum zur Gruppe. Aber er hatte eine Frage aufgeworfen, die ein Jahrhundert später in Wirtschaft, Politik und Biologie ihren Nachhall finden sollte. Wenn das Leben ein Konkurrenzkampf ist, wieso gibt es dann allerorten soviel Zusammenarbeit? Und vor allem – warum sind ganz besonders die Menschen so eifrig auf Kooperation bedacht? Ist der Mensch instinktiv ein antisoziales Tier, oder ist er instinktiv ein prosoziales Tier? Das ist die Frage meines Buches: die Frage nach den Wurzeln der menschlichen Gesellschaft. Ich werde zeigen, daß Kropotkin zur Hälfte recht hatte und daß jene Wurzeln viel tiefer liegen, als wir annehmen. Die Gesellschaft funktioniert nicht deshalb, weil wir sie bewußt erfunden hätten, sondern weil sie ein uraltes Produkt unserer entwickelten Anlagen ist. Sie liegt, im wörtlichen Sinne, in unserer Natur.[2]

Die ursprüngliche Tugend

Dies ist ein Buch über die menschliche Natur, und im besonderen ist es ein Buch über die überraschend soziale Natur des Tieres Mensch. Wir leben in Städten, arbeiten in Gruppen, und unser Leben besteht aus einem Geflecht sozialer Beziehungen, das uns mit Verwandten, Kollegen, Gefährten, Freunden, Vorgesetzten und Untergebenen verbindet. Wir sind unfähig, allein zu leben (das gilt sogar für Misanthropen). Selbst in einem ganz praktischen Sinn ist es vermutlich eine Million Jahre her, daß ein beliebiges menschliches Wesen rundum autark war, das heißt überlebensfähig, ohne seine eigenen Fähigkeiten gegen die Fähigkeiten anderer Mitmenschen einzutauschen. Wir sind von anderen Mitgliedern unserer Art weit abhängiger als alle anderen Primaten. Wir ähneln eher den Ameisen oder Termiten, die als Sklaven ihrer Gesellschaften leben. Wir definieren Tugend nahezu ausschließlich als soziales Verhalten, Laster als unsoziales Verhalten. Kropotkin hatte recht, die große Rolle der gegenseitigen Hilfe zu betonen, die in unserer Welt einen so wichtigen Platz einnimmt, aber er dachte zu anthropozentrisch, als er annahm, sie sei deshalb auch auf andere Arten anzuwenden. Ein wesentliches Merkmal, das die Menschheit von anderen Arten abgrenzt und zu ihrem ökologischen Erfolg beigetragen hat, ist unser Vorrat an hypersozialen Instinkten.

Doch für die meisten Leute sind Instinkte Sache der Tiere, nicht Sache der Menschen. Die konventionelle Sichtweise der Sozialwissenschaft ist die, daß die menschliche Natur nur das Ergebnis der individuellen Lebensumstände und der persönlichen Erfahrung ist. Aber unsere Kulturen sind keine willkürlichen Sammlungen zufällig erworbener Gewohnheiten. Sie sind der kanalisierte Ausdruck unserer Instinkte. Deshalb tauchen in allen Kulturen dieselben Themen auf – Familie, Ritus, Handel, Liebe, Hierarchie, Freundschaft, Neid, Gruppenloyalität und Aberglauben. Das ist der Grund, weshalb fremde Kulturen trotz aller oberflächlichen Unterschiede in Sprache und Sitte unmittelbar verständlich bleiben, jedenfalls auf der untersten Ebene der Motive, der Gefühle und der sozialen Bräuche. Bei einer Art wie den Menschen sind Instinkte keine unveränderlichen genetischen Programme; vielmehr repräsentieren sie die Bereitschaft zu lernen. Und zu glauben, daß Menschen Instinkte haben, ist nicht deterministischer, als zu glauben, daß sie die Produkte ihrer Erziehung sind.

Es ist der Anspruch dieses Buches, auf die alte Frage – wie funktioniert die Gesellschaft? – eine überraschend einfache Antwort zu finden, und zwar anhand der Erkenntnisse der Entwicklungsbiologie. Die Gesellschaft wurde nicht von vernünftigen Menschen erdacht. Sie entwickelte sich als ein Teil unserer Natur. Sie ist ebensosehr ein Produkt unserer Gene wie ein Produkt unserer Körper. Um das zu verstehen, müssen wir in unsere Gehirne hineinschauen und dort die Instinkte untersuchen, die für den Aufbau und die Nutzung sozialer Bindungen vorhanden sind. Wir müssen auch einen Blick auf andere Tiere werfen, um zu verstehen, wie das im wesentlichen auf Konkurrenz basierende Geschäft der Evolution manchmal auch Raum für Instinkte der Kooperation läßt. Dieses Buch beschreibt drei Ebenen. Es handelt von der Milliarden Jahre alten Agglomeration unserer Gene zu kooperativen Verbänden, der Millionen Jahre alten Agglomeration unserer Vorfahren zu kooperativen Gesellschaften und der Jahrtausende alten Agglomeration von Ideen über die Gesellschaft und ihren Ursprung.

Das ist ein ziemlich unbescheidenes Unterfangen, und ich erhebe keinen Anspruch darauf, daß ausgerechnet ich das letzte Wort in dieser Angelegenheit behalten werde. Ich kann mir noch nicht einmal sicher sein, daß alle der hier von mir diskutierten Ideen richtig sind. Doch falls nur einige in die richtige Richtung führen, werde ich zufrieden sein. Mein Anliegen ist es, Sie zu dem Versuch zu überreden, einmal aus Ihrer menschlichen Haut herauszuschlüpfen und gemeinsam mit mir auf unsere Art mit allen ihren kleinen Schwächen und Fehlern zurückzublicken. Naturwissenschaftler wissen, daß jede Säugetierart von einer anderen Art ebenso leicht durch ihr Verhalten unterschieden werden kann wie durch ihre Erscheinung, und ich bin überzeugt, daß für Menschen dasselbe gilt. Wir besitzen eigene artspezifische Verhaltensweisen, die uns von Schimpansen und Delphinen unterscheiden – kurz, wir haben eine ent-

21

wickelte Natur. Das klingt ganz selbstverständlich, wenn ich es so formuliere, aber wir sprechen es eben selten so aus. Wir vergleichen uns immer nur mit uns selbst, und das ist doch eine ziemlich trübselige und beschränkte Perspektive. Angenommen, Sie wären beauftragt worden, ein Buch über das Leben auf der Erde zu schreiben, vielleicht für einen Verleger auf dem Mars. Sie würden jeder Säugetierart ein Kapitel widmen (es würde also ein ziemlich langes Buch werden), in welchem Sie nicht nur eine Beschreibung seiner Körperform liefern würden, sondern auch die seines Verhaltens. Sie wären bei den Menschenaffen angelangt und stünden nun vor der Aufgabe, den Homo sapiens zu beschreiben. Wie würden Sie denn nun das Verhalten dieses komischen, großen Menschenaffen charakterisieren? Ein spontaner Gedanke wäre: ›Sozial: lebt in großen Gruppen mit komplexen, wechselseitigen Beziehungen zwischen den einzelnen Individuen‹. Genau dies ist der Gegenstand meines Buches.

KAPITEL 1

Die Gesellschaft der Gene

Warum es zu einer Meuterei kommt

Die Gesellschaft der Honigbienen erfüllt das Ideal jenes kommunistischen Aphorismus': »Jedem nach seinen Bedürfnissen, jeder nach seinen Fähigkeiten«. In ihr ist der Kampf ums Dasein streng begrenzt. Königinnen, Drohnen und Arbeiterinnen erhalten alle den ihnen zugewiesenen Anteil an Nahrung [...] Eine nachdenkliche Drohne mit einem Hang zur Ethik (Arbeiterinnen und Königinnen hätten keine Muße für philosophische Spekulationen) müßte sich notwendigerweise als intuitive Moralistin ersten Ranges bekennen. Mit größter Berechtigung würde sie ausführen, daß die Hingabe der Arbeiterinnen an ein Leben voll endloser Mühen für einen bloßen Existenzlohn nicht erklärbar ist – weder durch einen aufgeklärten Egoismus noch durch irgendein anderes auf Nützlichkeit ausgerichtetes Motiv.
T. H. Huxley: *Evolution and Ethics. Prolegomena*, 1894

»Die Ameisen und Termiten«, schrieb Prinz Kropotkin, »haben dem ›Hobbesschen Krieg‹ abgeschworen, und das hat ihnen nur zum Vorteil gereicht.« Falls es jemals einen Beweis für die Macht der Kooperation geben sollte, dann sind Ameisen, Bienen und Termiten ein solcher. Es gibt wahrscheinlich zehntausend Milliarden Ameisen auf dem Planeten, die in ihrer Gesamtheit soviel wiegen wie alle Menschen zusammen. Es gibt Schätzungen, nach denen drei Viertel der Biomasse aller Insekten im amazonischen Regenwald – und an einigen Stellen ein Drittel der gesamten tierischen Biomasse – aus Ameisen, Termiten, Bienen und Wespen besteht. Vergessen Sie die berühmte Artenvielfalt der Millionen von Käferarten. Vergessen Sie die Affen, Tukane, Schlangen und Schnecken. Amazonien wird von Ameisen- und Termitenkolonien beherrscht. Sie können die von den Ameisen ausgeschiedene Ameisensäure von einem Flugzeug aus sehen. In der Wüste sind sie vielleicht sogar noch allgegenwärtiger. Gäbe es da nicht eine unerklärliche Abneigung gegenüber niedrigen Temperaturen, würden Ameisen und Termiten auch in gemäßigten Klimazonen vorherrschen. Sie sind in gleichem Maß die Herren des Planeten wie wir.[1]

Der Bienenstock und das Ameisennest sind von alters her die bevorzugte Metapher für menschliche Zusammenarbeit. Für Shakespeare war der Bienenstock ein wohlwollender Despotismus, in dem die Untertanen in harmonischem Einklang mit ihrem Monarchen lebten, wie es der Erzbischof unterwürfigst Heinrich V. darlegte:

»So tun die Honigbienen, Kreaturen,
Die durch die Regel der Natur uns lehren
Zur Ordnung fügen ein bevölkert Reich.
Sie haben einen König und Beamte
Von unterschiednem Rang, wovon die einen
Wie Obrigkeiten Zucht zu Hause halten,
Wie Kaufleut andre auswärts Handel treiben,
Noch andre wie Soldaten, mit den Stacheln
Bewehrt, die samtnen Sommerknospen plündern
Und dann den Raub mit lustgem Marsch nach Haus
Zum Hauptgezelte ihres Kaisers bringen –
Der, emsig in der Majestät, beachtet,
Wie Maurer singend goldne Dächer baun,
Die stillen Bürger ihren Honig kneten
Wie sich die armen Tagelöhner drängen
Mit schweren Bürden an dem engen Tor,
Wie, mürrisch summend, der gestrenge Richter
Die gähnende und faule Drohne liefert
In bleicher Henker Hand.«*

24

Kurz, der Bienenstock war eine ständisch gegliederte elisabethanische Gesellschaft in kleiner Ausführung. Vier Jahrhunderte später sah das ein anonymer Polemiker ganz anders, wie Stephen Jay Gould erzählt: »Auf der New Yorker Weltausstellung 1964 betrat ich eines Tages die ›Halle des Freien Unternehmertums‹, um dem Regen zu entkommen. Im Innern war an hervorgehobener Stelle ein Ameisenhaufen mit folgender Schrifttafel angelegt: ›Zwanzig Millionen Jahre Entwicklungsstillstand. Und warum? Weil die Ameisenkolonie ein sozialistisches, totalitäres System ist.‹«²

Das Gemeinsame dieser beiden Beschreibungen ist nicht nur der intuitive Vergleich zwischen den Gesellschaften sozialer Insekten und denen der Menschen, sondern auch die Anerkennung der Tatsache, daß Ameisen und Bienen etwas, nach dem wir erst streben, irgendwie besser gelingt. Ihre Gesellschaften sind harmonischer und stärker an der gemeinsamen Sache oder dem höheren Gut ausgerichtet, sei das nun kommunistisch oder monarchistisch.

Eine einzelne Ameise oder Honigbiene ist ebenso schwach und zum hoffnungslosen Scheitern verurteilt wie ein abgetrennter Finger. Ihrem Volk angeschlossen, ist sie so nützlich wie ein Daumen. Sie dient der höheren Sache ihrer Kolonie, der zuliebe sie die eigene Fortpflanzung opfert und ihr Leben riskiert. Ameisenkolonien werden geboren, wachsen, vermehren sich und sterben wie Körper. Bei den Ernteameisen Arizonas lebt die Königin fünfzehn bis zwanzig Jahre. Während der ersten fünf Jahre ihres Lebens wächst die Kolonie, bis sie ungefähr 10 000 Arbeiter umfaßt. Zwischen dem dritten und fünften Lebensjahr erlebt die Kolonie eine Zeit, die ein Forscher die ›verhaßte Pubertät‹ nennt und in der sie benachbarte Völker angreift und herausfordert, ähnlich wie ein heranwachsender Menschenaffe seinen Platz in der Gruppenhierarchie sucht. Mit fünf Jahren hört die Kolonie auf zu wachsen, so wie ein ausgereifter Menschenaffe, und beginnt statt dessen mit Flügeln ausgestattete, fortpflanzungsfähige Ameisen hervorzubringen: die Entsprechung von Samen und Eizellen eines Körpers.[3]

Infolge ihrer kollektiven Ganzheitlichkeit können Ameisen, Termiten und Bienen sich ökologischen Strategien hingeben, die für Einzelwesen unmöglich wären. Bienen können den Nektar verblühender Blumen ausfindig machen und sich gegenseitig auf die besten Nahrungsgründe hinweisen; ähnlich gestaltet sich die oft erschreckend wirksame Nahrungssuche der Ameisen, die etwa binnen weniger Minuten wahre Heerscharen zu einem offenen Marmeladenglas dirigieren können. Der Bienenstock gleicht einem Wesen mit vielen Fangarmen, das seine Finger in Blumen stippt, die eine Meile oder mehr entfernt sind. Einige Termiten und Ameisen bauen turmhohe Nester und tiefe, unterirdische Kammern, in denen sie Landwirtschaft betreiben und Pilze auf dem sorgfältig angelegten Kompost zerkauter Blätter züchten. Andere verhalten sich wie moderne Schutzgelderpresser und melken den Honig aus Blattläusen, die im Gegenzug beschützt werden. Noch boshaftere Exemplare plündern die Nester anderer Ameisen und stellen Heere von Arbeitssklaven auf, die überlistet wurden, für einen artfremden Stamm Sorge zu tragen. Einige führen kollektiv Krieg gegen rivalisierende Kolonien. Afrikanische Wanderameisen überziehen das Land mit zwanzig Millionen starken und zwanzig Kilogramm schweren Armeen; wo immer sie auftauchen, verbreiten sie Angst und Schrecken, und jedes Lebewesen, das sich nicht schnell genug retten kann, selbst kleine Säugetiere und Reptilien, wird von ihnen verschlungen. Die Ameise, die Biene und die Termite symbolisieren den Triumph gemeinschaftlichen Unternehmertums.

Beherrschen zu Lande Ameisen den tropischen Regenwald, so werden die unterschiedlichsten Ökosysteme der Meere von Tieren dominiert, deren Lebensweise weitaus

26

kollektiver ist: den Korallen. In der submarinen Entsprechung des amazonischen Regenwaldes, dem Großen Barrierriff Australiens, repräsentieren Tierkolonien in diesem Vergleich nicht nur die dominanten Tiere, sondern ebenso auch die Bäume – die grundlegenden Erzeuger. Korallen erbauen das Riff, binden den Kohlenstoff ihrer Verbündeten, den sonnenlichtgetriebenen Algen, und verzehren die Tiere und Pflanzen der Wassersäule, indem ihre stechenden Fühler das Wasser beständig nach Algen und kleinen wirbellosen Tieren durchsieben. Wie Ameisenkolonien sind Korallen Kollektive; der einzige Unterschied besteht darin, daß die einzelnen Tiere, die das Kollektiv ausmachen, wie in einer ständigen Umarmung gebunden sind und nicht als freie Individuen kommen und gehen können. Einzelne Korallen können zwar zugrunde gehen, aber die Kolonie insgesamt ist beinahe unsterblich. So sind einige Korallenriffe bereits seit über 20 000 Jahren am Leben und haben folglich die letzte Eiszeit mitgemacht.[4]

Die ersten Lebensformen auf der Erde waren atomistisch und individualistisch. Seitdem kommt es zu einer wachsenden Agglomeration dieser Lebensformen. Aus dem Einzelkampf ist ein Mannschaftsspiel geworden. Vor etwa dreieinhalb Milliarden Jahren traten Bakterien auf, die den fünfmillionstel Teil eines Meters lang waren und tausend Gene hatten. Höchstwahrscheinlich gab es also damals schon Kooperation. Heutzutage tun sich Bakterien zusammen, um ›Fruchtkörper‹ zu bilden, die Sporen verstreuen. Einige Blau- und Grünalgen – einfache bakterienähnliche Lebensformen – bilden sogar Kolonien, die die Anfänge arbeitsteiliger Zellen zeigen. 1,6 Milliarden Jahre ist es her, da traten komplexe Zellen auf, eine Million Mal schwerer als eine Bakterie und von einer Gruppe aus etwa 10 000 Genen betrieben: die Protozoen. Vor etwa 500 Millionen Jahren gab es dann komplexe Tierkörper, die aus einer Milliarde Zellen bestanden; das größte Tier auf dem Planeten war der Trilobit, eine Krebsart von der Größe einer Maus. Seither sind die größten Körper immer größer und größer geworden. Die mächtigsten Pflanzen und Tiere, die jemals auf der Erde gelebt haben – die gigantischen Sequoia und der Blauwal –, leben noch heute. Der Körper eines Blauwals besteht aus 100 000 Trillionen Zellen. Aber schon tritt eine neue Form der Agglomeration in Erscheinung: eine soziale Zusammenballung. Vor etwa 100 Millionen Jahren gab es komplexe Ameisenkolonien, in denen etwa eine Million Organismen lebten; mittlerweile gehören sie zu den erfolgreichsten Projekten auf unserem Planeten.[5]

Selbst Säugetiere und Vögel beginnen, sich sozial zusammenzuschließen. Wie bei einigen anderen Vogelarten auch, ist die Aufzucht der Brut bei amerikanischen Buschhähern, Zaunkönigen und Wiedehöpfen eine Gemeinschaftsaufgabe: Ein Männchen, ein Weibchen und verschiedene ausgewachsene Junge teilen sich die Pflicht, für die jüngsten Nachkommen zu sorgen. Wölfe, Wildhunde und Zwergmungos tun dasselbe – sie delegieren die Fortpflanzung an das ranghöchste Paar im Rudel. Es gibt den besonders bizarren Fall eines in der Erde lebenden Säugetieres, das mit seiner Lebensweise nahe an die eines Termitennestes herankommt. Die in Ostafrika vorkommende nackte Maulwurfsratte lebt in unterirdischen Kolonien von siebzig bis achtzig Tieren, von denen eines eine gigantische Königin ist, die anderen fleißige, keusche Arbeiter. Wie Termiten oder Bienen setzen auch hier die Arbeiter ihr Leben für ihre Kolonie ein, beispielsweise wenn sie mit ihren Körpern einen Tunnel blockieren, in den eine Schlange eingedrungen ist.[6]

Und die Agglomeration setzt sich unerbittlich fort. Ameisen und Korallen sind im Begriff, die Herrschaft über die Erde anzutreten. Maulwurfsratten könnten eines Tages ähnlich erfolgreich sein. Wo wird das alles einmal enden?[7]

Die Russische Puppe der Kooperation

In den Weltmeeren treibt, so räuberisch wie ein Schwarm von Safari-Ameisen, das portugiesische Schlachtschiff *Physalia*. Mit ihren sechzig Fuß langen, stechenden Fangarmen, ihrem windgetriebenen Segelkörper in bedrohlichem Hellblau und ihrem schreckenerregenden Ruf ist sie kein Tier, sondern eine Gemeinschaft. Sie besteht aus Tausenden von winzigen Einzeltieren, die, aneinandergeheftet, ein gemeinsames Schicksal teilen. Wie die Ameise in einer Kolonie kennt jedes Tier seinen Platz und seine Aufgabe. Die Gastrozooiden sind die Arbeiter, die Nahrung sammeln, die Daktylozooiden die Soldaten, die die Kolonie verteidigen, und die Gonozooiden sind die Königinnen, die die Fortpflanzung übernehmen.

In den viktorianischen Hörsälen der Zoologie entbrannte eine heftige Debatte um *Physalia*. Handelte es sich hierbei um eine Kolonie oder um ein Tier? Thomas Henry Huxley, der *Physalia* an Bord Ihrer Königlichen Majestäts Schiff *Rattlesnake* seziert hatte, behauptete, es sei Unsinn, die Zooiden als eigenständige Organismen anzusehen. Sie seien lediglich die Organe eines Körpers. Wir sind heute der Ansicht, daß er irrte, denn jeder Zooid leitet sich von einem vollständigen, kleinen vielzelligen Organismus ab. Aber obwohl Huxley, was die Geschichte der Zooiden anbelangt, irrte, lag er in philosophischer Hinsicht richtig. Zooide sind allein nicht überlebensfähig. Sie sind von der Kolonie ebenso abhängig wie mein Arm von meinem Magen. Dasselbe ließe sich, argumentierte William Morton Wheeler im Jahre 1911, auch von einer Ameisenkolonie behaupten. Eine Ameisenkolonie sei ein Organismus mit Soldaten anstelle eines Immunsystems, Königinnen anstelle von Eierstöcken und Arbeiterinnen anstelle eines Magens.

Diese Debatte zielte jedoch am Wesentlichen vorbei. Entscheidend ist nicht, ob es sich bei *Physalia* oder bei einer

Ameisenkolonie um einen eigenständigen Organismus handelt oder nicht – der entscheidende Punkt ist, daß jeder einzelne Organismus ein Kollektiv darstellt. Ein Organismus besteht aus Millionen individueller Zellen, die jede auf ihre Art eigenständig, zugleich aber auch vom Ganzen abhängig ist, genau wie eine Arbeiterin in einer Ameisenkolonie. Die Frage, die wir stellen sollten, ist nicht die, warum sich einige Organismen zusammenschließen, um Kolonien zu bilden, sondern, warum sich einige Zellen zusammenschließen, um einen Organismus zu bilden. Ein Haifisch ist so sehr ein Kollektiv, wie es *Physalia* ist, nur ist er eben ein Kollektiv aus Billionen miteinander kooperierender Zellen, während *Physalia* ein Kollektiv aus Kollektiven von Zellen ist. Den Organismus selbst muß man erklären. Warum schließen sich seine Zellen zusammen?

Der erste, der dies in aller Deutlichkeit erkannte, war Richard Dawkins. Falls man Zellen, führte er aus, wie kleine Lichter anzünden würde, könnte man, wenn ein Mensch vorbeiginge, sehen, wie sich »eine Million Milliarden leuchtender Nadelspitzen im Gleichklang miteinander und im Mißklang mit allen Mitgliedern anderer derartiger Galaxien bewegen«[8].

Grundsätzlich gibt es nichts, was Zellen daran hindern würde, allein zu arbeiten: Viele tun das erfolgreich wie Amöben und andere Protozoen. In einem besonders merkwürdigen Fall kann ein Organismus entweder eine einzelne Zelle oder ein pilzähnliches Gewächs sein. Der Schleimpilz besteht aus einer Gruppe von ungefähr 100 000 Amöben, die so lange getrennte Wege gehen, bis ungünstige Umstände eintreten. Dann schließen sich alle Zellen zu einem Hügel zusammen, der allmählich höher wird, sich schließlich überschlägt und sich dann als reiskorngroße ›Schnecke‹ in Bewegung setzt, um neue Nahrungsgründe zu suchen. Schlägt dieser Versuch fehl, nimmt die Schnecke die Gestalt eines mexikanischen Sombreros an, aus dessen Mitte allmählich eine Zellkugel hervorwächst, die auf einem langen, schmalen Stengel sitzt. Die Kugel verfestigt sich zu 80000 Sporen, die sich in alle Winde zerstreuen, in der Hoffnung, an einem vorbeikommenden Insekt haftenzubleiben, das sie unwissentlich zu einem anderen Ort transportiert, wo dann neue Kolonien unabhängiger Amöben gegründet werden können. Die 20 000 Zellen des Stengels gehen als Märtyrer ihrer brüderlichen Sporen zugrunde.[9]

Diese Schleimpilze sind Konföderationen einzelner Zellen, die sowohl allein überleben als auch vorübergehend einen Organismus bilden können. Schaut man aber genauer hin, entdeckt man, daß es sich sogar bei Zellen um Kollektive handelt. Zellen, so glauben jedenfalls die meisten Biologen, sind das Ergebnis der symbiotischen Zusammenarbeit einzelner Bakterien. Jede Zelle unseres Körpers beherbergt Mitochondrien, winzige Bakterien, die als Kraftwerke der Zellen* so hochspezialisiert sind, daß sie vor ungefähr sieben- oder achthundert Millionen Jahren ihre Unabhängigkeit gegen ein bequemes Dasein in den Zellen unserer Vorfahren eingetauscht haben. Selbst unsere Zellen sind also Koalitionen.

Es besteht keine Notwendigkeit, das Beispiel der Russischen Puppe an dieser Stelle zu verlassen. Denn in den Mitochondrien wiederum befinden sich kleine Chromosomen, die Gene enthalten, und im Zellkern eines Menschen wiederum sechsundvierzig größere Chromosomen, die weitere Gene enthalten, insgesamt etwa 75000 an der Zahl. Chromosomen begegnen uns beim Menschen als dreiundzwanzig Paare in doppelter Ausführung, selten in einfacher Ausführung. Aber sie können durchaus auch einzeln vorkommen, beispielsweise in Bakterien. Und auch Chromosomen sind Gemeinschaftsunternehmen, keine Einzelkämpfer: Gemeinschaftsunternehmen von Genen. Gene können in kleinen, etwa fünfzig Mann starken Grüppchen vorkommen; in diesem Fall heißen sie dann Viren. Aber viele entscheiden sich anders. Sie schließen sich zusammen, um ganze Chromosomen zu bilden: Gruppen Tausender, eng miteinander verknüpfter Gene. Sogar Gene sind mitunter nicht die letzte unteilbare Einheit: Einige von ihnen erzeugen nur Teilbotschaften, die mit Botschaften anderer Gene kombiniert werden müssen, um einen Sinn zu ergeben.[10]

So hat uns die Frage nach der Kooperation unerwartet weit ins Gebiet der Biologie geführt. Gene schließen sich zusammen, um Chromosomen zu bilden, Chromosomen schließen sich zusammen, um ein Genom zu bilden, Genome bilden Zellen, Zellen bilden komplexere Zellen, und die komplexeren Zellen wiederum schließen sich zu Körpern zusammen, Körpern, die Kolonien bilden. Ein Bienenstock ist auf weit mehr Ebenen ein Gemeinschaftsunternehmen, als es auf den ersten Blick scheinen mag.

Das egoistische Gen

Mitte der 1960er Jahre wurde die Biologie entscheidend revolutioniert, und zwar vor allem von zwei Männern, George Williams und William Hamilton. Bekannt ist diese Revolution wohl am ehesten durch den von Richard Dawkins geprägten Begriff des ›egoistischen Gens‹, und im Kern liegt ihr die Erkenntnis zugrunde, daß das Handeln der Individuen nicht zwangsläufig mit dem höheren Interesse der Gemeinschaft, der Familie und sogar dem der Individuen selbst übereinstimmt. Vielmehr stimmt das Handeln der Individuen zwangsläufig mit dem Interesse ihrer Gene überein, denn alle Individuen stammen zwangsläufig von Individuen ab, die ähnlich handelten. Schließlich starb keiner unserer Vorfahren im Zustand der Keuschheit.

Williams und Hamilton sind beide Naturwissenschaftler und Einzelgänger. Der Amerikaner Williams begann seine

32

Laufbahn als Meeresbiologe; der Brite Hamilton als Student auf dem Gebiet der staatenbildenden Insekten. In den späten 1950ern und frühen 1960ern legten zunächst Williams und später dann Hamilton den Grundstein für bahnbrechende Erkenntnisse über die Evolution im allgemeinen und über das Sozialverhalten im besonderen. Williams eröffnete die Debatte mit seiner Behauptung, daß der Tatbestand des Alterns und Sterbens für einen Körper zwar recht kontraproduktiv sei, vom Standpunkt der Gene aus sei es aber durchaus sinnvoll, den Alterungsprozeß in den Körper einzuprogrammieren, nachdem dieser sich einmal fortgepflanzt hat. Tiere (und auch Pflanzen), so schloß er, sind nicht darauf angelegt, im eigenen Interesse oder dem ihrer Art zu handeln, sondern im Interesse ihrer Gene.

Gewöhnlich fällt das Interesse der Gene mit dem Interesse des Individuums zusammen – jedoch nicht immer: Lachse sterben durch die Anstrengung des Laichens, Bienen begehen im Akt des Stechens Selbstmord. Oftmals erfordert das Interesse der Gene von einer Kreatur Taten, die ihrer Nachkommenschaft nutzen – aber nicht immer: Wenn die Nahrung knapp wird, lassen Vögel ihre Jungen im Stich; Schimpansenmütter beenden herzlos die Stillzeit für ihre bettelnden Jungen. Manchmal heißt das, etwas zum Vorteil anderer Verwandter zu tun: Ameisen und Wölfe helfen ihren Schwestern bei der Aufzucht der Jungen. Gelegentlich bedeutet es, etwas zum höheren Vorteil der Gemeinschaft zu tun: Moschusochsen stellen sich Schulter an Schulter einem Wolfsrudel entgegen, um ihre Jungen zu schützen. Zuweilen veranlaßt es andere Wesen, etwas zu tun, was ihnen schadet: Erkältungen verursachen Husten, Salmonellen Durchfall. Doch alle Lebewesen sind ausnahmslos so angelegt, daß ihre Taten die Wahrscheinlichkeit, daß ihre Gene oder Kopien ihrer Gene überleben und sich kopieren können, erhöhen. Williams brachte dies mit charakteristischer Unverblümtheit auf den Punkt: »Allgemein gilt die Faustregel: Sieht ein moderner Biologe ein Tier, das etwas tut, was einem anderen Tier nützt, dann geht er entweder davon aus, daß dieses Tier von einem anderen Tier manipuliert wurde oder daß es auf eine raffinierte Weise egoistisch ist.«[11]

Diese Überlegung wurde auf zweierlei Art untermauert. Auf der einen Seite stand folgende Theorie: Setzt man voraus, daß Gene die replikative Währung der natürlichen Selektion sind, ist es eine unausweichliche Tatsache der Mathematik, daß Gene, die Verhaltensweisen verursachen, welche das Überleben dieser Gene fördern, auf Kosten derjenigen Gene gedeihen, die das nicht tun. Dies ist die simple Folge der Replikation. Auf der anderen Seite wurde die Überlegung durch empirische Beobachtung und Experimente unterstützt. Alle Verhaltensweisen, die solange rätselhaft blieben, wie man sie vom Standpunkt des Individuums oder der Art aus betrachtete, wurden plötzlich verständlich, wenn man sie durch eine gen-zentrierte Linse betrachtete. Insbesondere die staatenbildenden Insekten überlassen, wie Hamilton triumphierend zeigte, indem sie den Nachwuchs ihrer Schwestern aufziehen, der nächsten Generation weit mehr Kopien ihrer Gene, als wenn sie versuchten, eigene Nachkommen aufzuziehen. Genetisch gesehen war also der erstaunliche Altruismus der Ameise ein klarer Fall von Egoismus und die selbstlose Kooperation in der Ameisenkolonie eine Illusion: Jede Arbeiterin strebte nach genetischer Unsterblichkeit, zwar mehr durch ihre Geschwister, die königlichen Nachkommen der Königin, als durch ihre eigenen Nachkommen, aber das tat sie mit genausoviel genetischem Egoismus wie ein beliebiger Ellenbogenmensch, der seine Rivalen auf dem Weg nach oben beiseite drängt. Die Ameisen und Termiten mögen als Individuen zwar, wie Kropotkin gesagt hatte, »dem Hobbesschen Krieg abgeschworen haben«, ihre Gene taten das jedoch nicht.[12]

34

Die Wirkung, die diese Revolution in der Biologie in den Gemütern der unmittelbar Beteiligten hinterließ, war dramatisch. Wie Kopernikus und Darwin hatten Williams und Hamilton der menschlichen Selbstherrlichkeit einen empfindlichen Schlag versetzt. Nicht genug damit, daß der Mensch nichts weiter war als ein Tier, nun war er auch noch das jederzeit verfügbare Werkzeug einer Clique egoistischer Gene. Hamilton selbst erinnerte sich an den Moment, als ihm dämmerte, daß sein Körper und sein Genom mehr wie eine Gesellschaft denn wie eine Maschine funktionierten. »Die Erkenntnis war über mich gekommen, daß mein Genom nicht diese statische Datenbank zuzüglich der ausführenden Mannschaft war, nur dem einen Projekt hingegeben, nämlich zu überleben und Babys zu zeugen, so wie ich es mir bislang immer vorgestellt hatte. Das Ganze schien mir eher wie der Sitzungssaal eines Unternehmens zu sein, eine Bühne für die Machtkämpfe einiger Egozentriker und verfeindeter Fraktionen. [...] Ich kam mir vor wie ein Botschafter, den eine wacklige Koalition ins Ausland geschickt hatte, ein Träger widerstreitender Befehle der zerstrittenen Herren eines geteilten Reiches.«[13]

Richard Dawkins, der als junger Wissenschaftler auf dieselben Ideen gestoßen war, zeigte sich ähnlich erschüttert: »Wir sind Überlebensmaschinen – Roboterfahrzeuge, blind darauf programmiert, diese egoistischen kleinen Moleküle zu erhalten, die gemeinhin als Gene bekannt sind. Das ist eine Wahrheit, die mich noch immer tief erstaunt. Obwohl ich es nun mittlerweile seit einigen Jahren weiß, scheine ich mich doch nicht völlig daran zu gewöhnen.«[14]

Für einige von Hamiltons Lesern hatte die Vorstellung egoistischer Gene tatsächlich tragische Konsequenzen. George Price eignete sich im Selbststudium die Kenntnisse der Genetik an, um Hamiltons krasse Schlußfolgerung, Altruismus sei nichts anderes als genetischer Egoismus, zu widerlegen. Statt dessen fand er die unumstößliche Wahrheit dieser Annahme bestätigt. Er verbesserte sogar einige Formeln und steuerte einige bedeutende Beiträge zur eigentlichen Theorie bei. Hamilton und Price fingen an, zusammenzuarbeiten, aber Price zeigte wachsende Anzeichen geistigen Ungleichgewichts, suchte Trost im Glauben, verschenkte all seinen Besitz an die Armen und beging schließlich in einer kahlen, kalten Unterkunft in London Selbstmord; unter seiner armseligen Habe fanden sich einige Briefe von Hamilton.[15]

Eine weniger ungewöhnliche Reaktion bestand in der Hoffnung, daß Williams und Hamilton einfach wieder in Vergessenheit geraten würden. Allein der Ausdruck ›egoistisches Gen‹ klang so stark nach Thomas Hobbes, daß die meisten Sozialwissenschaftler die Theorie des egoistischen Gens ablehnten und konventionellere Entwicklungsbiologen wie Stephen Jay Gould und Richard Lewontin ein ständiges Rückzugsgefecht dagegen führten. Wie Kropotkin stieß sie der Versuch ihrer Kollegen Williams und Hamilton ab, jede Form von Selbstlosigkeit auf fundamentales Selbstinteresse zu reduzieren (was ein Mißverständnis war, wie wir noch sehen werden). Sie glaubten, damit würde, in Abwandlung von Friedrich Engels, der Reichtum der Natur in den eisigen Fluten des Egoismus ertränkt werden.[16]

Der selbstsüchtige Embryo

Doch die Revolution des egoistischen Gens ist alles andere als eine düstere Hobbessche Aufforderung, sich über das Wohlergehen anderer einfach hinwegzusetzen, sondern genau das Gegenteil. Sie gibt schließlich Raum für Selbstlosigkeit. Denn während Darwin und Huxley wie die klassischen Ökonomen notgedrungen angenommen hatten, daß Menschen ausschließlich ihre eigenen Interessen verfolgen, boten Williams und Hamilton hier eine Lösung an, indem sie einen viel mächtigeren Motor des Verhaltens entdeckten: genetisches Interesse. Egoistische Gene können selbstlose Individuen benutzen, um ihre Ziele zu erreichen. Und so wird plötzlich der Altruismus von Individuen verständlich. Huxley, der nur in Begriffen des Individuums dachte, war auf den Kampf zwischen ihnen fixiert; dabei verfehlte er, wie Kropotkin ausführte, die unzähligen Gelegenheiten, bei denen sich die Individuen nicht gegenseitig bekämpften. Hätte er in Begriffen von Genen denken können, wäre er zu einer weniger Hobbesschen Schlußfolgerung über Individuen gekommen. Wie wir später sehen werden, schwächt die Biologie die Lehren der Wirtschaft öfter ab, als sie zu verschärfen.

Die genetische Perspektive greift die alte Debatte über Motivation wieder auf. Wenn eine Mutter sich ihrem Nachwuchs gegenüber nur selbstlos verhält, weil ihre Gene egoistisch sind, dann bleibt sie trotz allem ein selbstloses Individuum. Das Wissen, daß eine Ameise nur deshalb altruistisch ist, weil ihre Gene egoistisch sind, berechtigt uns nicht, die Selbstlosigkeit der Ameise selbst zu bestreiten. Falls wir zugeben, daß einzelne Personen freundlich zueinander sein können, dann sollten uns die ›Motive‹ der Gene, die diese Tugend verursachen, nicht kümmern. Pragmatisch gesehen, ist es für uns unwichtig, ob ein Mensch einen Ertrinkenden nur um des Ruhms willen rettet oder um der guten Tat an sich. Ebensowenig spielt es eine Rolle, ob er den Befehlen seiner Gene gehorcht oder ob der freie Wille sein Handeln bestimmt: Was allein zählt, ist die Tat.

Einige Philosophen haben argumentiert, daß es bei Tieren so etwas wie Selbstlosigkeit nicht geben könne, denn wahrem Altruismus muß ein großzügiges Motiv zugrunde liegen, nicht nur eine großzügige Tat. Sogar der heilige Augustinus quälte sich mit dieser Frage; das Almosen, so meinte er, müsse der Liebe zu Gott entspringen, nicht persönlicher Eitelkeit. Eine ähnliche Frage trennte Adam Smith von seinem Lehrer Francis Hutcheson, der argumentierte, daß Güte, die durch Eitelkeit oder Eigennutz motiviert ist, keine Güte sei. Adam Smith ging diese Behauptung zu weit. Die gute Tat eines Mannes sei auch dann noch eine gute Tat, wenn sie seiner Eitelkeit entspränge. Etwas jüngeren Datums ist der Beitrag des Wirtschaftswissenschaftlers Amartya Sen, der Kant anklingen läßt:

»Wenn einen das Wissen, daß andere Menschen gefoltert werden, krank macht, handelt es sich um einen Fall von Mitgefühl. […] Nun kann man behaupten, daß ein Verhalten, das sich auf Mitgefühl gründet, in einer wesentlichen Hinsicht egoistisch ist, denn man empfindet Freude durch die Freude anderer und fühlt sich verletzt durch den Schmerz anderer; so mag eine mitfühlende Handlung zum eigenen Vorteil gereichen.«[17]

Mit anderen Worten: Je mehr Sie aufrichtig mit Menschen in Not mitfühlen, um so eigennütziger sind Sie, wenn Sie jene Not lindern. Nur diejenigen, die Gutes aus kalter, ungerührter Überzeugung tun, sind ›wahrhaft‹ selbstlos.

Für die Gesellschaft aber ist von Bedeutung, ob Menschen überhaupt freundlich zueinander sind, nicht ihre Motive dafür. Falls ich mir vornehme, Geld für einen wohltätigen Zweck zu sammeln, werde ich wohl kaum die Schecks von Unternehmen und Prominenten mit der Begründung zurückweisen, sie seien mehr an der guten Reklame für sich selbst interessiert als an der guten Sache. Als Hamilton die Theorie von der Auslese der Verwandten entwickelte, hielt er auch nicht die Arbeitsameisen für Egoisten, nur weil sie unfruchtbar blieben. Er interpretierte lediglich ihr selbstloses Verhalten als eine Konsequenz ihrer egoistischen Gene.

Betrachten wir zum Beispiel das Erbe. Überall auf der Welt besteht der größte Anreiz für Menschen, sich Reichtum zu erwerben, darin, ihn ihren Kindern zu hinterlassen. Dieser menschliche Instinkt ist unausrottbar. Von einigen wenigen Ausnahmen abgesehen, versuchen Menschen, soviel wie möglich von ihrem Reichtum an die nächste Generation weiterzuleiten, statt ihn einfach auszugeben, wohltätigen Organisationen zu stiften oder ihn gleichgültig Fremden zu hinterlassen. Aber in der klassischen Ökonomie gibt es keinen Platz für solch ein großzügiges Motiv, so offensichtlich es doch ist. Wirtschaftswissenschaftler müssen das hinnehmen und als gegeben akzeptieren, aber sie können es nicht erklären, weil es dem Individuum keinen Nutzen bringt. Betrachtet man die Menschheit jedoch unter einem gen-zentrierten Blickwinkel, dann ergibt diese erstaunliche Selbstlosigkeit einen vollkommenen Sinn, denn das Geld folgt den Genen, sogar wenn es die Individuen verläßt.

Auch wenn die Revolution des egoistischen Gens Rousseau aus den Fängen der Hobbesianer befreit, so gibt sie doch keinen Anlaß für Schönfärberei. Denn sie besagt auch, daß universales Wohlwollen eine unmögliche Utopie ist und daß Egoismus allzeit bereit ist, das harmonische Ganze zu unterwandern. Das führt uns zu der These, Egoismus sei die Ursache endloser Meutereien. Wie Hobbes erklärte, daß der Naturzustand keiner der Harmonie wäre, so argumentieren Hamilton und Robert Trivers, zwei Pioniere der Logik des egoistischen Gens, daß die Beziehungen zwischen Eltern und Kindern, zwischen Geschlechts- oder Sozialpartnern nicht eine der gegenseitigen Befriedigung wäre, sondern eine des gegenseitigen Kampfes, bei dem die Beziehung ausgebeutet werden würde.

Betrachten wir zum Beispiel den Fötus im Mutterleib. Kein Interesse könnte gemeinschaftlicher sein als das von Mutter und Fötus. Die Mutter wünscht sich eine unkomplizierte Schwangerschaft, weil der Fötus ihre Gene in die nächste Generation bringt. Der Fötus möchte, daß die Mutter gesund bleibt, weil er sonst sterben würde. Beide benutzen ihre Lunge, um Sauerstoff zu bekommen, beide hängen davon ab, daß ihr Herz fortfährt zu schlagen. Die Beziehung ist vollkommen harmonisch, die Schwangerschaft ist eine gemeinsame Anstrengung.

So jedenfalls dachten die Biologen. Dann, nachdem Robert Trivers beobachtet hatte, wie viele Konflikte es gewöhnlich zwischen Mutter und Säugling nach der Geburt gibt, etwa über den Zeitpunkt des Abstillens, erweiterte David Haig diese Theorie auf den Mutterschoß. »Betrachten wir einmal«, schrieb er, »wie und wo Mutter und Fötus nicht miteinander übereinstimmen. Die Mutter möchte leben, um weitere Kinder zu gebären, der Fötus dagegen würde es vorziehen, daß sie ihre Anstrengungen allein auf ihn konzentrierte. Die Mutter teilt nur die Hälfte ihrer Gene mit dem Fötus und umgekehrt. Falls einer von beiden sterben müßte, damit der andere leben könnte, würde jeder von beiden es vorziehen, der Überlebende zu sein.«[18]

Ende 1993 veröffentlichte Haig bestürzende Hinweise, die gegen die konventionelle, rosafarbene Ansicht sprachen. Er fand heraus, daß der Fötus und die Plazenta, seine Sklavin, sich auf alle nur erdenkliche Weise eher wie raffinierte innere Parasiten verhalten denn als Freunde, indem sie versuchen, ihre Interessen gegen die der Mutter durchzusetzen. Zellen des Fötus dringen in die Arterie ein, die die Plazenta mit mütterlichem Blut versorgt, nisten sich in der Gefäßwand ein und zerstören dort die Muskelzellen; damit verliert die Mutter die Kontrolle über die Konstriktion* dieser Arterie. Hoher Blutdruck und Präeklampsie, die häufig als Schwangerschaftskomplikationen auftreten, werden weitgehend durch den Fötus verursacht, der mit Hilfe von Hormonen, die die Durchblutung mütterlichen Gewebes drosseln, versucht, das mütterliche Blut zu sich umzuleiten.

Ein ähnlicher Kampf findet um den Blutzucker statt. Während der letzten drei Schwangerschaftsmonate hat eine Mutter normalerweise einen stabilen Blutzuckerspiegel, und doch produziert sie mit jedem Tag mehr Insulin – ein

40

Hormon, das gewöhnlich den Blutzuckerspiegel senkt. Die Erklärung für dieses Paradox ist einfach: Die vom Fötus kontrollierte Plazenta gibt in das Blut der Mutter wachsende Mengen eines Hormons namens hPL** ab, das die Wirkung des Insulins hemmt. Während einer normalen Schwangerschaft werden vergleichsweise große Mengen dieses Hormons produziert, obgleich in den seltenen Fällen, wo dies nicht geschieht, weder Mutter noch Fötus in irgendeiner Weise Schaden nehmen. So produzieren also der Fötus und die Mutter massenhaft Hormone, die sich in ihrer Wirkung gegeneinander aufheben. Was geht hier vor?

Nach Haigs Ansicht handelt es sich um ein Tauziehen, bei dem auf der einen Seite ein gieriger Fötus versucht, den Zuckeranteil im Blut seiner Mutter zu erhöhen, um sich selbst besser zu ernähren, und auf der anderen Seite eine sparsame Mutter Vorkehrungen trifft, daß der Fötus nicht zuviel ihres wertvollen Blutzuckers für sich beansprucht. Bei einigen Frauen ruft diese kurze und unentschiedene Schlacht Schwangerschaftsdiabetes*** hervor – ein Pyrrhussieg des Fötusses. Zudem wird das vom Fötus produzierte Hormon hPL von einem Gen gesteuert, das der Fötus allein von seinem Vater geerbt hat, so als sei der Fötus ein väterlicher Parasit im Innern der Mutter. Wer würde da noch den Lobgesang auf die Harmonie im Mutterschoß anstimmen wollen?

Haig wollte nun nicht beweisen, daß jede Schwangerschaft grundsätzlich ein erbittertes Tauziehen zwischen Feinden sei; Mutter und Fötus arbeiten grundsätzlich noch immer bei der Aufgabe, das Kind großzuziehen, zusammen. Die Mutter ist als Individuum noch immer erstaunlich selbstlos beim Nähren und Schützen ihrer Kinder. Doch bei allem gemeinsamen genetischen Interesse gibt es auch gewisse Differenzen. Die mütterliche Selbstlosigkeit verbirgt die Tatsache, daß sich ihre Gene egoistisch verhalten, ob sie nun freundlich zu dem Fötus ist oder ihn bekämpft. Sogar im Mutterschoß, dem innersten Heiligtum der Liebe und gegenseitigen Hilfe, gibt es ruchlose Interessenkonflikte.[19]

Die Meuterei im Bienenstock

Dasselbe Konfliktmuster inmitten von Kooperation findet sich in jeder natürlichen Zusammenarbeit. In allen Stadien droht die Meuterei des rebellischen Individualismus, der den Kollektivgeist zerstören könnte.

Betrachten wir die Gruppe der zölibatären Arbeitsbienen. Anders als viele Ameisen sind Arbeitsbienen sehr wohl in der Lage, Nachkommen hervorzubringen, aber sie tun es fast nie. Wieso nicht? Warum erhebt sich eine Arbeiterin nicht gegen die Tyrannei, die anderen Töchter ihrer Mutter aufzuziehen, statt eigene Kinder zu haben? Diese Frage ist keineswegs müßig. In einem Bienenstock in Queensland geschah kürzlich genau das: Ein paar Arbeiterinnen begannen in einer Abteilung, die vom übrigen Stock durch ein Sieb getrennt war, das die großleibige Königin nicht durchqueren konnte, Eier zu legen. Aus den Eiern schlüpften männliche Bienen (Drohnen), was nicht weiter verwunderlich ist, da die Arbeiterinnen nicht begattet worden waren. Eier, die von keinem Männchen befruchtet werden, entwickeln sich bei Ameisen, Bienen und Wespen automatisch zu Männchen. So einfach erfolgt die Geschlechtsbestimmung bei diesen Insekten.

Würde man einer Arbeitsbiene die Frage stellen: »Wer sollte ihrer Meinung nach die Mutter aller Männchen des Bienenstockes werden?«, würde in ihrer Antwort an erster Stelle sie selbst stehen, an zweiter Stelle die Königin und erst an dritter Stelle eine andere (zufällig ausgewählte) Arbeiterin. Und zwar genau in dieser Reihenfolge, denn das ist die Ordnung der abnehmenden Verwandtschaft. Der Grund dafür ist, daß eine Bienenkönigin sich mit vierzehn bis zwanzig Männchen paart und deren Samen sorgfältig vermischt. Deshalb sind die meisten Arbeiterinnen auch nur Halbschwestern. Eine Arbeiterin teilt die Hälfte ihrer Gene mit ihrem eigenen Sohn, ein Viertel ihrer Gene mit den Söhnen der Königin und weniger als ein Viertel mit den Söhnen der meisten anderer Arbeiterinnen, die ihre Halbschwestern sind. Jede Arbeiterin, die ihre eigenen Eier legt, erweist der Nachwelt einen größeren Dienst als eine Arbeiterin, die von dieser Möglichkeit Abstand nimmt. Binnen weniger Generationen würden folglich sich fortpflanzende Arbeiterinnen die Welt übernehmen. Was verhindert, daß das tatsächlich geschieht?

Jede Arbeiterin zieht ihre eigenen Söhne denen der Königin vor; doch ebenso zieht jede Arbeiterin die Söhne der Königin den Söhnen jeder anderen Arbeiterin vor. So kontrollieren die Arbeiterinnen selbst die Einhaltung der Regeln des Systems und dienen damit nebenbei dem Allgemeinwohl. Sorgfältig wachen sie darüber, daß sich keine Ameise in den Kolonien vermehrt, in denen das ›Recht der Königin‹ herrscht: Die Nachkommenschaft anderer Arbeiterinnen wird einfach getötet. Jedes Ei, das nicht mit einem besonderen Pheromon* von der Königin gekennzeichnet ist, wird von den Arbeiterinnen gefressen. Bei dem außergewöhnlichen australischen Bienenstock folgerten die Wissenschaftler, daß eine Drohne an einige der Arbeiterinnen des Stocks die genetische Fähigkeit vermittelt hatte, diesen Kontrollmechanismus zu umgehen und Eier zu legen, die nicht gefressen wurden. Doch eine Art von Mehrheitssystem, ein Parlament der Bienen, hält die Arbeiterinnen normalerweise von der Aufzucht eigener Nachkommen ab.

Ameisenköniginnen lösen das Problem auf andere Weise: Sie erzeugen Arbeiterinnen, die physiologisch unfruchtbar sind. Unfähig, sich fortzupflanzen, können die Arbeiterinnen nicht rebellieren, und so besteht für die Königin keine Notwendigkeit, sich von vielen Männchen begatten zu lassen. Alle Arbeiterinnen sind leibliche Schwestern. Zwar würden auch sie vermutlich ihre eigenen Söhne denen der Königin vorziehen, aber sie können nie welche haben. Eine andere Ausnahme, die ebenfalls die Regel bestätigt, bilden die Hummeln. »Tötet mir eine rothüftige Hummel auf der Distelspitze«, sagt Bottom zu Cobweb im *Sommernachtstraum*, »und, guter Herr, bringt mir den Honigbeutel.« Bottoms Vorschlag zeugt nicht gerade von kaufmännischem Verständnis. Hummeln stellen Honig nicht in ausreichender Menge her, um einen Imker zufriedenzustellen. Knaben in der Zeit Elisabeths I. wußten zwar, daß das Hummelnest einen wächsernen Fingerhut voll Honig birgt, der an Regentagen der Hummelkönigin vorbehalten ist, aber niemand hätte je ein Hummelnest gehalten. Wieso nicht? Hummeln sind schließlich genauso fleißig wie Honigbienen. Die Antwort ist ganz einfach. Ein Hummelnest wird nicht sehr groß. Im Höchstfall umfaßt es etwa vierhundert Arbeiterinnen und Drohnen, was nicht zu vergleichen ist mit den Tausenden von Honigbienen eines Bienenstockes. Gegen Ende der Saison ziehen sich die Königinnen zurück, um allein zu überwintern und im nächsten Jahr von neuem zu beginnen; die Arbeiterinnen folgen ihnen nicht nach.

Es gibt einen Grund für diesen Unterschied zwischen Hummeln und Honigbienen, einen seltsamen, der kürzlich erst entdeckt wurde. Hummelköniginnen sind monogam, das heißt, jede Königin paart sich mit nur einer Drohne. Bienenköniginnen sind polygam und paaren sich mit vielen Drohnen. Das Resultat ist ein merkwürdiges Stück genetischer Arithmetik. Wir erinnern uns, daß männliche Bienen bei allen Arten aus unbefruchteten Eiern entstehen. Daher sind alle Männchen reine Klone aus der Hälfte der Gene ihrer Mütter. Arbeiterinnen haben im Gegensatz dazu einen Vater und eine Mutter und sind alle weiblich. Die Arbeiterinnen der Hummeln sind enger mit den Nachkommen ih-

44

rer Schwestern verwandt als mit den Söhnen ihrer Mutter (37,5 Prozent zu 25 Prozent, um genau zu sein). Anders als die Honigbienen verbünden sich deshalb die Arbeiterinnen nicht mit der Königin gegen ihre Schwestern, wenn die Kolonie anfängt, Männchen zu erzeugen, sondern sie verbünden sich mit ihren Schwestern gegen die Königin. Sie ziehen die Söhne der Arbeiterinnen auf statt die Söhne der Königin. Es ist dieser Mißklang zwischen der Königin und den Arbeiterinnen, der erklärt, daß Hummelnester so klein sind und sich zum Ende der Saison auflösen.[20]

Die kollektive Harmonie des Bienenstocks wird nur erreicht durch die Unterdrückung der selbstsüchtigen Meuterei von Individuen. Dasselbe gilt auch für die kollektive Harmonie des Organismus, seiner einzelnen Zellen, der Chromosomen und der Gene. Bei den Schleimpilzen, dieser Konföderation von Amöben, die gemeinsam einen Stengel bilden, der Sporen abgibt, herrscht ein klassischer Interessenkonflikt. Bis zu einem Drittel der Amöben müssen den Stengel bilden und, ganz im Gegensatz zu den Sporen, zugrunde gehen. Eine Amöbe, die es vermeidet, in den Stengel zu gelangen, gedeiht daher auf Kosten der mit mehr Sinn für das Gemeinwohl ausgestatteten Kolleginnen und hinterläßt eine größere Zahl ihrer egoistischen Gene. Wie überzeugt diese Konföderation die einzelne Amöbe, ihre Aufgabe für den Stengel zu erfüllen und zu sterben? Oft stammen die Amöben, die sich zu einem Stengel zusammenschließen, von verschiedenen Klonen ab; Vetternwirtschaft kann daher nicht die einzige Antwort sein, denn noch immer hätten egoistische Klone die Möglichkeit, sich durchzusetzen.

Es stellt sich heraus, daß Wirtschaftswissenschaftler mit dieser Fragestellung wohlvertraut sind. Der Stengel ist sozusagen ein öffentliches, aus Steuergeldern bereitgestelltes Gut ähnlich wie eine Straße. Die Sporen sind der private Gewinn, der durch die Straßenbenutzung erzielt wird. Die Klone entsprechen Firmen, die vor der Entscheidung stehen, wieviel Steuern sie für die Straße zahlen. Das ›Gesetz der Angleichung der Nettoeinkommen‹ besagt, daß jeder Klon, da er ja weiß, wie viele Klone zum Stengel beitragen, hinsichtlich der Summe, die den Sporen (dem Nettoeinkommen) zuzuweisen ist, zum selben Ergebnis kommen muß. Der Rest sollte als Stengel (Steuer) gezahlt werden. Es ist ein Spiel, bei dem die Möglichkeit des Betrugs ausgeschaltet wird, aber wie es genau funktioniert, ist noch nicht klar.[21]

Auch bei Menschen gibt es stets einen Konflikt zwischen egoistischen Individuen und dem Allgemeinwohl. Diese Tendenz ist tatsächlich so allgegenwärtig, daß eine ganze Theorie der Politologie sich darauf stützt. Die Public-Choice-Theorie, in den 1960ern von James Buchanan und Gordon Tullock begründet, geht davon aus, daß Politiker und Bürokraten nicht frei von Eigeninteresse sind. Obwohl sie mit öffentlichen Pflichten betraut sind und nicht damit, die eigene Karriere zu fördern, enden sie unweigerlich dabei, ihre eigenen Interessen oder die ihrer Behörde zu verfolgen, statt die ihrer Kunden oder der Steuerzahler, von denen sie bezahlt werden. Sie nutzen den induzierten Altruismus aus: Sie fördern die Kooperation und laufen dann zum Feind über. Das mag zwar unangemessen zynisch klingen, doch die entgegengesetzte Ansicht, nämlich daß Bürokraten die selbstlosen Diener des Allgemeinwohls seien (»wirtschaftliche Eunuchen«, wie Buchanan es formulierte), ist unangemessen naiv.[22]

Wie C. Northcote Parkinson meinte, der Entdecker des berüchtigten ›Parkinsonschen Gesetzes‹ (eine beredte Vorwegnahme der Public-Choice-Theorie): »Ein Beamter möchte sich Untergebene schaffen, keine Konkurrenten; und Beamte schaffen sich ihre Arbeit selbst.« Mit köstlicher Ironie beschrieb Parkinson die Verfünffachung der Zahl der Beamten im Britischen Kolonialamt zwischen 1935 und 1954, einer Zeit, in der die Anzahl und Größe der zu verwaltenden Kolonien dramatisch schrumpfte. »Vor der Entdeckung des Parkinsonschen Gesetzes wäre es durchaus vernünftig gewesen, davon auszugehen«, schrieb er, »daß Veränderungen in der Größe eines Staates sich auch in der Größe seiner zentralen Verwaltung widerspiegeln.«[23]

Die Rebellion der Leber

Im alten Rom unterschied man zwischen zwei Klassen, den Plebejern und den Patriziern. Mit der Vertreibung der Tarquinier schaffte Rom die Monarchie ab und wurde Republik. Aber bald darauf begannen die Patrizier, alle politische Macht, die religiösen Ämter und gesetzliche Vorrechte für sich allein zu beanspruchen. Keinem Plebejer war es gestattet, Senator oder Priester zu werden, wie wohlhabend er auch sein mochte, noch konnte er einen Patrizier rechtlich belangen. Nur die Armee stand ihm offen und die Möglichkeit, in Roms Kriegen zu kämpfen – ein recht zweifelhafter Vorzug. Im Jahre 494 v. Chr. streikten die Plebejer, die dieses Unrecht satt hatten, erfolgreich gegen jede weitere Kriegsführung. Nachdem der eiligst ausgerufene Diktator Valerius ihnen den Erlaß ihrer Schulden versprochen hatte, gingen sie wieder an ihre Arbeit, besiegten kurz darauf die Äquer, die Volsker und die Sabiner und kehrten schließlich nach Rom zurück. Der undankbare Senat widerrief sofort das Versprechen des Valerius', woraufhin die wütenden Plebejer auf dem Mons Sacer, der Stadt bedrohlich nah, in Heeresordnung ihr Feldlager aufschlugen. Der Senat sandte einen weisen Mann, Menenius Agrippa, zu den Plebejern, der ihnen folgende Fabel erzählte:

»Zu einer Zeit [als im Menschen nicht wie jetzt alles im Einklang miteinander war, sondern von den einzelnen Gliedern jedes für sich überlegte und für sich redete] hätten sich die übrigen Körperteile darüber geärgert, daß [durch ihre Fürsorge, durch ihre Mühe und Dienstleistung] alles für den Bauch getan werde, daß der Bauch aber in der Mitte ruhig bleibe und nichts anderes tue, als sich der dargebotenen Genüsse zu erfreuen. Sie hätten sich daher verschworen, die Hände sollten keine Speise mehr zum Munde führen, der Mund solle, was ihm dargeboten werde, nicht mehr aufnehmen, und die Zähne sollten nicht mehr kauen. Indem sie in diesem Zorn den Bauch durch Hunger zähmen wollten, habe zugleich die Glieder selbst und den ganzen Körper schlimmste Entkräftung befallen. Da sei dann klargeworden, daß auch der Bauch eifrig seinen Dienst tue und daß er nicht mehr ernährt werde, als daß er ernähre, indem er das Blut, von dem wir leben und stark sind, gleichmäßig auf die Adern verteilt, in alle Teile des Körpers zurückströmen lasse, nachdem es durch die Verdauung der Nahrung seine Kraft erhalten habe.«*

Mit dieser recht fadenscheinigen Entschuldigung korrupter Politiker beendete Menenius die Rebellion. Im Gegenzug für die Wahl zweier plebejischer Tribunen, die bei Verurteilungen von Plebejern die Macht erhielten, ein Veto einzulegen, löste die Armee sich auf, und die alte Ordnung war wiederhergestellt.[24]

Der menschliche Körper ist nur deshalb eine Einheit, weil ausgefeilte Mechanismen etwaige Meutereien unterdrücken. Betrachten Sie das Ganze mal vom Standpunkt der Leber eines weiblichen Körpers aus. Die Leber verrichtet siebzig Jahre lang still ihre Dienste, entgiftet das Blut und regelt die allgemeine Chemie des Körpers, ohne je dafür belohnt zu werden. Am Ende stirbt sie und fällt verwesend der Vergessenheit anheim. Unterdessen sitzen hinter der nächsten Tür, nur ein paar Zentimeter weiter, die Eierstöcke, die, abgesehen von einigen unnötigen Hormonen, zwar keinen wesentlichen Beitrag zum Organismus leisten, aber das große Los der Unsterblichkeit ziehen, indem sie eine Eizelle hervorbringen, die ihre Gene in die nächste

48

Generation transportiert. Für die Leber sind die Eierstöcke so etwas wie Parasiten.

Ausgehend von Hamiltons Theorie der Auslese der Verwandten könnte man argumentieren, daß die Leber am Parasitentum der Eierstöcke keinen Anstoß zu nehmen braucht, da sie genetisch ein Klon der Eierstöcke ist. Solange nur mit Hilfe der Eierstöcke die gleichen Gene überleben, spielt es keine Rolle, ob die Gene der Leber zugrunde gehen.

Das ist der Unterschied zwischen einem Eierstock und einem Leberparasiten: Eierstock und Leber haben die gleichen Gene. Aber angenommen, eines Tages würde in der Leber eine mutierte Zelle auftauchen, die die besondere Eigenschaft hat, sich in den Blutkreislauf einzuschleusen, sich zu den Eierstöcken hinzubegeben und die dort befindlichen Eizellen durch kleine Kopien von sich selbst zu ersetzen: Ein derartiger Mutant würde auf Kosten der Leber gedeihen und sich allmählich ausbreiten. Innerhalb weniger Generationen würden wir alle von den Lebern unserer Mütter abstammen, nicht von ihren (ursprünglichen) Eierstöcken. Nepotische Logik kann die mutierte Leberzelle nicht abschrecken, denn bei ihrem ersten Erscheinen sind ihre Gene noch nicht in den Eierstöcken enthalten.

Dieses Beispiel entstammt der Phantasie, nicht der Medizin, aber es kommt der Wahrheit näher, als es auf den ersten Blick erscheinen mag. Denn es ist eine ungefähre Beschreibung von Krebs, der nichts weiter ist als die Unfähigkeit von Zellen, mit der Zellteilung aufzuhören. Zellen, die sich ungehemmt vermehren, wachsen auf Kosten gesunder Zellen. Deshalb sind krebsartige Tumoren, vor allem die, deren Erscheinungsbild allgemein genug geblieben sind, um Metastasen zu bilden, das heißt, sich im Körper auszubreiten, auch auf dem Sprung, die Herrschaft im Körper zu übernehmen. Um Krebs zu verhindern, muß der Körper daher jede einzelne seiner Abermilliarden Zellen dazu bringen, dem Befehl, sich nicht weiter zu vermehren, Folge zu leisten, sobald das Wachstum oder die Reparatur beendet sind. Das ist nicht so einfach, wie es sich vielleicht anhört, denn in den Billionen vorangegangener Generationen unserer Vorfahren gab es etwas, was jene Zellen niemals getan hätten, nämlich mit der Zellteilung aufzuhören – denn falls sie es getan hätten, wären sie jetzt nicht unsere Vorfahren. Unsere Leberzellen stammen nicht von der Leber unserer Mütter ab, sondern von der Eizelle in deren Eierstock. Den Befehl, brav mit der Replikation aufzuhören, haben sie in den ganzen zwei Milliarden Jahren ihrer unsterblichen Existenz nicht einmal erteilt bekommen (zu Lebzeiten einer Frau hören ihre Eizellen weder auf, sich zu teilen, noch halten sie in der Replikation inne und warten darauf, befruchtet zu werden). Und dennoch müssen sie beim ersten Mal gehorchen, soll der Körper nicht dem Krebs erliegen.

Glücklicherweise stellt eine große Anzahl von Kunstgriffen sicher, daß die Zellen diesem Befehl Folge leisten. Diese massive Schranke von Sicherheitsmaßnahmen und Gegenkontrollen muß schon sehr schlecht funktionieren, damit Krebs ausbrechen kann. Nur am Lebensende oder nach tätlichen Angriffen durch extreme Bestrahlung oder chemische Belastungen versagen diese Abwehrmechanismen allmählich (halb freiwillig: Krebs schlägt bei jeder Art in einem anderen Alter zu). Indes ist es kein Zufall, daß einige der gefährlichsten Krebsarten durch Viren ausgelöst werden. Die rebellischen Tumorzellen haben einen anderen Weg gefunden, sich auszubreiten: Sie erobern nicht den Eierstock, sondern bewegen sich in einer Viruskapsel frei im Körper.[25]

Der Wurm in der Wunde

Diese Logik beschränkt sich keinesfalls auf Krebs. Viele Altersbeschwerden können, unter diesem Blickwinkel

50

betrachtet, ihre Vorteile haben. Wenn ein Leben zu Ende geht, kommt es unvermeidlich zur Selektion jener Zelllinien, die besonders überlebensfähig sind. Das schließt unweigerlich jene Zellinien ein, die nur auf Kosten des Körpers als Ganzem überleben. Dies ist kein Schönheitsfehler der Evolution, sondern eine Unvermeidlichkeit. Bruce Charlton, der für diesen Prozeß den Ausdruck ›endogener Parasitismus‹ prägte, hat argumentiert, daß »der Organismus als eine Einheit aufgefaßt werden kann, die sich vom Moment ihres Entstehens an fortschreitend selbst zerstört«. Nicht den Prozeß des Alterns muß man erklären, sondern den Prozeß des Jungbleibens.[26]

Der Konflikt zwischen egoistischen Zellen und dem Allgemeinwohl stellt in einem sich entwickelnden Embryo sogar eine noch größere Gefahr dar. Im Embryonalstadium wird sich eine Genmutation, die auf die Keimzellen, also jene Zellen, die sich fortpflanzen werden, überspringt, gegenüber anderen Mutationen durchsetzen. Entwicklung müßte daher eine Balgerei der verschiedenen Gewebe sein, die alle den Preis des Gonadendaseins* erringen wollen. Weshalb ist das nicht so?

Einer Interpretation zufolge liegt die Antwort in zwei Besonderheiten im Lebens eines Embryos: mütterliche Vorbestimmung und Keimzellinien-Isolation. Denn in den ersten Tagen seines Lebens wird das befruchtete Ei genetisch isoliert, und seine Gene dürfen nicht kopiert werden. Diese Funkstille wird von den mütterlichen Genen diktiert, die dem Embryo durch die Verteilung der Erzeugnisse ihrer eigenen Gene eine Art Muster auferlegen. Wenn die Gene des Embryos dann aus ihrem Hausarrest entlassen werden, ist ihr Schicksal weitgehend besiegelt. Kurze Zeit später – beim Menschen sind es bloß sechsundfünfzig Tage nach der Befruchtung – ist die Keimzellinie vollständig und isoliert: Jene Zellen, die bei Erwachsenen zu Eizellen oder Samen werden, sind bereits vom Rest des Embryos abgesondert. Sie bleiben unberührt von all den Mutationen, Beschädigungen und Gehirnwäschen, denen alle anderen Gene in unserem Körper ausgesetzt sind. Kein Ereignis, das Ihnen nach dem sechsundfünfzigsten Tag Ihres vorgeburtlichen Lebens widerfährt, könnte die Gene Ihrer Nachfahren unmittelbar in Mitleidenschaft ziehen, es sei denn, es betrifft Ihre Hoden oder Eierstöcke. Jedes andere Gewebe ist damit der Möglichkeit beraubt, ein Vorfahre zu werden, und ein Gewebe dieser Möglichkeit zu berauben heißt, ihm die Möglichkeit zu nehmen, sich auf Kosten seiner Rivalen zu entwickeln. Der Ehrgeiz der einzelnen Körperzellen wird daher dem höheren Interesse unterworfen. Die Meuterei ist weithin besiegt. Wie ein Biologe schrieb: »Die beeindruckende Harmonie der Entwicklung spiegelt nicht das gemeinsame Interesse unabhängiger, kooperierender Kräfte wider, sondern die verstärkte Harmonie einer gut entworfenen Maschine.«[27]

Mütterliche Vorherbestimmung und Keimzellinien-Absonderung sind nur als Versuche sinnvoll, eine egoistische Meuterei der Zellen zu unterdrücken. Sie kommen nur in Tieren vor, nicht in Pflanzen oder Pilzen. Pflanzen unterdrücken das Aufbegehren mit anderen Mitteln, wobei zwar die Fähigkeit einer jeden Zelle erhalten bleibt, sich fortzupflanzen; die starren Zellwände verhindern jedoch, daß sich eine Zelle im Körper bewegt. Krebs ist bei Pflanzen unmöglich. Pilze verfahren ganz anders: Sie besitzen überhaupt keine Zellen, und ihre Gene müssen um ihre Fortpflanzungsrechte Lotterie spielen.[28]

Egoistische Unterwanderung bedroht auch die Kooperation in der nächsten Russischen Puppe, um den obigen Vergleich wieder aufzugreifen. So wie der Körper ein heikler Triumph der Harmonie über den Egoismus der einzelnen Zellen darstellt, so ist auch die Zelle selbst ein delikater Kompromiß derselben Art. Jede Zelle eines menschlichen Körpers hat sechsundvierzig Chromosomen, dreiundzwanzig von jedem Elternteil. Das ist das ›Genom‹, der Chromosomensatz. Alle Chromosomen arbeiten in vollkommener Harmonie zusammen und bestimmen die Arbeit der Zelle.

Falls Sie jedoch zu den zwei bis drei Prozent in der Bevölkerung gehören, die unwissentlich von eigenartigen Parasiten befallen sind, könnten Sie eine etwas geringere Meinung von Chromosomen haben. Diese Parasiten werden B-Chromosomen genannt. Ihrem Erscheinungsbild nach sind sie mit gewöhnlichen Chromosomen identisch, wenngleich vielleicht ein bißchen kleiner als der Durchschnitt. Doch sie kommen nicht paarweise vor, sie tragen nahezu nichts zum Funktionieren der Zelle bei, und im allgemeinen verweigern sie sogar den Austausch von Genen mit anderen Chromosomen. Sie sind spaßeshalber einfach mit von der Partie. Da sie den üblichen Anteil chemischer Ressourcen benötigen, verlangsamen sie in der Regel das Wachstum der Lebewesen, die sie bewohnen, und beeinträchtigen auch deren Fruchtbarkeit und Gesundheit. Bei Menschen sind sie noch wenig untersucht worden, aber mindestens in einem Fall weiß man, daß sie die Fruchtbarkeit bei Frauen hemmen. Bei vielen anderen Tieren und Pflanzen sind sie zahlreicher, und so ist ihre schädliche Wirkung offensichtlicher.[29]

Warum sind sie dann überhaupt vorhanden? Biologen haben ihren ganzen Einfallsreichtum aufgeboten, um diese Frage zu beantworten. Einige vertreten die Ansicht, die Existenz der B-Chromosomen fördere die genetische Vielfalt. Andere wiederum behaupten, ihr Vorhandensein unterdrücke die genetische Vielfalt. Keine dieser Ansichten ist überzeugend. Die Wahrheit ist die: B-Chromosomen sind Parasiten. Sie gedeihen nicht, um ihren Wirtszellen einen Gefallen zu erweisen, sondern weil sie sich selbst damit nützen. Mit besonderer Umsichtigkeit sammeln sie sich in den Keimzellen an, und sogar dabei überlassen sie nichts dem Zufall. Wenn die Zelle sich teilt, um eine Eizelle zu bilden, wird nach einem Zufallsverfahren die Hälfte der Gene verworfen und in sogenannten Polarkörperchen abgelegt (diese Gene werden dann durch die Gene des befruchtenden Spermas ersetzt). Die listigen B-Chromosomen werden nun geheimnisvollerweise fast nie in den Polarkörperchen abgelegt. Obwohl sich also die Überlebens- und Fortpflanzungschance für Tiere und Pflanzen mit B-Chromosomen verringert, werden B-Chromosomen eher in der Nachkommenschaft auftauchen als andere Gene. B-Chromosomen sind chromosomale Meuterer: Egoisten, die die Harmonie des Genoms unterlaufen.[30]

Auch im Innern jedes Chromosoms gibt es Meutereien. Um jene Eizelle hervorzubringen, die einmal die Hälfte von Ihnen war, fand in den Eierstöcken Ihrer Mutter ein elegantes Kartenspiel statt, das man auch ›Meiose‹ nennt. Dabei mischte der Geber zuerst die Karten und hob dann den Stapel ab, der für die Gene ihrer Mutter stand. Die Hälfte der Karten wurde beiseite gelegt, die andere Hälfte blieb übrig, um eine Hälfte von Ihnen zu werden. Jedes Gen nahm in dem Spiel seine Chance wahr, in das Ei zu gelangen, eine Chance von fünfzig zu fünfzig. Mit bewundernswertem Großmut akzeptierten die Verlierer ihre Auslöschung und wünschten ihren glücklicheren Gefährten alles Gute auf ihrer Reise in die Ewigkeit.

Falls Sie allerdings eine Maus oder eine Fruchtfliege wären, könnten Sie ein Gen namens ›Segregationshemmer‹ haben, das in dem Kartenspiel einfach betrügt. Es hat eine Möglichkeit gefunden, sicherzustellen, ins Ei oder in die Spermie hineinzukommen, gleich wie die Karten abgehoben werden. Segregationshemmer dienen, ähnlich wie B-Chromosomen, keinem höheren Interesse einer Maus oder einer Fliege. Sie dienen nur ihrem eigenen Zweck. Weil sie sich so erfolgreich vermehren, wachsen sie sogar dann, wenn sie ihren Wirtskörpern schaden. Sie sind Meuterer gegen die vorherrschende Ordnung. Sie fördern die

54

Spannungen zutage, die unter der harmonischen Oberfläche der Gene schlummern.

Von höheren Zielen

Doch diese Erscheinungen sind selten. Was hält die Meuterei auf? Warum entscheiden Segregationshemmer, B-Chromosomen und Krebszellen diesen Wettstreit eigentlich nicht für sich? Wieso obsiegt gewöhnlich die Harmonie über den Egoismus? Weil der Organismus, dieses Agglomerat, seine höheren Interessen durchsetzt. Aber was ist ein Organismus? Es gibt nichts dergleichen. Ein Organismus ist lediglich die Summe seiner egoistischen Teile; und eine Gruppe von Einheiten, deren Bestimmung es ist, egoistisch zu sein, kann sich gewiß nicht zu Altruisten wandeln.

Die Auflösung dieses Paradoxons bringt uns zurück zu den Honigbienen. Jede Arbeitsbiene hat ein egoistisches Interesse daran, Drohnen hervorzubringen; aber jede Arbeiterin hat ein gleichermaßen egoistisches Interesse daran, daß keine andere Arbeiterin Drohnen gebiert. Auf jede egoistische Drohnenerzeugerin kommen Tausende von Bienen, deren egoistisches Interesse im Verhindern dieser Erzeugung von Drohnen besteht. Ein Bienenstock ist daher nicht, wie Shakespeare es annahm, ein von oben gelenkter Despotismus: Er ist eine Demokratie, in der die individuellen Wünsche der vielen über den Egoismus jedes einzelnen die Oberhand behalten.

Dasselbe gilt für Krebszellen, Keimzellinien-Absonderung, Segregationshemmer und B-Chromosomen. Mutationen, die bewirken, daß Gene das Eigeninteresse anderer Gene unterdrücken, gedeihen ebenso wahrscheinlich wie egoistische Mutanten. Und es gibt weit mehr Gelegenheiten für derartige Mutationen: Auf jede egoistische Mutation kommen zehntausend andere Gene, die gedeihen werden, falls sie zufällig über einen Mechanismus stolpern, der die Unterdrückung des egoistischen Mutanten verursacht. Um mit den Worten von Egbert Leigh zu sprechen: »Es ist, als hätten wir es mit einem Parlament der Gene zu tun: Jedes einzelne handelt im eigenen Interesse; aber wenn seine Handlungen andere verletzt, werden die sich vereinigen, um es gemeinsam zu bekämpfen.«[31] Im Falle der Segregationshemmer wird Egoismus zum einen dadurch verhindert, daß sich das Genom auf viele Chromosomen verteilt, zum anderen durch das Crossing-over, bei dem die einzelnen Gene miteinander vertauscht werden und so die Segregationshemmer von dem Sicherheitsmechanismus abgetrennt werden, der verhindert, daß sie sich selbst zerstören. Diese Maßnahmen sind allerdings nicht unfehlbar. Wie Arbeitsbienen dem Parlament des Bienenschwarms entkommen, so entkommen auch schon mal einige zerstörerische Zellen der Mehrheitsüberwachung durch das Parlament der Gene. Aber gewöhnlich überwiegt das Allgemeinwohl, so wie Kropotkin hoffte.

KAPITEL 2

Das Phänomen der Arbeitsteilung

*Warum Selbstgenügsamkeit häufig
überschätzt wird*

Man stelle sich vor, Zillionen und Zilliarden von Organismen
würden umherirren, ein jeder Organismus hypnotisch gebannt
durch eine einzige Wahrheit, alle diese Wahrheiten wären identisch
und doch logisch nicht miteinander kompatibel: »Mein Erbgut
ist das Wichtigste auf dieser Erde; sein Überleben rechtfertigt
jede Enttäuschung, jeden Schmerz, sogar den Tod.« Und nun
stellen Sie sich vor, Sie wären einer dieser Organismen
und müßten Ihr Leben in der Knechtschaft einer logischen
Absurdität zubringen.
Robert Wright: *Diesseits von Gut und Böse*, 1994

Die Hutterer sind eine der beständigsten und erfolgreichsten religiösen Sekten überhaupt. Ursprünglich im Europa
des sechzehnten Jahrhunderts beheimatet, wanderten ihre
Mitglieder im neunzehnten Jahrhundert zahlreich nach
Amerika aus und gründeten dort im ganzen Norden landwirtschaftliche Kooperativen. Ihre hohe Geburtenrate, ihr
allgemeiner Wohlstand und ihre Selbstgenügsamkeit
zeugen noch in den unfruchtbarsten Landstrichen Kana-
das, die andere Farmer nicht zu kultivieren vermochten,
von einem erstaunlich effektiven Lebenskonzept.

Das, auf einen Nenner gebracht, heißt Kollektivismus.
Seine Haupttugend ist *Gelassenheit*, was in etwa soviel bedeutet wie »die Gaben Gottes dankbar anzunehmen, selbst
den Tod, und aller Selbstliebe, allem Eigennutz und allem
Streben nach Besitz abzuschwören«. Ihr Führer Ehrenpreis
sagte 1650: »Wahre Liebe heißt Wachstum für eine Gemein-

schaft, deren Mitglieder voneinander abhängig sind und einander dienen.«

Man könnte auch sagen, die Hutterer sind wie Bienen: Sie sind die sich unterordnenden Teile eines großen Ganzen. Tatsächlich begrüßen die Hutterer diesen Vergleich und stellen ihn mit der größten Freimütigkeit selbst an. Ganz bewußt haben sie die gleichen Bollwerke gegen egoistische Rebellionen errichtet, wie einst die vor Jahrmillionen entstandenen Agglomerationen von Genen, Zellen und Bienen. Wenn eine Hutterische Gemeinde beispielsweise groß genug ist, um sich zu teilen, wird zunächst das zukünftige Siedlungsgebiet erschlossen, dann werden Paare nach Alter, Geschlecht und Fähigkeiten zusammengestellt, und erst an dem Tag, an dem sich die Gemeinde tatsächlich teilt, entscheidet das Los darüber, wer in das neue Gebiet ziehen darf und wer in dem alten bleibt. Es könnte keine treffendere Analogie zur Meiose geben, diesem Kartenspiel der Chromosomen, bei dem diejenigen Gene ausgelost werden, die in die Eizelle kommen dürfen, während die übrigen zurückstehen müssen.[1]

Die Tatsache, daß derartige Maßnahmen notwendig sind (wie auch die harte Bestrafung derjenigen Hutterer, die gewisse Anzeichen von Egoismus zu erkennen geben), zeugt von der permanenten Bedrohung durch latenten Egoismus. Ebenso zeugt die Meiose von der ständigen Möglichkeit einer genetischen Meuterei.

Manche Betrachter behaupten allerdings, weit davon entfernt zu zeigen, daß die Hutterer menschliche Bienen seien, ihr Verhalten beweise das genaue Gegenteil. In seinem Kommentar zu David Wilsons und Eliot Sobers Analyse der Hutterer argumentiert Lee Cronk: »In Wahrheit zeigt das Beispiel der Hutterer lediglich, daß man Menschen nur sehr, sehr schwer dazu bewegen kann, sich wie die Hutterer zu verhalten, und in der Tat müssen die meisten derartigen Versuche kläglich scheitern.«

58

Und doch teilen die meisten Menschen mit den Hutterern ein faszinierendes Tabu, nämlich das Tabu des Egoismus. Egoismus ist beinahe ein Synonym für das Laster schlechthin. Mord, Diebstahl, Vergewaltigung und Betrug gelten als schwere Verbrechen, weil sie selbstsüchtige oder böswillige Taten sind, die zum Nutzen des Täters und zum Schaden des Opfers begangen werden. Tugend dagegen ist beinahe per definitionem das höhere Interesse der Gemeinschaft. Es gibt nur ganz wenige Tugenden, die nicht unmittelbar altruistisch motiviert sind (wie etwa Sparsamkeit und Enthaltsamkeit), und diese Tugenden wirken oft im verborgenen. Die von allen Menschen geschätzten sichtbaren Tugenden wie Kooperation, Altruismus, Großzügigkeit, Mitgefühl, Freundlichkeit oder Selbstlosigkeit zielen alle auf die eine oder andere Weise auf das Wohlergehen anderer Menschen ab. Und das beruht nicht etwa auf einer bloßen westlichen Kirchentradition. Es handelt sich hier um eine Tendenz, die von der gesamten Gattung Mensch geteilt wird. Lediglich Ruhm und Ehre, zu denen man gewöhnlich nur auf dem Wege egoistischer und manchmal sogar gewaltsamer Akte gelangt, bilden eine Ausnahme von dieser Regel, und diese Ausnahme bestätigt sie nur, denn Ruhm und Ehre sind sehr zweideutige Tugenden, und wie schnell werden daraus nicht Ruhmsucht und Ehrsucht.

Ich will darauf hinaus, daß wir im Grunde unseres Herzens alle Hutterer sind. Bewußt oder unbewußt haben wir alle ein höheres Interesse im Sinn. Wir loben Selbstlosigkeit, und Egoismus verurteilen wir. Kropotkin hat das zwar grundsätzlich begriffen, allerdings eine kleine Sache mißverstanden. Denn die wesentliche Tugend des Menschen wird nicht durch Parallelen zum Tierreich bewiesen, sondern gerade durch das Fehlen überzeugender Parallelen. Was am Menschen der Erklärung bedarf, ist nicht sein häufiges Laster, sondern die gelegentliche Tugend. George

Williams formulierte die Frage so: »Wie konnte stetiger Egoismus einen Organismus hervorbringen, der Nächstenliebe gegenüber Fremden und selbst gegenüber Tieren so oft befürwortet und gelegentlich sogar praktiziert?«[2] Tugend ist etwas, was nur Menschen und die wahrhaft sozialen Tierarten angeht. Wären wir demnach auch eine agglomerierte Gattung? Hätten wir bereits angefangen, einen Teil unserer Individualität an ein überwölbendes Gebilde namens Gesellschaft zu verlieren? Ist dies ein Wesensmerkmal der Menschen? Falls dem so wäre, würden wir in einem wichtigen Punkt merkwürdig erscheinen: Wir ziehen nämlich Nachkommen auf.

Auch wenn wir unsere Fortpflanzung an keine Königin delegiert haben, so sind wir Menschen doch mit Sicherheit so abhängig voneinander wie gewöhnliche Ameisen oder Honigbienen. In dem Augenblick, da ich dieses schreibe, benutze ich ein Schreibprogramm, das ich nicht entwickelt habe, und sitze vor einem Computer, den ich nie hätte konstruieren können; der Computer wiederum benötigt Elektrizität, die ich nie im Leben hätte entdecken können. Auch muß ich mir nicht den Kopf darüber zerbrechen, woher ich die nächste Mahlzeit bekomme, denn ich weiß, daß ich im nächstbesten Geschäft Lebensmittel einkaufen kann. Mit einem Wort, ich profitiere von der Gesellschaft, weil es eine Arbeitsteilung gibt. Die Spezialisierung ist es, die die menschliche Gesellschaft größer macht als die Summe ihrer Teile.

Klüngelei

Stellt ein Lebewesen das Gemeinwohl über seine Einzelinteressen, dann tut es das deshalb, weil sein eigenes Schicksal untrennbar mit dem der Gruppe verknüpft ist – es teilt das Schicksal der Gruppe. Die größte Hoffnung auf Unsterblichkeit erwächst einer unfruchtbaren Ameise durch stellvertretende Reproduktion seitens der Königin, so wie der größte Garant für das Leben eines Flugpassagieres das Überleben des Piloten ist. Diese stellvertretende Fortpflanzung durch einen Verwandten erklärt, wie aus Zellen, Korallen und Ameisen Mannschaften entstehen können, die meistens harmonisch zusammenarbeiten. Wie wir gesehen haben, unterdrückt der Embryo die Reproduktion der individuellen Zelle, um ihre Uneigennützigkeit zu fördern; und um die Uneigennützigkeit einer Arbeiterin zu fördern, bringt die Bienenkönigin sie als ein unfruchtbares Wesen hervor.

Tierkörper, Korallenklone und Ameisenkolonien sind nun nichts anderes als große Familien. Innerhalb von Familien kann uns Altruismus kaum überraschen, denn wie wir bereits gesehen haben, liefert enge genetische Verwandtschaft ein gutes Motiv für Zusammenarbeit. Aber Menschen arbeiten noch auf ganz anderen Ebenen zusammen als nur innerhalb der Familie. Hutterische Gemeinschaften sind schließlich keine Familien, und ebensowenig sind es die Horden von Jäger- und Sammlergesellschaften oder Bauerndörfer, Armeen, Sportgemeinschaften oder religiöse Vereinigungen. Um es andersherum auszudrücken: Es ist keine menschliche Gesellschaft bekannt (mit der eventuellen Ausnahme des mißlungenen Versuchs eines westafrikanischen Königreichs des neunzehnten Jahrhunderts), die versucht hätte, die Fortpflanzung auf ein einzelnes Paar oder einen einzigen polygamen Mann zu beschränken. Also was immer die menschliche Gesellschaft auch darstellt, eine große Familie ist sie nicht. Das macht es um so schwieriger, die wohlwollende Seite des Menschen zu erklären. Tatsächlich ist ein auffälliger Zug menschlicher Gesellschaften ihre Gleichheit in der Fortpflanzung. Wo viele andere in Gruppen lebende Säugetiere (Wölfe, Hunds- und Halbaffen, Menschenaffen) das Recht auf Fortpflanzung auf eine männliche Minderheit, manchmal auch eine weibliche beschränken, pflanzen Menschen sich zu jeder Zeit und an jedem Ort fort. »Wie sehr die Menschen sich auch spezialisieren und Arbeitsteilung betreiben«, schrieb Richard Alexander, »sie bestehen fast immer darauf, alle Tätigkeiten, die mit der Fortpflanzung zusammenhängen, selbst auszuüben.« Die harmonischsten Gesellschaften, fügt Alexander hinzu, seien diejenigen, in denen die Frage der Fortpflanzung einheitlich geregelt ist: Monogame Gesellschaften etwa seien in der Regel stabiler und schwerer zu erobern als polygame Gesellschaften.[3]

Dabei weigern sich die Menschen nicht nur beharrlich, das Recht zur Fortpflanzung an andere Personen abzutreten. Sie sind sogar darum bemüht, Bevorzugungen von Verwandten zum Wohle der Gemeinschaft zu unterbinden. Vetternwirtschaft gilt immerhin als ein Schimpfwort. Und sieht man einmal von Privatangelegenheiten des (engsten) Familienkreises ab, dann ist die Bevorzugung von Verwandten gegenüber anderen Mitgliedern der Gemeinschaft noch in jeder Gesellschaft ein Zeichen von Korruption. In seiner in den frühen siebziger Jahren entstandenen Untersuchung über die Einwohner eines Dorfes im französischen Jura fand Robert Layton überwältigende Nachweise für die Ablehnung dieses Phänomens. Sicherlich versuchten Verwandte auf lokaler Ebene, sich gegenseitig Vorteile zu verschaffen. Auf kommunaler Ebene dagegen wurde solche Begünstigung entschieden unterbunden. So verboten Kommune und die landwirtschaftliche Kooperative Vätern, Söhnen und Brüdern, bei Wahlen gleichzeitig zu kandidieren. Man glaubte, im Interesse der Gemeinschaft verhindern zu müssen, daß die Verwaltung der gemeinsam genutzten Ressourcen in die Hände miteinander verwandter Fraktionen fallen könnte. Daß Vetternwirtschaft in allen Gesellschaften in schlechtem Ruf steht, dafür liefert die Mafia ein vorzügliches Beispiel.[4]

Dieses Fehlen nepotischer Merkmale bringt die Analogie zwischen Menschen und staatenbildenden Insekten in eine Schieflage. Wir Menschen haben also nicht nur größte Vorbehalte gegen stellvertretende Fortpflanzung, wir scheinen sogar keine Mühen zu scheuen, um sie zu verhindern. Die Analogie zu den Chromosomen, deren Reproduktion in der Tat noch gleichheitlicher geregelt ist, betrifft das allerdings nicht. Chromosomen sind vielleicht nicht gerade uneigennützig – das Recht auf Replikation treten sie nicht ab – , aber egoistisch sind sie auch nicht: Sie klüngeln, sie verteidigen die Integrität des gesamten Genoms, indem sie egoistische Rebellionen von seiten einzelner Gene unterdrücken.[5]

Die Parabel vom Nadelmacher

Wir haben die Ameisen bemüht, um eine Sache zu verdeutlichen: die Arbeitsteilung. Bei den Ameisen gibt es eine Arbeitsteilung – zwischen Arbeitern und Soldaten, Nestbauern und Nahrungssuchern, Architekten und Hygienespezialisten. Gemessen an unseren Standards ist diese Form der Arbeitsteilung allerdings sehr schwach ausgeprägt. So kommen bei den Ameisen höchstens vier physisch verschiedene Kasten vor, und trotzdem gibt es oft mehr als vierzig verschiedene Tätigkeiten. Allerdings ändert sich das Aufgabengebiet bei den Arbeitsameisen mit dem Alter, so daß sich die Arbeitsteilung schließlich vervielfältigt, und bei manchen Arten, etwa den Wanderameisen, arbeiten einzelne in Gruppen zusammen und erweitern so ihre Fertigkeiten beträchtlich.[6]

Bei den Honigbienen gibt es überhaupt keine dauerhafte Arbeitsteilung, außer zwischen Königin und Arbeiterinnen. Das Bild, das Shakespeare in *Heinrich V.* von den Bienenmagistraten, Bienenschreinern, Bienenportiers und Bienenkaufleuten entwirft, ist reine Phantasie. Es gibt lediglich ein Heer multifunktionaler Arbeitsbienen. Der gesellschaftliche Vorteil einer Biene besteht nun darin, daß die Bienenkolonie eine leistungsfähige Informationsvermittlungszentrale ist, die die Arbeit an die Orte dirigiert, an denen es sich am meisten lohnt. Dazu wird keine Arbeitsteilung benötigt.

Im Gegensatz dazu liegen beim Menschen die Vorteile der Gesellschaft in der Arbeitsteilung. Da jeder Mensch auf irgendeine Weise Spezialist ist – und in aller Regel ist er es früh genug, um im gewählten Berufszweig einerseits leistungsfähig zu sein, andererseits geistig formbar zu bleiben –, ist die Summe all unserer Bemühungen größer, als sie es wäre, wenn jeder einzelne von uns ein Hansdampf in allen Gassen sein müßte. Nur vor einer Form von Spezialisierung schrecken wir zurück, nämlich vor jener, die die Termiten eifrig praktizieren: der reproduktiven Arbeitsteilung zwischen Gebärenden und Ziehpersonen. In keiner menschlichen Gesellschaft wird die Arbeit der Fortpflanzung routinemäßig und mit Begeisterung an Verwandte abgetreten. Jungfräuliche Tanten und Mönche sind nirgendwo auf der Welt sehr zahlreich.

Es ist dieses Zusammenwirken von Spezialisten, das menschliche Gesellschaften funktionieren läßt und das uns von allen anderen sozialen Lebewesen unterscheidet. Nur wenn wir den Zusammenschluß von Zellen, die einen Körper bilden, betrachten, finden wir eine vergleichbare Vielfalt spezialisierter Funktionen. Allein die Arbeitsteilung ist es wert, einen Körper zu erfinden. Das rote Blutkörperchen ist für die Leberzelle ebenso nützlich wie die Leberzelle für das rote Blutkörperchen. Gemeinsam können beide Zellen viel mehr leisten, als eine einzelne Zelle es je vermag. Jedes Organ, jeder Muskel, jeder Zahn, jeder Nerv und jeder Knochen spielt im Gesamtorganismus eine ganz bestimmte Rolle. Kein einziges Körperteil könnte alle Funktionen auf

64

einmal übernehmen. Aus diesem Grunde bringt ein Mensch auch viel mehr zustande als ein Schleimpilz. Und tatsächlich war am Anfang des Lebens selbst die Arbeitsteilung ein entscheidender Schritt. Denn es haben sich nicht nur die einzelnen Gene geteilt und sich dabei die Funktionen aufgeteilt, die nötig sind, um eine Zelle zu betreiben; auch die Gene selbst hatten sich bereits darauf spezialisiert, Informationen zu speichern und Arbeitsteilung durch Proteine zu betreiben, die sich auf chemische oder strukturelle Aufgaben spezialisierten. Wir wissen, daß es sich hierbei um Arbeitsteilung handelt, denn RNS, der primitivere und seltenere Baustein der Gene, ist selbst so etwas wie ein Hansdampf in allen Gassen und kann einerseits Informationen speichern, andererseits Katalysatorfunktionen übernehmen. Dabei bewältigt RNS die erste Aufgabe nicht so gut wie DNS und die letzte nicht so gut wie die Proteine.[7]

Adam Smith hat als erster erkannt, daß die menschliche Gesellschaft nur aufgrund der Arbeitsteilung größer ist als die Summe ihrer Teile. In der Einführung zu seinem großen Werk *Eine Untersuchung über die Natur und Ursachen des Reichtums der Nationen* wählte er das Beispiel eines Nadelmachers, um seinen Standpunkt zu demonstrieren. Jemand, der keine Übung im Herstellen von Nadeln besitzt, könnte vermutlich nur eine einzige Nadel pro Tag herstellen, und selbst nach einiger Übung würde er es höchstens auf etwa zwanzig Stück bringen. Wird nun die Arbeitsteilung zwischen Nadelmachern und Nicht-Nadelmachern eingeführt und wird weiter die Herstellung von Nadeln unter verschiedenen spezialisierten Gewerben aufgeteilt, kann die Anzahl der Nadeln, die eine Person herstellt, beträchtlich erhöht werden. In einer Nadelfabrik könnten (und konnten nach Smiths Angaben tatsächlich) zehn Personen 48 000 Nadeln pro Tag herstellen. Zwanzig Nadeln aus einer derartigen Fabrik kosteten darum nur den zweihundertvierzigsten Teil eines Arbeitstages, während es den

Käufer mindestens einen ganzen Arbeitstag gekostet hätte, diese selbst herzustellen.

Die Gründe für diesen Vorteil lagen nach Smith hauptsächlich in drei Konsequenzen der Arbeitsteilung. Durch die Spezialisierung auf die Herstellung von Nadeln erhöht der Nadelmacher zum einen seine Geschicklichkeit durch (stete) Praxis. Er spart zum anderen Zeit, die er durch den Wechsel von einer Tätigkeit zur anderen sonst verloren hätte. Schließlich ermöglicht ihm sein Verdienst, spezialisierte Maschinen zu erfinden, zu kaufen oder zu benutzen, die die Arbeit beschleunigen. Am Vorabend der industriellen Revolution beschrieb Smith prophetisch auf ein paar Seiten den einzigen Grund, aus dem sich der materielle Reichtum des Landes und der ganzen Welt in den folgenden zwei Jahrhunderten enorm vermehren sollte. Er erkannte dabei auch die Entfremdungswirkungen übergroßer Spezialisierung, als er schrieb: »Der Mensch, der sein Leben damit verbringt, wenige einfache Vorgänge auszuführen […] wird so abgestumpft und dumm werden, wie es für ein menschliches Wesen nur irgend möglich sein kann« – und nahm damit Marx und Charlie Chaplin vorweg. Moderne Wirtschaftsexperten stimmen einhellig mit Smith darin überein, daß die moderne Welt ihr Wirtschaftswachstum ausschließlich den kumulativen Auswirkungen der auf verschiedene Märkte verteilten und durch neue Technologien angekurbelten Arbeitsteilung verdankt.[8]

Wenn Biologen der Theorie von Adam Smith nichts hinzugefügt haben, so haben sie sie zumindest getestet. Smith merkte hinsichtlich der arbeitsteiligen Gesellschaft noch zwei weitere Dinge an: nämlich daß die Arbeitsteilung in Abhängigkeit von der Größe des Marktes zunimmt und daß sie in einem Markt gegebener Größe mit verbessertem Verkehr und verbesserter Kommunikation zunimmt. Diese beiden Leitsätze treffen auch auf einfache Zellverbände zu. In unserem Fall handelt es sich um ein Wesen namens

Volvox, das in den Sphären kooperierender, aber im großen und ganzen eigenständiger Zellen lebt. Je größer das *Volvox*, desto wahrscheinlicher ist das Auftreten einer Arbeitsteilung, bei der sich einige Zellen auf die Fortpflanzung spezialisieren. Und je mehr Verbindungen es zwischen den einzelnen Zellen gibt, desto größer ist die Arbeitsteilung. Bei den *Merillisphaera* verlieren die einzelnen Zellen dabei ihre Verbindungen, durch die chemische Substanzen von einer Zelle zur anderen gelangen; bei den *Euvolvox* dagegen bleiben diese Verbindungen bestehen. *Euvolvox* können deshalb mehr zusätzliche Energie in ihre Fortpflanzungszellen fließen lassen und wachsen daher schneller.[9]

Nach seinem Studium der Arbeitsteilung in Schleimpilzen wandte sich John Bonner der Arbeitsteilung in Körpern und Gesellschaften zu. Die Fakten geben Adam Smith recht, was das Verhältnis von Größenordnung und Arbeitsteilung betrifft. Größere Organismen weisen tendenziell mehr unterschiedliche Zellarten auf. Gesellschaften, die in größeren Gruppen organisiert sind, haben tendenziell mehr aufgabenbezogene Kasten: bei den (inzwischen ausgerotteten) Tasmaniern, die in Gruppen bis zu fünfzehn Personen lebten, gab es nur zwei Kasten; bei den Maoris, die in Gruppen von etwa 2000 Personen zusammenlebten, gab es sechzig verschiedene personenbezogene Aufgabengebiete.[10]

Seit Adam Smith ist zum Thema Arbeitsteilung so gut wie nichts mehr veröffentlicht worden, weder von Biologen noch von Wirtschaftswissenschaftlern. Lediglich dem Konflikt zwischen (zunehmender) Arbeitsteilung und den schließlich entstehenden ineffizienten Monopolen ist von Wirtschaftsexperten viel Beachtung geschenkt worden: Wo jeder einer anderen Tätigkeit nachgeht, fehlt jeglicher Anreiz zum Wettbewerb.[11]

Die Biologen haben bisher nicht erklären können, warum es bei einigen Ameisenarten verschiedene Kasten von

Arbeitern gibt, bei anderen nur eine. »Es ist merkwürdig«, schrieb Michael Ghiselin, »daß sowohl die Biologen als auch die Wirtschaftswissenschaftler dem Phänomen der Arbeitsteilung sowenig Beachtung schenken. Als offensichtliche Selbstverständlichkeit, die keiner weiteren Erklärung bedarf, wird sie einfach hingenommen, aber ihre funktionelle Bedeutung wird tatsächlich ignoriert. Denn auch wenn Arbeit manchmal aufgeteilt und manchmal vereint wird, fehlt bis jetzt jede Erklärung, warum das so ist.«[12]

Ghiselin entdeckte ein Paradoxon. In gewissem Sinne wurden Ameisen, Termiten und Bienen zu Spezialisten, als sie das ›Jagen und Sammeln‹ zugunsten von ›Ackerbau und Viehzucht‹ aufgaben. Wie wir Menschen verwenden sie ihre arbeitsteiligen Gesellschaften, um Pflanzen anzubauen oder Haustiere zu züchten – allerdings eher Pilze und Blattläuse statt Weizen und Rinder, aber das Prinzip ist dasselbe. Auf der anderen Seite sind staatenbildende Insekten hinsichtlich ihrer Vorliebe für gewisse Nahrungsmittel viel weniger spezialisiert als einzeln lebende Insekten. Alle Käfer- oder Schmetterlingslarven ernähren sich von einer einzigen Pflanzenart, und die allein lebende Wespe ist von der Natur so hervorragend ausgestattet, daß sie nur auf eine Art Beute Jagd zu machen braucht. Die meisten Ameisen dagegen fressen nahezu alles, was ihren Weg kreuzt, Honigbienen delektieren sich an Blüten aller Formen und Farben, und Termiten ernähren sich vom Holz einer jeden Baumart. Selbst die Ackerbauer unter den Insekten sind Generalisten: Die Blätter, mit denen Blattschneiderameisen ihre Pilze füttern, stammen von den unterschiedlichsten Baumarten.

Dies ist der große Vorteil einer Arbeitsteilung: Durch höhere *Spezialisierung* des Individuums kann die Gattung als Kolonie *generalisieren*. Von daher erklärt sich das Paradoxon, daß Ameisen zwar sehr viel zahlreicher sind als Käfer, dafür aber weniger artenreich.[13]

Zum Nadelmacher von Adam Smith sollte noch angemerkt werden, daß sowohl er selbst als auch der Kunde Vorteile hat: Der Kunde bekommt seine Nadel zu einem günstigeren Preis, und der Nadelmacher stellt genügend Nadeln her, um sie gegen einen ansehnlichen Vorrat all der anderen Güter einzutauschen, die er benötigt. Daraus folgte die vielleicht am wenigsten geschätzte Erkenntnis in der gesamten Ideengeschichte: Smith vertrat das paradoxe Argument, daß gesellschaftlicher Nutzen aus individuellen Lastern entsteht. Kooperation und Fortschritt der menschlichen Gesellschaft sind nicht das Ergebnis von Tugend, sondern resultieren aus der Verfolgung von Einzelinteressen. So stimulieren eigennützige Ambitionen Fleiß, werden Aggressionen durch ablehnendes Verhalten entmutigt und können gute Taten durchaus durch Eitelkeit motiviert sein. Im berühmtesten Abschnitt seines Buches schrieb er:

»In nahezu jeder anderen Tierart ist jedes ausgewachsene Individuum vollkommen selbständig, und in seinem natürlichen Zustand hat es keinen Bedarf für die Unterstützung durch ein anderes Lebewesen. Aber der Mensch ist nahezu ständig auf die Hilfe seiner Brüder angewiesen, und es ist vergeblich, sie nur von ihrem Wohlwollen zu erwarten. Er wird eher die Oberhand gewinnen, wenn er ihre Eigenliebe zu seinen Gunsten erwecken und ihnen zeigen kann, daß es zu ihrem eigenen Vorteil ist, wenn sie für ihn das tun, was er von ihnen wünscht […] Wir erwarten unsere Mahlzeit nicht vom Wohlwollen des Schlächters, des Brauers oder des Bäckers, sondern von ihrer Beachtung ihres eigenen Nutzens. Wir wenden uns nicht an ihre Menschlichkeit, sondern an ihre Eigenliebe und reden mit ihnen niemals über unsere Bedürfnisse, sondern über ihre Vorteile. Außer einem Bettler beabsichtigt niemand hauptsächlich vom Wohlwollen seiner Mitbürger abzuhängen.«[14]

Wie bereits Samuel Brittan warnte, kann man Adam Smith leicht mißverstehen. Ein Fleischer mag vielleicht nicht das Wohl der Menschheit im Sinn haben, was jedoch noch lange nicht heißen muß, daß er stumpfsinnig oder vom Wunsch beseelt sei, andere zu ärgern. Das Verfolgen der eigenen Interessen unterscheidet sich von mutwilliger Bosheit ebensosehr wie von bewußter Selbstlosigkeit.[15]

Es gibt eine wunderschöne Parallele zu Smiths Überlegungen und dem menschlichen Immunsystem. Unser Immunsystem besteht im wesentlichen aus Molekülen, die sich um körperfremde Proteine legen. Um das zu tun, müssen die Moleküle exakt zu ihren Zielobjekten passen, das heißt, sie müssen hochspezifisch sein. Jeder Antikörper, jede T-Zelle, kann nur eine ganz bestimmte Art von Eindringlingen angreifen. Um funktiontüchtig zu sein, muß unser Immunsystem daher über eine Unzahl der verschiedensten Typen von Abwehrzellen verfügen. Tatsächlich verfügt es über eine Milliarde derartiger Zelltypen. Jeder einzelne Zelltyp kommt zwar selten vor, ist aber jederzeit bereit, sich zu vermehren, sobald er einem Zielobjekt begegnet. Das ›Motiv‹ der Zellen ist in gewissem Sinne eigennützig. Wenn sich eine T-Zelle vermehrt, ist sie sich dessen selbstverständlich nicht bewußt, und ganz sicher fühlt sie auch keinen Drang, den Eindringling zu töten. Sie ist aber in gewissem Sinne von der Notwendigkeit getrieben, sich zu vermehren: Das Immunsystem ist eine Welt des Wettbewerbs, in der nur diejenigen Zellen gedeihen können, die die Möglichkeit erhalten, sich zu teilen. Um sich zu vermehren, benötigt die T-›Killer‹-Zelle Unterstützung durch das Interleukin einer T-›Helfer‹-Zelle. Die Moleküle, die es der Killerzelle ermöglichen, Interleukin zu erhalten, sind die gleichen Moleküle, die ihr ermöglichen, den Eindringling zu erkennen. Und die Helferzelle ›hilft‹ auch nur, weil das Molekül, das sie dazu zwingt, dasselbe Molekül ist, das sie benötigt, um zu wachsen. Der Angriff auf körperfremde Substanzen ist für diese Zellen ein Nebenprodukt des ganz normalen Zellwachstums. Das ganze System

70

ist so genau ausgetüftelt, daß das Eigeninteresse der einzelnen Zelle nur dann befriedigt werden kann, wenn diese Zelle ihre Pflicht gegenüber dem gesamten Organismus erfüllt. Eigennutz wird zum höheren Wohl des Organismus umgewandelt, so wie der Egoismus der Individuen zum höheren Wohl der Gemeinschaft umgewandelt wird. Es ist beinahe so, als würde in unserem Blut ein Trupp Pfadfinder ausschwärmen und nach Eindringlingen Ausschau halten, weil es für jeden dingfest gemachten Eindringling ein Stückchen Schokolade zur Belohnung gibt.[16]

In den heutigen Sprachgebrauch übersetzt, bedeutet Smiths Erkenntnis, daß das Leben kein Nullsummenspiel ist. Ein Nullsummenspiel ist ein Spiel, bei dem es einen Gewinner und einen Verlierer gibt, wie beispielsweise beim Tennis. Nun sind aber nicht alle Spiele Nullsummenspiele: Manchmal gewinnen beide Seiten, manchmal verlieren beide Seiten. Smith erkannte, daß im Wirtschaftsleben die Arbeitsteilung bewirkt, daß sowohl das eigennützige Streben eines Menschen, beim Handel mit einem anderen Menschen zu profitieren, wie auch umgekehrt das eigennützige Streben des anderen, vom ersteren zu profitieren, befriedigt werden kann. Daß jeder Mensch seine eigenen Interessen verfolgt, gereicht beiden zum Vorteil und schließlich der ganzen Welt. So war also nicht nur Hobbes mit seiner Behauptung im Recht, wir Menschen seien lasterhaft und nicht tugendhaft, sondern auch Rousseau, als er die Ansicht vertrat, Harmonie und Fortschritt seien auch ohne Regierung möglich. Es ist eine unsichtbare Hand, die uns führt.

Ein derartiger Zynismus schockiert in unserem bescheideneren Zeitalter. Nichtsdestotrotz kann der Grundgedanke, daß nämlich Gutes aus Schlechtem erwächst, nicht geleugnet werden. Es wird zugestanden, daß es gute Taten gibt und daß das Wohl der Menschheit aus der Gesellschaft erwächst. Deshalb braucht man jedoch nicht gleich an Engel zu glauben. Das Verfolgen der eigenen Interessen kann Gutes stiften. »Wir vermuten nur sehr ungern von einer Person, daß sie sich aus Eigennutz betrügerisch verhält«, bemerkte Smith in seiner *Theorie der moralischen Empfindungen*. Er unterstrich, daß Tugend als Mittel zur Förderung von Kooperation innerhalb einer großen Gemeinschaft ungeeignet sei, denn in unserer Tugend sind wir unerschütterlich unseren nahen Freunden und Verwandten zugeneigt. Eine Gesellschaft, die sich auf Tugend gründete, würde daher an Vetternwirtschaft zugrunde gehen. In einer Gemeinschaft Fremder ist die den Egoismus steuernde unsichtbare Hand des Marktes gerechter.[17]

Das technologische Steinzeitalter

Obwohl ich die Arbeitsteilung in der modernen Gesellschaft beschrieben habe, habe ich noch nichts über die Verhältnisse bei den primitiven Stammesgesellschaften gesagt, in denen wir die längste formative Zeit unserer Evolutionsgeschichte verbracht haben. Gibt es das Phänomen der Arbeitsteilung wirklich erst seit kurzem? Um mit Alfred Emerson zu sprechen, dem indirekt von Kropotkin beeinflußten Termitenexperten, der 1960 sagte: »In dem Maße, wie Arbeit unter Spezialisten aufgeteilt wird, vollzieht sich die Integration in Einheiten höherer Ordnung, und in dem Maße, wie sich eine gesellschaftliche Homöostase herausbildet, verliert der einzelne Mensch einen Teil seiner Selbstkontrolle und gerät hinsichtlich seiner Existenz in eine höhere Abhängigkeit von der Arbeitsteilung und der Integration sozialer Systeme.«[18]

Emerson unterstellte damit, daß Arbeitsteilung ein recht junges, sich noch entwickelndes Phänomen sei. Wirtschaftsexperten neigen noch stärker zu der Schlußfolgerung, Arbeitsteilung sei eine Erfindung der Moderne. Als die Menschen noch Bauern waren, war ein jeder zugleich auch ein Alleskönner. Als dann die Zivilisation ihre Segnungen über uns ausbreitete, fingen wir an, uns zu spezialisieren.

Ich zweifle an dieser Interpretation. Ich vermute vielmehr, daß die Jäger und Sammler schon vor hunderttausend Jahren ziemlich pfiffige Spezialisten waren. Moderne Jäger und Sammler sind es mit Sicherheit: Man weiß, daß es beim Stamm der paraguayischen Ache einige Männer gibt, die besonders begabt sind, Gürteltiere in ihren Erdlöchern aufzuspüren; andere wiederum können sie besonders gut ausgraben. Bei den australischen Aborigines werden bis auf den heutigen Tag Personen wegen besonderer Fertigkeiten und Talente geschätzt.[19]

Zwischen meinem achten und zwölften Lebensjahr besuchte ich ein Internat, in dem unsere Hauptaktivität im Bandenkrieg bestand (unterbrochen nur von geringfügigen Irritationen wie Unterricht und Sport). Wie die Schimpansen teilten wir uns in einzelne Gruppen auf, die nach ihrem jeweiligen Anführer benannt wurden. Wir bauten uneinnehmbare Festungen in Bäumen oder in Tunneln im Erdreich, von denen aus wir dann Ausfälle auf rivalisierende Banden unternahmen. Damals schien uns das eine todernste Angelegenheit zu sein, obwohl wir nur leichte Verluste zu verzeichnen hatten. Ich kann mich noch lebhaft an den Tag erinnern, als ich, im Gefühl größter Selbstsicherheit und im Glauben, ich würde allgemein unterschätzt, das sonst anderen Bandenmitgliedern vorbehaltene Privileg beanspruchte, auf einen Baum zu klettern (warum, weiß ich bis heute nicht). Dies war ein Akt atemberaubender Aufsässigkeit, denn ich war ein neues Mitglied der Bande, und jeder wußte, daß X der Anführer war. Doch ich erhielt die hinreichende Chance, mich jämmerlich zu blamieren, und X nahm stillschweigend wieder seinen angestammten Platz in der Hierarchie ein, während ich ein paar Stufen hinunterfiel. Wir hatten in unserer Jugendbande eine Arbeitsteilung.

Man kann sich nur schwer vorstellen, daß eine Gruppe von Menschen über einen ziemlich langen Zeitraum hinweg zusammenarbeitet (wie es unsere jagenden und sammelnden Vorfahren höchstwahrscheinlich getan haben), ohne daß sich eine ähnliche Form der Arbeitsteilung herausbildet.

Daß dies bereits vor der industriellen Revolution der Fall war, ist gesichert. Indem Adam Smith das Heer der verschiedenen Berufszweige aufzählte, die allein nötig waren, um nur den groben Wollmantel eines Tagelöhners herzustellen – Schäfer, Weber, Händler, Werkzeugmacher, Schreiner, ja selbst Bergleute, die die Kohle förderten, mit der die Schmiede befeuert wurde, in der die Schermesser geschmiedet wurden, mit denen die Schäfer die Schafe scherten –, verdeutlichte er das riesige Ausmaß der Arbeitsteilung, von der ein Arbeiter im achtzehnten Jahrhundert profitierte. Dasselbe gilt auch für die mittelalterliche Gesellschaft oder für das antike Rom oder Griechenland. Selbst wenn man noch weiter in die Geschichte zurückgeht, bis in die späte Jungsteinzeit, ist dies zutreffend. Als im Jahre 1991 der 5000 Jahre alte mumifizierte Leichnam eines voll ausgerüsteten Steinzeitmenschen auf einem schmelzenden Tiroler Alpengletscher gefunden wurde, überraschten die Vielfalt und der hohe Standard seiner Ausrüstung. Zu Lebzeiten des Steinzeitmenschen war Europa ein dünnbesiedelter Ort der stammesgesellschaftlichen Steinzeitkultur. Man kannte zwar Kupfer, aber noch keine Bronze. Ackerbau und Viehzucht hatten schon lange das Jagen als hauptsächliche Lebensgrundlage verdrängt, aber Schrift, Gesetze und Regierungen waren unbekannt. Bei dem in Pelz unter einem aus Gras gewebten Umhang gekleideten und mit einem Steinmesser mit Eschenholzgriff, einer Kupferaxt, einem Bogen aus Eibenholz, einem Köcher und

74

vierzehn aus Hartriegel gefertigten Pfeilen ausgestatteten ›Ötzi‹ fanden sich zudem ein Feuerschwamm zum Anzünden von Feuer, zwei Behälter aus Birkenrinde, in denen sich noch, eingewickelt in Ahornblätter, die verkohlte Glut seines letzten Feuers befand, eine Tasche aus Haselnuß, eine Steinahle, mehrere Steinbohrer und Steinschaber, ein Schleifgerät aus Lindenholz und Horn zum Feinabschleifen von Steinen, ein Birkenpilz mit antibiotischer Wirkung als Medizin sowie verschiedene Ersatzteile. Und seine Kupferaxt wäre auch mit den heutigen metallurgischen Kenntnissen nur schwer so zu gießen und zu hämmern gewesen, wie sie es war. Millimetergenau war die Klinge in einen Eibenholzschaft eingepaßt, dessen Form mechanisch ideale Hebelverhältnisse erzeugte.

Dieses Zeitalter war ein Technologiezeitalter. Das Leben der Steinzeitmenschen war allseits von Technik beherrscht. Sie wußten, wie man so verschiedene Materialien wie Leder, Holz, Rinde, Pilze, Kupfer, Stein, Knochen und Gras bearbeitet, um Waffen, Kleidungsstücke, Seile, Säcke, Nadeln, Klebstoff, Behälter und Schmuck herzustellen. Man kann wohl sagen, daß die unglückliche Mumie mehr verschiedene Ausrüstungsgegenstände bei sich trug als die beiden Bergsteiger, die sie fanden. Archäologen gehen davon aus, daß diese Gegenstände, vermutlich sogar die Tätowierungen auf seinen arthritischen Gelenken, höchstwahrscheinlich von Spezialisten hergestellt wurden.[20]

Aber warum geht man nicht noch einen Schritt weiter? Es fällt mir schwer, zu glauben, daß es vor 100 000 Jahren nicht die gleiche Form der Arbeitsteilung gegeben haben sollte, wenn sich doch die Körper und Hirne unserer Vorfahren nicht nennenswert von den unsrigen unterschieden. Der eine Mann stellte Steinwerkzeuge her, ein anderer wußte, wo gute Beute zu machen war, ein dritter konnte besonders geschickt Speere werfen, ein vierter war ein verläßlicher Stratege. Bei unserer Neigung, uns ganz besonders den Tätigkeiten zu widmen, denen wir in unserer Jugend nachgegangen sind, wäre diese Arbeitsteilung durch eine gezielte Ausbildung der Jugend gefördert worden. Es liegt klar auf der Hand, daß man einen guten Tennisspieler oder Schachspieler am besten heranzieht, wenn man zunächst ein begabtes Kind ausfindig macht und es anschließend auf eine Schule schickt, die sich nur wenig anderen Aufgaben widmet. Meiner Einschätzung nach begannen die glänzendsten Gerätemacher im Stamm des *Homo erectus* ihre Laufbahn, indem sie bei älteren Männern in die Lehre gingen.*

Männer? Die Frauen habe ich bei diesem Gedankenspiel bewußt außen vor gelassen, nicht um sie zu kränken, sondern um mein Anliegen zu verdeutlichen. Arbeitsteilung gab es unter Frauen wahrscheinlich ebenso wie unter Männern. Und doch gibt es eine Form der Arbeitsteilung, die in allen menschlichen Gesellschaften eine besondere Stellung einnimmt: die Arbeitsteilung zwischen Mann und Frau, genauer gesagt, zwischen Ehemann und Ehefrau. Indem der Mann das seltene, aber proteinreiche Fleisch herbeischafft, die Frau zahlreiche, aber proteinarme Früchte sammelt, meistert das menschliche Paar die Situation perfekt. Bei keiner anderen Primatenart gibt es eine ähnlich geschlechtsspezifische Arbeitsteilung (in Kapitel fünf werde ich auf dieses Thema zurückkommen).

Der große Vorteil einer menschlichen Gesellschaft ist die Arbeitsteilung und das daraus resultierende ›Nullsummenspiel‹. Dieser von Robert Wright geprägte Ausdruck beschreibt präzise, daß eine Gesellschaft mehr sein kann als die Summe ihrer Teile. Er klärt uns allerdings nicht darüber auf, wie es überhaupt zur Herausbildung der menschlichen Gesellschaft kam. Wir wissen bereits, daß Vetternliebe als ausschlaggebendes Motiv ausscheidet. Für Inzucht und stellvertretende Fortpflanzung, die notwendigen Merkmale einer nepotischen Kolonie, gibt es keine Anzeichen. Was aber war es dann? Nach der stärksten Hypothese war es das Phänomen der Wechselseitigkeit. Oder, um es mit Adam Smith auszudrücken, »die Eigenschaft, ein Ding gegen ein anderes einzuhandeln oder einzutauschen«.[21]

KAPITEL 3

Das Gefangenendilemma

Warum Computer lernen zu kooperieren

Ich lerne, einem anderen zu Diensten zu sein, ohne wahrhafte
Freundschaft für ihn zu empfinden: denn ich sehe voraus, daß er
meine Dienste erwidern wird, in Erwartung eines Dienstes der
gleichen Art, und um dieselbe Korrespondenz guter Dienste mit
mir oder anderen aufrechtzuerhalten. Dergestalt wird er, nachdem ich ihm zu Diensten gewesen bin und er sich in der vorteil-
haften Lage befindet, in die ihn mein Verhalten gesetzt hat, angehalten sein, seine Rolle zu erfüllen, da er die Konsequenzen einer
Weigerung seinerseits voraussieht.
David Hume: *Von der menschlichen Natur*, 1740

In Puccinis Oper *Tosca* befindet sich die Heldin in einem
fürchterlichen Dilemma. Ihr Geliebter Cavaradossi wurde
vom Polizeichef Scarpia zum Tode verurteilt, doch schlägt
ihr Scarpia einen Handel vor. Wenn Tosca mit ihm schläft,
wird er das Leben ihres Liebhabers schonen und dem Er-
schießungskommando befehlen, mit Platzpatronen zu
schießen. Tosca beschließt nun, Scarpia zu betrügen, indem
sie zum Schein auf seinen Vorschlag eingeht; aber sobald er
den Befehl erteilt hat, Platzpatronen zu verwenden, wird
sie ihn erstechen. Sie tut dies auch, entdeckt aber zu spät,
daß sie ihrerseits von Scarpia betrogen wurde. Das Er-
schießungskommando benutzt keine Platzpatronen: Cavaradossi stirbt. Tosca begeht daraufhin Selbstmord, und so
gibt es am Ende drei Tote.

Tosca und Scarpia spielten, auch wenn sie selbst es nicht
so genannt hätten, ein Spiel. Sie spielten das berühmteste

Spiel der Spieltheorie – eines esoterischen Zweigs der Mathematik, der eine merkwürdige Brücke zwischen Biologie und Wirtschaftswissenschaft schlägt –, das im Mittelpunkt einer der aufregendsten Entdeckungen der Wissenschaft in den letzten Jahren steht: nichts Geringeres als die Entdeckung, warum Menschen freundlich zueinander sind. Noch dazu spielten Tosca und Scarpia das Spiel genau so, wie es die Spieltheorie voraussagt, trotz des schrecklichen Endes für beide. Wie kommt das?

Das Spiel, bekannt unter dem Namen ›Das Dilemma des Gefangenen‹, paßt auf alle Situationen, in denen es einen Konflikt zwischen den eigenen Interessen und denen der Gemeinschaft gibt. Gemeinsam würden Tosca und Scarpia profitieren, wenn sie sich nur an ihren eigenen Handel hielten: Tosca würde das Leben ihres Geliebten retten, und Scarpia hätte mit Tosca geschlafen. Als Individuen dagegen würden beide noch stärker profitieren, wenn einer den anderen dergestalt betrügen könnte, daß der eine sich an die Abmachung hält, der andere sie bricht: Tosca würde das Leben ihres Geliebten und ihre Tugend retten, Scarpia käme zu seinem Glück und hätte seinen Gegenspieler aus dem Weg geräumt.

Das Spiel ›Das Dilemma des Gefangenen‹ ist ein extremes Beispiel dafür, wie sich Kooperation zwischen Egoisten stiften läßt – Kooperation, die sich weder von einem Tabu noch von einem moralischen Zwang oder einem ethischen Gebot herleitet. Wie können Individuen durch Egoismus dazu gebracht werden, dem größeren Ganzen zu dienen? Das Spiel heißt ›Das Dilemma des Gefangenen‹, da die bekannteste Anekdote zu seiner Veranschaulichung zwei Gefangene beschreibt, die vor die Wahl gestellt sind, gegen den jeweils anderen auszusagen, um so das eigene Strafmaß zu reduzieren. Das Dilemma besteht nun darin, daß beide bei Aussageverweigerung nur wegen eines geringfügigeren Vergehens belangt werden können. Beide zusammen wären also in einer besseren Situation, wenn sie schwiegen. Der einzelne aber steht besser da, wenn er den anderen belastet.

Warum? Vergessen Sie einmal die beiden Gefangenen, und stellen Sie sich das ganze als ein simples Spiel vor, bei dem Sie mit einem anderen Spieler um Punkte spielen. Wenn Sie mit dem anderen kooperieren (›schweigen‹), bekommt jeder Spieler drei Punkte (das wird ›Belohnung‹ genannt). Wenn beide sich gegenseitig beschuldigen, erhält jeder von ihnen einen Punkt (die ›Strafe‹). Wenn nun aber der eine Spieler den anderen beschuldigt, der andere dagegen mit dem einen kooperiert, dann bekommt derjenige, der kooperiert, keinen Punkt (›Lohn des Dummen‹), der beschuldigende Spieler aber fünf Punkte (die ›Versuchung‹). Sollte Ihr Partner Sie also beschuldigen, dann ist es besser für Sie, wenn Sie ihn ebenfalls beschuldigen, denn so bekommen Sie eher einen Punkt als gar keinen. Wenn Ihr Partner allerdings kooperiert, dann sind Sie besser dran, wenn Sie betrügen: Sie bekommen fünf Punkte statt drei. *Was der andere auch tut, am Ende stehen Sie immer besser da, wenn Sie betrügen.* Da Ihr Partner aber ebenso argumentiert, wird das höchstwahrscheinlich in eine wechselseitige Beschuldigung münden: In diesem Fall gibt es für jeden nur einen Punkt, wo doch beide jeweils drei Punkte haben könnten.

Lassen Sie sich von Ihrer Moral nicht in die Irre führen. Die Tatsache, daß Sie beide edelmütig handeln, wenn Sie kooperieren, ist für das Problem nicht von Belang. Was wir suchen, ist die logisch ›richtigste‹ Handlung in einem ethischen Vakuum, nicht die moralisch ›beste‹. Und das ist in diesem Fall der Betrug. Es ist vernünftig, egoistisch zu sein.

Das Spiel ›Das Dilemma des Gefangenen‹ ist im weitesten Sinne so alt wie die Welt. Hobbes hatte sicherlich eine Vorstellung von ihm. Die hatte wohl auch Rousseau, als er beiläufig eine ziemlich raffinierte Version beschrieb, die auch als das ›Kooperationsspiel‹ aus seiner kurzen, aber berühmten Schilderung der Hirschjagd bekannt ist. Eine Gruppe primitiver Menschen beim Jagen skizzierend, sagte er:

»Wenn es sich um eine Wildjagd gehandelt hätte, hätte jedermann wohl begriffen, daß er treu auf seinem Posten ausharren muß. Wenn nun aber ein Hase zufällig in seiner Nähe dahergekommen wäre, so müssen wir ohne Zweifel annehmen, daß dieser bedenkenlos die Verfolgung desselben aufgenommen, und als er seine Beute gefangen, sich nur wenig darum bekümmert hätte, daß seine Genossen wegen ihm die ihre verloren.«[1]

Um sich zu verdeutlichen, was Rousseau meinte, stellen Sie sich vor, daß alle Stammesmitglieder sich auf Hirschjagd begeben. Zu diesem Zweck wird ein weiter Kreis um das Dickicht herum gebildet, in dem der Hirsch liegt; der Kreis wird nun immer enger gezogen, bis der Hirsch schließlich gezwungen ist, vor den ihn umzingelnden Jägern zu fliehen. Wenn alles gutgeht, ist dies der Moment, in dem der Hirsch von dem Jäger, der ihm am nächsten ist, getötet wird. Aber stellen Sie sich nun vor, einer der Jäger sieht plötzlich einen Hasen. Er ist sich sicher, daß er ihn fangen kann, nur muß er dazu den Kreis verlassen. Dadurch entsteht im Kreis eine Lücke, durch die der Hirsch entkommt. Der Jäger, der den Hasen erlegt, ist völlig im Recht – schließlich hat er nun Fleisch –, aber den Preis für sein eigennütziges Verhalten bezahlen alle anderen mit einem leeren Magen. Die für den einzelnen richtige Entscheidung ist für die Gemeinschaft die falsche. Und damit wäre bewiesen, was für ein hoffnungsloses Unterfangen das Projekt gesellschaftlicher Kooperation ist, wie schon der menschenfeindliche Rousseau in seinem düsteren Kommentar anmerkte.

Eine moderne Version der Hirschjagd ist das von Douglas Hofstadter entwickelte Spiel ›Das Dilemma des

Wolfes‹. Bei diesem Spiel sitzen zwanzig Personen in je einer abgeschirmten Box und legen ihren Finger auf einen Knopf. Nach zehn Minuten erhält jeder Teilnehmer 1000 Dollar, vorausgesetzt, niemand hat in der Zwischenzeit auf den Knopf gedrückt. In diesem Fall bekommt derjenige, der den Knopf gedrückt hat, 100 Dollar, und alle anderen gehen leer aus. Wer schlau ist, drückt nicht auf den Knopf und kassiert 1000 Dollar. Wer sehr schlau ist, wird voraussehen, daß die Möglichkeit besteht, einer in der Runde könnte dumm genug sein, auf den Knopf zu drücken, und in diesem Fall wäre es dann günstiger, ihm zuvorzukommen. Wer nun aber besonders schlau ist, sieht voraus, daß auch die sehr Schlauen diesen Gedanken haben und ihre Knöpfe drücken, also täte auch der besonders Schlaue gut daran, seinen Knopf zu drücken. Ähnlich wie beim Spiel ›Das Dilemma des Gefangenen‹ führt auch hier die reine Logik direkt in die kollektive Katastrophe.[2]

So alt die Idee auch sein mag, als formales Spiel jedenfalls wurde ›Das Dilemma des Gefangenen‹ 1950 zuerst von Merril Flood und Melvin Dresher von der kalifornischen RAND Corporation eingeführt; einige Monate später erzählte dann Albert Tucker an der Universität Princeton die Anekdote von den beiden Gefängnisinsassen. Flood und Dresher war nämlich aufgefallen, daß uns Zwangslagen wie die, in der sich die beiden Gefangenen befinden, überall begegnen. Im Grunde genommen stellt jede Situation, in der ein Mensch in die Versuchung gerät, etwas zu tun, von dem er weiß, es wäre ein großer Fehler, wenn alle Menschen dasselbe täten, so etwas wie das Dilemma des Gefangenen dar – die formale mathematische Gleichung des Dilemmas des Gefangenen lautet: Die Versuchung ist größer als die Belohnung, diese wiederum größer als die Strafe, diese wiederum größer als der Lohn des Dummen; allerdings ändert sich das Spiel, wenn die Versuchung riesig wird. Wenn man sich darauf verlassen könnte, daß niemand Autos stiehlt, bräuchte man Autos nicht mehr abzuschließen und könnte sich die Zeit und das Geld für die Versicherungsbeiträge, die Sicherheitsvorrichtungen und ähnliches sparen. Davon hätten wir alle etwas. Aber in einer derart vertrauensseligen Welt profitiert der einzelne eben noch mehr, wenn er den Gesellschaftsvertrag bricht und einen Wagen stiehlt. Ähnlich würden auch alle Fischer davon profitieren, wenn sich jeder einzelne Selbstbeschränkung auferlegte und weniger Fisch fangen würde. Wenn nun aber alle Fischer soviel Fisch fangen wie nur irgend möglich, dann verliert der Fischer, der sich einschränkt, seinen Anteil an einen eigennützigeren Fischer. So zahlen wir alle also kollektiv den Preis für den Individualismus.

Sonderbarerweise ist auch der Regenwald ein Produkt dieses Dilemmas. Bäume im Regenwald verwenden den größten Teil ihrer Energie darauf, dem Himmel entgegenzuwachsen, anstatt sich zu vermehren. Wären die Bäume in der Lage, mit ihren Mitbewerbern einen Pakt zu schließen, der alle abgestorbenen Baumstümpfe verböte und die Obergrenze bei etwa vier Metern ansetzte, wäre das für jeden Baum von Vorteil. Nur sind Bäume dazu nicht in der Lage.

Die Komplexität des Lebens auf ein albernes Spiel zu reduzieren ist es aber, was die Wirtschaftswissenschaftler in Verruf gebracht hat. Dabei geht es gar nicht darum, jedes Problem aus dem Leben in ein Modell namens ›Das Dilemma des Gefangenen‹ zu pressen, sondern vielmehr darum, eine idealisierte Version dessen zu entwickeln, was geschieht, wenn kollektive und individuelle Interessen miteinander in Konflikt geraten. Man kann auf diese Weise solange mit der Idealversion experimentieren, bis man ein überraschendes Moment entdeckt hat, das, auf die realen Lebensumstände übertragen, neue Erkenntnisse über sie liefert.

Genau dies ist auch mit dem Spiel ›Das Dilemma des Gefangenen‹ geschehen. In den sechziger Jahren begannen die

Mathematiker, geradezu fanatisch nach einem Ausweg aus der düsteren Lektion zu suchen, die das ›Dilemma des Gefangenen‹ gelehrt hatte – daß nämlich Betrug (rational gesehen) die einzige Option sei. Wiederholt behaupteten sie, einen Ausweg gefunden zu haben, und am lautstärksten tat dies 1966 Nigel Howard, der das Spiel dahingehend umformulierte, daß nicht mehr die tatsächlichen Handlungen der Spieler im Mittelpunkt standen, sondern ihre Motive. Wie alle anderen unterbreiteten Vorschläge erwies sich jedoch auch Howards Lösung des Paradoxons als Wunschdenken. Unter den gegebenen Ausgangsbedingungen des Spiels ist kooperatives Verhalten einfach unlogisch.

Diese Schlußfolgerung stieß auf denkbar wenig Gegenliebe, und das nicht nur aufgrund ihrer anscheinend unmoralischen Implikationen, sondern auch, weil sie so wenig zum tatsächlichen Verhalten der Menschen paßte. Kooperation ist eine weitverbreitete Eigenschaft der menschlichen Gesellschaft, und Vertrauen bildet die Grundlage unseres sozialen und wirtschaftlichen Lebens. Ist das irrational? Müssen wir unsere Instinkte unterdrücken, um freundlich zueinander zu sein? Lohnt sich Verbrechen wirklich? Sind Menschen nur dann ehrlich, wenn es sich für sie auszahlt?

In den späten 1970ern schließlich war das ›Dilemma des Gefangenen‹ der Inbegriff all dessen geworden, was an der Fixierung der Wirtschaftswissenschaftler auf das Selbstinteresse falsch ist. Falls das Spiel bewies, daß sich der einzelne in einem derartigen Dilemma nur dann rational verhält, wenn er seinen eigenen Vorteil sucht, dann war dies lediglich ein Beweis für das Ungenügen der Grundannahme. Da Menschen nicht ausschließlich den eigenen Vorteil suchen, können die Motive ihrer Handlungen nicht nur im Streben nach dem eigenen Wohl, sondern auch dem der Gruppe wurzeln. Zweihundert Jahre lang hatte die auf Selbstinteresse gründende klassische Ökonomie auf die falsche Karte gesetzt.

Erlauben Sie mir einen kurzen Abstecher in die Spieltheorie – einen Zweig der Mathematik, im Jahre 1944 von
dem großen ungarischen Genie Johann von Neumann ins
Leben gerufen; sie wird ganz besonders den (speziellen)
Bedürfnissen der ›schmutzigen‹ Wirtschaftswissenschaften
gerecht. Die Spieltheorie beschäftigt sich nämlich mit den
Bereichen des Lebens, wo das richtige Verhalten vom Verhalten anderer Menschen bestimmt wird. So hängt es beispielsweise nicht von äußeren Umständen ab, zwei und
zwei zusammenzuzählen. Dagegen sind für die Entscheidung, eine Aktie zu kaufen oder zu verkaufen, ausschließlich die äußeren Umstände entscheidend, in besonderem
Maße die Frage, wie andere Menschen sich entscheiden.
Aber selbst in dieser Situation könnte es einen gewissermaßen idiotensicheren Weg geben, eine Strategie, die unabhängig davon funktioniert, was andere Menschen wählen.
Diese Strategie anhand einer realen Lebenssituation herauszufinden, wie zum Beispiel der Entscheidung für oder
gegen eine Investition an der Börse, grenzt höchstwahrscheinlich ans Unmögliche. Das heißt aber nicht, daß es die
perfekte Strategie nicht gäbe. Das Anliegen der Spieltheorie
ist es, sie in simplifizierten Versionen der Welt zu finden –
sozusagen als Universalheilmittel. In der Geschäftswelt ist
dieses Universalheilmittel als Nash-Gleichgewicht bekannt, benannt nach dem Mathematiker und Princeton-Ab-
solventen John Nash, der die Theorie 1951 entwickelte und
1994 dafür den Nobelpreis erhielt, nachdem er von einer
langjährigen Schizophrenie genesen war. Die Definition des
Nash-Gleichgewichts lautet, daß die Strategie eines Spielers
die optimale Antwort auf die Strategie des Gegenspielers
ist und kein Spieler ein Motiv hat, von der einmal gewählten Strategie abzuweichen.

Man denke beispielsweise an das von Peter Hammerstein und Reinhard Selten entwickelte Spiel. Darin gibt es
zwei Spieler, Konrad und Niko; beide müssen sich eine ge-

wisse Summe Geldes teilen. Konrad ist zuerst am Zug und muß entscheiden, ob das Geld zu gleichen (also fair) oder zu ungleichen Teilen (also unfair) untereinander aufgeteilt wird. Im nächsten Zug entscheidet dann Niko, ob eine große oder eine kleine Summe eingesetzt werden soll. Wenn Konrad die unfaire Spielvariante wählt, bekommt er neunmal so viel Geld wie Niko. Setzt Niko eine hohe Summe ein, erhält jeder Spieler zehnmal so viel Geld wie bei einem niedrigen Einsatz. Konrad kann also neunmal so viel Geld fordern wie Niko, und Niko kann gar nichts dagegen unternehmen. Spielt er mit niedrigem Einsatz, straft er sich selbst damit ebenso wie Konrad. Er kann also noch nicht einmal mit einem niedrigen Einsatz drohen, um Konrad in seiner Entscheidung zu beeinflussen. Das Nash-Gleichgewicht bedeutet also für Konrad, daß er unfair spielen muß, und für Niko, daß er fair spielen muß. Das ist nicht gerade ein optimales Ergebnis für Niko, aber das beste, was er aus dieser Situation herausholen kann.[3]

Man beachte, daß das Nash-Gleichgewicht nicht unbedingt gleichbedeutend ist mit dem besten Ergebnis. Weit davon entfernt. In vielen Fällen besteht das Nash-Gleichgewicht sogar aus einer Doppelstrategie, die einen oder gar beide Spieler in die Katastrophe stürzt, bei der aber keiner von beiden mit Hilfe einer anderen Strategie besser dastünde. ›Das Dilemma des Gefangenen‹ ist ein solches Spiel. Wenn es nur einmal von unerfahrenen Partnern gespielt wird, entsteht nur ein Nash-Gleichgewicht: Beide Partner betrügen einander.

Falken und Tauben

Ein Experiment stellte diese Schlußfolgerung schließlich auf den Kopf. Dreißig Jahre lang, so zeigte sich, hatte man aus dem ›Dilemma des Gefangenen‹ die falsche Lehre gezogen. Eigennutz war doch nicht die einzig rationale Option – zumindest dann nicht, wenn man das Spiel mehr als einmal spielte.

Es war eine Ironie des Zufalls, daß die Lösung des Rätsels bereits zum Greifen nahe lag, als das Spiel erfunden wurde; man hatte sie nur wieder vergessen. Flood und Dresher hatten zu Beginn eine überraschende Entdeckung gemacht. Als sie zwei Kollegen, Armen Alchian und John Williams, baten, das Spiel mit geringen Geldeinsätzen hundertmal zu wiederholen, zeigten sich ihre Versuchspersonen ausgesprochen kooperativ: In sechzig der hundert Versuchsdurchläufe kooperierten sie miteinander und genossen die Vorteile wechselseitiger Hilfe. Aus den schriftlichen Notizen ging später hervor, daß beide Spieler versucht hatten, den Gegenspieler durch Entgegenkommen ebenfalls zu dem gleichen Verhalten zu bewegen – zumindest bis zum Ende des Spiels, wo jeder die Chance sah, den Gegner auf dessen Kosten schnell zur Strecke zu bringen. Wird also das Spiel unendlich oft vom gleichen Spielerpaar wiederholt, scheint Freundlichkeit den Sieg über Hinterhältigkeit davonzutragen.[4]

Das Turnier zwischen Alchian und Williams geriet bald wieder in Vergessenheit. Aber bei jeder Gelegenheit, bei der zwei Spieler aufgefordert wurden, dieses Spiel zu spielen, war die Wahrscheinlichkeit hoch, daß sie versuchen würden zu kooperieren, also die logisch falsche Taktik einzuschlagen. Diese so gar nicht ins Konzept passende Kooperationsbereitschaft wurde herablassend der Irrationalität der Spieler und ihrer unerklärlichen Freundlichkeit zugeschrieben. »Offensichtlich«, so meinten zwei Spieltheoretiker, »sind durchschnittliche Spieler strategisch nicht versiert genug, um herauszufinden, daß die DB-Strategie [Doppelbetrugsstrategie] die rational einzig vertretbare Strategie ist.« Wir waren also einfach nur zu begriffsstutzig, um es zu verstehen.[5]

In den frühen 1970ern wurden die Erkenntnisse aus dem Alchian-Williams-Turnier von einem Biologen wiederentdeckt. Der Gentechnologe John Maynard Smith hatte noch nie etwas vom ›Dilemma des Gefangenen‹ gehört. Er begriff allerdings, daß sich die Spieltheorie für die Biologie ebenso gewinnbringend einsetzen ließ wie für die Ökonomie. Wenn rational handelnde Individuen Strategien wählen, die in einer gegebenen Situation das kleinste Übel darstellen, wie es das ›Dilemma des Gefangenen‹ vorhersagt, so seine These, dann müßte die natürliche Auslese auch Tiere mit ähnlichen Instinkten für ein solches Verhalten ausstatten. Mit anderen Worten: Die Entscheidung für das Nash-Gleichgewicht in einem Spiel konnte sowohl durch bewußte rationale Deduktion als auch durch die Evolutionsgeschichte herbeigeführt werden. Entscheidungen können nicht nur von Individuen, sondern auch durch die Selektion gefällt werden. Maynard Smith nannte einen herausgebildeten Instinkt, der dem Nash-Gleichgewicht entsprach, eine ›evolutionär stabile Strategie‹: Kein mit einem derartigen Instinkt ausgestattetes Tier würde einem anderen, das eine andere Strategie einschlägt, unterlegen sein.

Mit seinem ersten Beispiel ging Maynard Smith der Frage nach, warum Tiere im allgemeinen nicht bis zum Tode kämpfen. Er konzipierte das Spiel als einen Wettstreit zwischen ›Falke‹ und ›Taube‹. ›Falke‹, der in etwa der Option ›Betrügen‹ im ›Dilemma des Gefangenen‹ entspricht, ist ›Taube‹ weit überlegen, zieht sich aber im Kampf mit einem anderen Falken schwerste Verletzungen zu. ›Taube‹, die der Option ›Kooperation‹ entspricht, gewinnt zwar Punkte bei der Begegnung mit einer anderen Taube, kann aber niemals im Kampf gegen den Falken bestehen. Wird das Spiel nun aber unzählige Male wiederholt, gewinnen die sanfteren Eigenschaften der Taube an Wert. Besonders die Option ›Vergeltung‹ – eine Taube verwandelt sich beim Zusammentreffen mit einem Falken ebenfalls in einen Falken – erweist sich als nützliche Strategie. Weiter unten werden wir mehr über die Option ›Vergeltung‹ hören.[6]

Maynard Smiths Spiele wurden von Wirtschaftswissenschaftlern nicht zur Kenntnis genommen, da sie in der Welt der Biologie stattfanden. In den späten 1970ern allerdings geschah etwas Beunruhigendes. Nun spielten Computer mit ihrer kalten, harten, rationalen Intelligenz das ›Dilemma des Gefangenen‹, und siehe da – sie verhielten sich genau wie die leichtgläubigen, naiven Menschen. Sie neigten zu irrationaler Kooperation! Bei den Mathematikern schrillten die Alarmglocken. 1979 initiierte der junge Politologe Robert Axelrod ein Turnier, um die Logik der Kooperation zu untersuchen. Er bat Versuchspersonen, mit Hilfe eines Computerprogramms zweihundertmal gegen jedes andere eingereichte sowie das eigene Programm und gegen ein Zufallsprogramm zu spielen. Am Ende dieses großangelegten Versuchs würde jedes Programm eine bestimmte Punktzahl erzielt haben.

Vierzehn Versuchspersonen reichten Programme verschiedenster Komplexität ein, und zur allgemeinen Verwunderung bewährten sich die ›freundlichen‹ Programme. Unter den acht besten Programmen war keines, das von sich aus die Option ›Betrügen‹ vorgeschlagen hätte. Dazu kam, daß ausgerechnet das ›freundlichste‹ aller Programme – zugleich das einfachste – gewann. Der Kanadier Anatol Rapoport, ein ehemaliger Konzertpianist und Politologe mit besonderem Interesse am nuklearen Gleichgewicht, zugleich der wahrscheinlich größte lebende Experte auf dem Gebiet des ›Dilemmas des Gefangen‹, reichte ein Programm namens ›Wie du mir, so ich dir‹ ein. Es kooperierte im ersten Zug und wiederholte anschließend nur noch die Spielaktion des letzten Spielers. ›Wie du mir, so ich dir‹ ist, praktisch gesehen, also nur ein anderer Name für Maynards ›Vergeltung‹.[7]

90

In einem weiteren Turnier bat Axelrod die Testpersonen, den Versuch zu unternehmen, das Programm ›Wie du mir, so ich dir‹ zu schlagen. Zweiundsechzig Programme versuchten es, und doch: Das einzig erfolgreiche Programm war ›Wie du mir, so ich dir‹. Wieder war es allen anderen Programmen überlegen.

Axelrod bemerkte dazu in seinem Buch: »Der durchschlagende Erfolg von ›Wie du mir, so ich dir‹ erklärt sich aus einer Kombination von Freundlichkeit, Vergeltung, Vergebung und Klarheit. Die freundlichen Merkmale des Programms verhindern unnötige Schwierigkeiten. Seine Fähigkeit zur Vergeltung entmutigt den Gegner, sobald er betrügt. Dadurch, daß das Programm vergibt, hilft es, die Zusammenarbeit wieder aufzunehmen. Und seine Einfachheit erleichtert es dem anderen Spieler, es zu durchschauen, was einer langfristigen Kooperation förderlich ist.«[8]

Im nächsten Turnier versuchte Axelrod, die unterschiedlichen Strategien in einer Art von Darwinschem Daseinskampf gegeneinander auszuspielen. Dies war eines der ersten Beispiele für das, was seitdem unter dem Begriff ›künstliches Leben‹ verstanden wird. Die natürliche Selektion als treibende Kraft der Evolution läßt sich ganz leicht mit Hilfe eines Computers simulieren: Softwarewesen kämpfen um Raum auf dem Bildschirm genauso wie echte Lebewesen in der wirklichen Welt um Lebensraum. In Axelrods Turnier fielen die erfolglosen Strategien nach und nach zurück, während die widerstandsfähigeren Programme das Feld für sich eroberten. Dies führte zu einer hochinteressanten Serie von Ereignissen. Zunächst gediehen die hinterhältigen Strategien auf Kosten der freundlichen und naiven. Nur ›vergeltende‹ Programme wie ›Wie du mir, so ich dir‹ hielten mit ihnen Schritt. Nach und nach gingen dann den hinterhältigen Strategien die leichten Opfer aus, und statt dessen bekämpften sie sich nun gegenseitig. Dadurch verringerte sich ihre Anzahl stetig. Nun trat das

Programm ›Wie du mir, so ich dir‹ in den Vordergrund und beanspruchte schließlich wieder einmal das Schlachtfeld ganz für sich allein.

Blutsbrüderschaft der Vampire

Axelrod war der Überzeugung, daß dieses Ergebnis für Biologen von Interesse sein könnte, und setzte sich deshalb mit einem Kollegen von der Universität Michigan in Verbindung. Er geriet ausgerechnet an William Hamilton, den dieser Zufall sofort verblüffte. Mehr als zehn Jahre zuvor hatte nämlich ein junger graduierter Biologiestudent in Harvard namens Robert Trivers Hamilton einen Essay vorgelegt. Trivers ging von der Annahme aus, daß Tiere in ihrem Verhalten ebenso wie Menschen gewöhnlich von Eigennutz getrieben sind, beobachtete aber bei beiden, daß sie häufig miteinander kooperieren. Er behauptete, ein Grund für das Kooperieren egoistischer Individuen sei das Phänomen der Wechselseitigkeit. Einfacher ausgedrückt: Eine Hand wäscht die andere. Der Gefallen, der einem Tier erwiesen wird, kann durch einen anderen Gefallen zurückgezahlt werden, zum Vorteil beider, solange der Aufwand für den Gefallen geringer ist als der Vorteil, ihn zu empfangen. Es könnte also sein, daß soziale Tiere alles andere als selbstlos handeln und sich lediglich die einander erwiesenen Gefallen erwidern. Von Hamilton ermutigt, veröffentlichte Trivers einen Aufsatz, in dem er die These vom reziproken Altruismus im Tierreich aufstellte und einige Beispiele anführte, die seine These möglicherweise belegten. Trivers beschrieb sogar das wiederholte ›Dilemma des Gefangenen‹ als ein Instrument, mit dem seine Ideen getestet werden könnten, und sagte voraus, daß sich die Wahrscheinlichkeit der Kooperation mit der Wiederholung der Interaktion erhöhen würde. Damit hatte er im Grunde genommen das Programm ›Wie du mir, so ich dir‹ vorweg-genommen.[9]

Ein Jahrzehnt später hielt Hamilton nun plötzlich den mathematischen Beweis dafür in der Hand, daß Trivers' Überlegungen einiges für sich hatten. Axelrod und Hamilton veröffentlichen gemeinsam einen Aufsatz mit dem Titel »Die Evolution der Kooperation«, um die Biologie auf das Phänomen ›Wie du mir, so ich dir‹ aufmerksam zu machen. Er löste ein enormes Interesse an der Theorie aus, und eine fanatische Suche nach Beispielen aus der Tierwelt setzte ein.[10]

Und tatsächlich ließen derartige Beispiele nicht lange auf sich warten. Als der Biologe Gerald Wilkinson 1983 von einer Studienreise in Costa Rica nach Kalifornien zurück-kehrte, hatte er in seinem Reisegepäck eine wahre Grusel-geschichte der Kooperation. Wilkinson hatte in Costa Rica das Verhalten der Vampirfledermäuse studiert. Vampirfle-dermäuse halten sich tagsüber in hohlen Bäumen auf und begeben sich nachts auf die Suche nach größeren Tieren, deren Blut sie über heimlich beigebrachte Verletzungen der Haut aussaugen. Es ist ein nicht ganz ungefährliches Da-sein, denn gelegentlich müssen die Fledermäuse ihre Heim-reise mit hungrigem Magen antreten, da sie entweder keine Opfer finden konnten oder daran gehindert wurden, sich sattzutrinken. Bei alten Fledermäusen kommt so etwas im Schnitt nur alle zehn Nächte vor, jungen Fledermäusen hin-gegen kann es schon einmal jede dritte Nacht passieren, nicht selten sogar jede zweite Nacht. Nach nur sechzig Stunden ohne Blutmahlzeit ist das Tier vom Hungertod bedroht.

Glücklicherweise saugen sie, sofern sie ein Opfer gefun-den haben, mehr Blut, als sie unmittelbar benötigen. Der Überschuß kann dann herausgewürgt und einer anderen Fledermaus gespendet werden. Bei diesem Akt der Groß-zügigkeit finden sich die Fledermäuse im Dilemma des

Gefangenen wieder: Fledermäuse, die sich gegenseitig füttern, sind in einer besseren Lage als Fledermäuse, die dies nicht tun. Fledermäuse, die zwar Nahrung von anderen annehmen, ihnen aber nichts abgeben, sind jedoch in einer noch besseren Lage; und Fledermäuse, die ihre Nahrung zwar teilen, aber im Gegenzug leer ausgehen, sind am schlechtesten dran.

Da Fledermäuse in der Regel immer denselben Schlafplatz aufsuchen und zudem lange leben (sie können bis zu achtzehn Jahre alt werden), lernen sie sich mit der Zeit als Individuen kennen und haben Gelegenheit, das Spiel zu wiederholen, genau wie Axelrods Computerprogramme. Im übrigen sind die Verwandtschaftsbeziehungen zwischen den Tieren der einzelnen Schlafplätze nicht besonders ausgeprägt, daher scheidet Verwandtenbevorzugung als Motiv für diese Freigebigkeit aus. Wilkinson fand heraus, daß die Vampirfledermäuse ›Wie du mir, so ich dir‹ zu spielen scheinen. Eine Fledermaus, die in der Vergangenheit einem Artgenossen einmal Blut gespendet hat, wird später wahrscheinlich von diesem Artgenossen ihrerseits Blut erhalten. Umgekehrt wird eine Fledermaus, die nichts von ihrem Blut gespendet hat, wahrscheinlich auch kein Blut bekommen. Da Fledermäuse offensichtlich das Kopfrechnen beherrschen, könnte dies ein Motiv für ihr Putzverhalten sein. Vampirfledermäuse lecken sich gegenseitig das Fell, und besondere Aufmerksamkeit erfährt dabei die Region um den Magen. So kann der prall gefüllte Bauch nach einer guten Mahlzeit nur schwer einer anderen verborgen bleiben, die die erstere putzt; eine betrügerische Fledermaus ist daher schnell ausgemacht. Auch der Schlafplatz wird von Wechselseitigkeit regiert.[11]

Eine afrikanische Meerkatzenart* zeigt ähnlich reziproke Verhaltensmuster. Spielt man diesen Affen ein Tonband vor, auf dem ein Affe während eines Kampfes um Unterstützung ruft, wird ein anderer Affe eher auf diesen Ruf reagieren, wenn der um Hilfe Rufende in der Vergangenheit selbst Hilfsbereitschaft an den Tag gelegt hat. Sind die beiden Affen allerdings eng miteinander verwandt, hängt die Reaktion des einen Affen nicht ganz so stark davon ab, ob der andere Affe ihm früher einmal geholfen hat. Somit wäre also das Phänomen ›Wie du mir, so ich dir‹ – ganz so, wie es die Theorie vorhersagt – ein Mechanismus, der die Kooperation unter den Individuen fördert, die nicht miteinander verwandt sind. Säuglinge nehmen die Wohltätigkeit ihrer Mutter als Selbstverständlichkeit hin und brauchen sie nicht durch einen Akt der Freundlichkeit zu kaufen. Geschwister verspüren keine Notwendigkeit, jeden Freundschaftsdienst gleich zurückzuzahlen. Menschen, die nicht miteinander verwandt sind, sind sich jedoch sozialer Schulden stets peinlich bewußt.[12]

Die Grundvoraussetzung, unter der ›Wie du mir, so ich dir‹ funktioniert, ist eine stabile und kontinuierliche Beziehung. Je beiläufiger und zufälliger die Begegnungen zwischen zwei Individuen, desto unwahrscheinlicher ist es, daß das Phänomen ›Wie du mir, so ich dir‹ Kooperation zu stiften vermag. Trivers beobachtete, daß seine Idee durch ein ungewöhnliches Phänomen bei Korallenriffen gestützt wird: den sogenannten Säuberungsstationen. Dabei handelt es sich um ganz bestimmte Plätze im Riff, an denen große einheimische Fische, ja sogar Raubfische, durch kleinere Fische und Krebse von ihren ›Parasiten‹ gereinigt werden.

Diese Art der Reinigung ist ein lebenswichtiger Bestandteil im Leben eines Tropenfisches. Über fünfundvierzig verschiedene Fischarten und wenigsten sechs verschiedene Krebsarten bieten in Korallenriffen ihre Dienste an. Für einige von ihnen ist dies sogar die einzige Form der Ernährung, und die meisten weisen spezifische Farb- und Aktivitätsmerkmale auf, mit denen sie sich ihren potentiellen Kunden als Putzfische zu erkennen geben. Alle Arten von Fischen werden von den Putzfischen gesäubert. Oft kommen die Tiere vom offenen Meer oder verlassen ihre Verstecke unter dem Riff, und manche ändern sogar ihre Farbe, um ihren Reinigungsbedarf anzuzeigen. Größere Fische scheinen von dieser Dienstleistung ganz besonders zu profitieren. Einige verwenden auf die Säuberung ebensoviel Zeit wie auf die Ernährung und kehren für die Säuberung mehrmals am Tag zum Riff zurück, besonders dann, wenn sie krank oder verwundet sind. Werden die Putzfische aus dem Riff entfernt, geschieht folgendes: Die Anzahl der Fische geht zurück, immer mehr Fische weisen Wunden und Infektionen auf, und die Parasiten breiten sich zunehmend aus.

Die kleineren Fische bekommen Futter, die größeren Fische werden gesäubert: das Ergebnis gegenseitiger Hilfe. Und obwohl die Putzfische in Größe und Gestalt oft der Beute derjenigen Fische gleichen, die sie säubern, schwimmen sie ihren Kunden ins Maul, um die Kiemen und setzen genaugenommen dabei ihr Leben aufs Spiel. Doch nicht genug damit, daß den Fischen nichts geschieht: Die Kunden geben darüber hinaus sorgfältige und verständliche Signale, wann sie von der Säuberung genug haben und weiterziehen wollen. Die Putzfische reagieren auf diese Signale, indem sie unverzüglich das Feld räumen. Die Instinkte, die dieses Säuberungsverhalten steuern, sind so stark ausgeprägt, daß in einem von Trivers zitierten Fall sogar ein über einen Meter langer Barsch, der sechs Jahre lang in einem Aquarium aufgezogen wurde und gewöhnlich nach jedem Fisch schnappte, der in das Becken geworfen wurde, beim Anblick des ersten Putzfisches sofort Maul und Kiemen aufriß, um den Putzer einzuladen – und das, obwohl er gar keine Parasiten hatte.

Die verwirrende Frage ist: Warum schlägt der Kunde nicht einfach zwei Fliegen mit einer Klappe und läßt sich zunächst säubern und verspeist seinen Putzer anschlie-

96

ßend? Dies würde im ›Dilemma des Gefangenen‹ etwa der Option ›Betrügen‹ entsprechen. Aber dies geschieht aus demselben Grund nicht, aus dem so selten betrogen wird; die Antwort ist die gleiche, die ein unmoralischer Einwohner New Yorks auf die Frage geben würde, warum er denn seine illegal arbeitende Putzfrau bezahle, anstatt sie einfach zu feuern und sich in der nächsten Woche eine neue zu suchen: Gute Putzfrauen sind schwer zu finden. Der Fisch als Kunde verschont seinen Putzfisch nicht aus einem allgemeinen Pflichtgefühl gegenüber zukünftigen Kunden heraus, sondern weil ein guter Putzfisch für die Zukunft wertvoller ist als die gegenwärtige Mahlzeit. Und dies ist nur der Fall, weil es ein und derselbe Putzfisch ist, der Tag für Tag und Jahr für Jahr im Riff zur Stelle ist. Die Permanenz und Dauer der Beziehung ist für die Gleichung lebensnotwendig. Einmalige Begegnungen fördern den Betrug; häufige Wiederholungen fördern die Kooperation. Im nomadischen Leben des offenen Meeres gibt es keine ›Säuberungsstationen‹.[13]

Ein anderes Beispiel, das Axelrod untersuchte, war die Lage an der Westfront im Ersten Weltkrieg. Wegen der entstandenen Pattsituation hatte sich der Krieg zu einer endlosen Schlacht um ein Stückchen Land entwickelt, so daß sich die Begegnungen zwischen zwei Einheiten häufig wiederholten. Diese Wiederholung veränderte wie beim ›Dilemma des Gefangenen‹ die ›vernünftige‹ Strategie von Feindseligkeit und Kooperation. In der Tat war die Westfront ›verseucht‹ durch inoffizielle Waffenstillstände zwischen alliierten und deutschen Truppen, die sich einige Zeit gegenübergestanden hatten. Komplexe Kommunikationsstrukturen bildeten sich heraus, um Bedingungen auszuhandeln, zufällige Grenzverletzungen zu entschuldigen und einen relativen Frieden zu sichern – auf beiden Seiten ohne das Wissen der hohen Kommandoebene. Die Waffenstillstände wurden durch Racheaktionen überwacht. Mit

Überfällen und Feuersalven bestrafte man die gegnerische Seite bei Verrat, und manchmal gerieten diese Aktionen wie bei einer Vendetta auch außer Kontrolle. Die Situation ähnelte somit stark dem Spiel ›Wie du mir, so ich dir‹: Sie stiftete gegenseitige Kooperation, antwortete auf Betrug aber ebenfalls mit Betrug. Die sehr simple und effektive ›Abhilfe‹, die auf beiden Seiten von den Oberen praktiziert wurde, sobald einer dieser Waffenstillstände aufgedeckt wurde, bestand darin, die Einheiten häufig zu verlegen, so daß kein Regiment lange genug einem anderen gegenüberstand, als daß sich eine Beziehung gegenseitiger Kooperation hätte herausbilden können.

Allerdings hat dieser Mechanismus auch Schattenseiten, wie das Beispiel aus dem Ersten Weltkrieg zeigt. Begegnen sich zwei Partner dabei auf freundschaftlicher Basis, sind der Kooperation keine Grenzen gesetzt. Wenn nun aber der eine Partner den anderen zufällig oder unwissentlich betrügt, entsteht eine fortlaufende Serie wechselseitiger Vergeltungsschläge, aus der es kein Entrinnen gibt. Denn ›Wie du mir, so ich dir‹ kann man schließlich auch als ›Auge um Auge, Zahn um Zahn‹ umschreiben, wie es überall dort gilt, wo Blutrache herrschte oder noch immer herrscht, wie etwa in Sizilien, den Grenzgebieten Schottlands im sechzehnten Jahrhundert, dem antiken Griechenland und dem modernen Amazonasgebiet. ›Wie du mir, so ich dir‹ ist, wie wir noch sehen werden, kein Allheilmittel.

Die Lehre, die wir Menschen daraus ziehen können, ist jedoch, daß die Wechselseitigkeit in unserer Gesellschaft möglicherweise ein unverzichtbarer Teil unserer Natur oder, anders ausgedrückt, ein Instinkt ist. Wir brauchen unsere Schlußfolgerung, daß einer guten Tat eine andere folgen sollte, nicht zu rechtfertigen, noch müßte man sie uns wider besseres Wissen beibringen. Sie reift schlicht in dem Maße in uns heran, in dem wir selber reifen, eine unauslöschliche Bereitschaft, die man durch Lernen fördern kann oder auch nicht. Und warum ist das so? Weil sie durch natürliche Selektion dazu bestimmt ist, uns zu befähigen, mehr Gewinn aus unserem sozialen Leben zu ziehen.

KAPITEL 4

Das Gute und das Böse

Warum es sich lohnt, einen guten Ruf zu haben

Liegt es in seinem eigenen Interesse, darf man vernünftigerweise von jedem Organismus erwarten, daß er seinen Gefährten
hilft. Hat er keine Alternative, unterwirft er sich dem Joch der allgemeinen Dienstbarkeit. Gibt man ihm aber eine reale Möglichkeit, seine eigenen Interessen durchzusetzen, dann wird ihn
nichts außer der Zweckmäßigkeit davon abhalten, seinen Bruder,
seinen Freund, seinen Vater, seine Mutter oder sein Kind zu schlagen, zu verstümmeln, gar zu ermorden. Man kratze einen ›Altruisten‹ und sehe, wie ein Heuchler blutet.

Michael Ghiselin: *The Economy of Nature and the Evolution of Sex,* 1974

Für ihre Körpergröße haben Vampirfledermäuse ein sehr
großes Gehirn. Das liegt daran, daß die Großhirnrinde –
der clevere Teil an der Vorderseite des Gehirns – überpro-
portional groß ist, verglichen mit dem doch eher gewöhnlichen Gegenstück zum Rücken hin. Vampirfledermäuse
haben von allen Fledermäusen die weitaus größte Großhirnrinde.

Es ist kein Zufall, daß sie über komplexere soziale Strukturen verfügen als die meisten anderen Fledermausarten,
die auch, wie wir gesehen haben, reziproke Bande zwischen den nicht miteinander verwandten Mitgliedern einer
Gruppe eingehen. Für dieses Wechselspiel müssen sie fähig
sein, einander zu erkennen, sich erinnern können, wer eine
Gunst erwidert hat und wer noch nicht, und beides dann
miteinander verrechnen. Bei den zwei geschicktesten Familien der Landsäugetiere, den Primaten und den Fleisch-

fressern, besteht ein enger Zusammenhang zwischen Gehirngröße und sozialer Gruppe: Je größer die Gemeinschaft, in der ein Individuum lebt, desto größer ist seine Großhirnrinde – im Verhältnis zum Rest des Gehirns. Um in einer komplexen Gruppe überleben zu können, braucht man ein großes Gehirn. Um ein großes Gehirn auszubilden, muß man in einer komplexen Gesellschaft leben. Wie man es auch dreht und wendet, dieser Zusammenhang ist zwingend.[1]

Tatsächlich ist der Zusammenhang so folgerichtig, daß man ihn benutzen kann, um die naturgemäße Gruppengröße einer Art vorherzusagen. Diese Logik legt nahe, daß Menschen in Gruppen von einhundertundfünfzig Mitgliedern leben. Obgleich viele Städte mehr Einwohner haben, ist diese Zahl ungefähr richtig. Es ist nämlich annähernd die Anzahl von Menschen, die eine typische Horde von Jägern und Sammlern oder eine typische religiöse Gemeinde ausmachen, die in einem durchschnittlichen Adreßbuch stehen, die eine Kompanie von Soldaten bilden, und es ist die Höchstzahl von Angestellten, die der Arbeitgeber einer überschaubaren Fabrik bevorzugt. Kurz, es handelt sich um die Höchstzahl von Menschen, zu denen man ein persönliches Verhältnis haben kann.[2]

Gegenseitigkeit funktioniert nur, wenn die Menschen sich wiedererkennen. Man kann weder einen Gefallen erwidern noch einen Groll aufrechterhalten, wenn man nicht weiß, wie man seinen Gläubiger oder Schuldner ausfindig machen und identifizieren kann. Darüber hinaus gibt es einen entscheidenden Bestandteil der Gegenseitigkeit, den wir in unserer Betrachtung der Spieltheorie bislang vernachlässigt haben: das Ansehen. In einer Gruppe von Individuen, die sich kennen und wiedererkennen, muß das Gefangenendilemma nämlich nicht blind gespielt werden. Man kann die Partner voneinander unterscheiden: Man kann sich die heraussuchen, mit denen man in der Vergangenheit zusammengearbeitet hat oder von denen gesagt wird, man könne ihnen trauen, und man kann auf die zugehen, die Kooperationsbereitschaft signalisieren. Kurz: Man hat die Wahl.

Riesige Metropolen unterscheiden sich von Kleinstädten und ländlichen Gebieten durch unhöflichere Einwohner, beiläufigere Beleidigungen und schnellere Ausbrüche von Gewalt. Es würde einem Menschen nicht im Traum einfallen, in seiner Kleinstadt oder in seinem Heimatdorf so Auto zu fahren, wie es in Manhattan oder der Pariser Innenstadt üblich ist – anderen Fahrern mit der geballten Faust drohend, wild hupend und seine Ungeduld zeigend. Es herrscht aber auch weithin Einverständnis darüber, warum das so ist: Großstädte sind Orte der Anonymität. In New York, Paris oder London kann man zu einem Fremden so unhöflich sein, wie man will, denn man geht nur ein winziges Risiko ein, demselben Menschen noch einmal zu begegnen (besonders als Autofahrer). In der heimatlichen Kleinstadt oder einem Dorf hält einen das Bewußtsein der Gegenseitigkeit zurück: Wenn Sie zu jemandem unhöflich sind, besteht eine hohe Wahrscheinlichkeit, daß der andere in der Lage sein wird, es Ihnen heimzuzahlen. Sind Sie aber freundlich zu den Leuten, stehen die Chancen gut, daß man Ihre Rücksichtnahme erwidert.

Unter den Bedingungen, unter denen sich der Mensch entwickelte, in kleinen Sippen, für die es ein außergewöhnliches Ereignis gewesen sein muß, einem Fremden zu begegnen, ist dieser Sinn für gegenseitige Verpflichtung wahrscheinlich spürbar gewesen – in ländlichen Gegenden ist er das noch immer. Vielleicht liegt das Phänomen ›Wie du mir, so ich dir‹ ja allen sozialen Instinkten des Menschen zugrunde. Dies könnte erklären, warum der Mensch in seinem sozialen Verhalten der nackten Maulwurfsratte am nächsten kommt.

Die Jagd auf den Snark*

Nach Robert Axelrods Turnieren mußte das Spiel ›Wie du mir, so ich dir‹ in der Spieltheorie einen Rückschlag einstecken. Von allen Seiten meldeten sich Ökonomen und Zoologen gleichermaßen mit unbequemen Einwänden zu Wort.

Zoologen bereitete dieses Spiel in erster Linie große Probleme, weil sich in der Natur so wenige Beispiele dafür finden lassen. Abgesehen von Wilkinsons Vampirfledermäusen, Trivers ›Säuberungsstationen‹ und ein paar Fallbeispielen bei Delphinen, Affen und Menschenaffen existiert das Phänomen ›Wie du mir, so ich dir‹ einfach nicht. Und diese wenigen Beispiele sind eine ziemlich geringe Ausbeute angesichts der Anstrengungen, die in den 1980er Jahren in diese Richtung unternommen wurden. Für manche Zoologen ist daher nur die eine Schlußfolgerung zwingend: Tiere sollten sich zwar gemäß ›Wie du mir, so ich dir‹ verhalten, sie tun es aber nicht.

Löwen sind dafür ein gutes Beispiel. Löwinnen leben in engen Rudeln, die ihr Territorium gegen rivalisierende Rudel verteidigen – männliche Löwen schließen sich diesen Gruppen nur zu Paarungszwecken an und leisten ansonsten keinen nennenswerten Beitrag für das Zusammenleben, weder für die Nahrungssuche noch für die Verteidigung des Territoriums, außer natürlich gegen andere Männchen. Löwinnen tun ihren Gebietsanspruch durch lautes Brüllen kund. Daher ist es recht einfach, eine Invasion vorzutäuschen, wenn man auf ihrem Territorium Tonbandaufnahmen von brüllenden Löwen abspielt. Genau das taten Robert Heinsohn und Craig Packer bei Löwen in Tansania und beobachteten die Reaktion.

Die Löwinnen gehen gewöhnlich auf das Geräusch zu, um ihm auf den Grund zu gehen, einige ziemlich forsch, andere eher widerstrebend. Hier könnte sich die Strategie

›Wie du mir, so ich dir‹ bewähren: Eine tapfere Löwin, die den Spähtrupp anführt, müßte von einer zögernden Löwin, die sich im Hintergrund hält, im Gegenzug eine Vergünstigung erhalten – beim nächsten Mal müßte diese zögernde Löwin vorangehen und sich der Gefahr stellen. Doch Heinsohn und Packer fanden kein derartiges Verhaltensmuster. Die Anführerinnen erkennen zwar eine feige Genossin und werfen ihr Blicke zu, ganz so, als seien sie verärgert, aber sie führen gewöhnlich auch beim nächsten Mal den Trupp an. Feigling bleibt eben Feigling.

»Wir glauben, daß man Löwinnen nach ihrem Verhalten in vier verschiedene Klassen einteilen kann: Die ›bedingungslos Kooperativen‹ übernehmen bei einer Bedrohung immer die Führung; die ›bedingungslos Feigen‹ halten sich immer im Hintergrund; die ›bedingt Kooperativen‹ sind am wenigsten feige, wenn sie am meisten gebraucht werden; und die ›bedingt Feigen‹ ziehen sich am weitesten zurück, wenn sie am meisten gebraucht werden.«[3]

Es gibt nicht die geringsten Anzeichen für eine Bestrafung der Feiglinge oder ein reziprokes Verhaltensmuster. Die Anführerinnen müssen es einfach hinnehmen, daß ihr Mut nicht belohnt wird. Löwinnen spielen nicht ›Wie du mir, so ich dir‹.

Die Tatsache, daß das Prinzip der Gegenseitigkeit in der Tierwelt nicht gerade häufig vorkommt, beweist aber noch nicht, daß die Gesellschaft der Menschen nicht doch auf Wechselseitigkeit beruht. Wie wir in den folgenden Kapiteln erfahren werden, gibt es viele Hinweise darauf, daß die menschliche Gesellschaft von gegenseitigen Verpflichtungen geradezu durchwoben ist, und diese Hinweise mehren sich stetig. Das Prinzip der Reziprozität könnte, wie etwa die Sprache oder der Daumen, zu den Dingen gehören, die der Mensch zu seinem Gebrauch entwickelt hat, die aber nur wenige andere Tierarten nützlich fanden oder für die sie einfach nicht intelligent genug waren. Mit anderen Wor-

ten, Kropotkins Annahme, Insekten würden sich gegenseitig helfen, weil es der Mensch tut, könnte irrig gewesen
sein. Nichtsdestotrotz haben die Zoologen in einem Punkt
recht: Ein so simples Prinzip wie ›Wie du mir, so ich dir‹ ist
wohl besser in der vereinfachten Welt der Computerspiele
aufgehoben als im Chaos des wirklichen Lebens.

Die Achillesferse von ›Wie du mir, so ich dir‹

Wirtschaftswissenschaftler haben noch ein ganz anderes
Problem mit diesem Spiel. Axelrods Entdeckungen,
zunächst in einer Artikelserie, später in seinem Buch *Die
Entwicklung der Kooperation* veröffentlicht, faszinierten ein
breites Publikum und erfuhren durch die Presse weite Verbreitung. Schon diese Tatsache hätte ausgereicht, um ihnen
die Geringschätzung mißgünstiger Spieltheoretiker einzu-
tragen, und in der Tat ließen giftige Kommentare nicht lange auf sich warten. Juan Carlos Martinez-Coll und Jack
Hirshleifer brachten es unverblümt auf den Punkt: »Es hat
sich eine ziemlich erstaunliche Behauptung weithin durchsetzen können, nämlich daß ein schlichtes reziprokes Verhaltensmuster, bekannt unter dem volkstümlichen Begriff
›Wie du mir, so ich dir‹, nicht nur unter den von Axelrod si-
mulierten Versuchsbedingungen die beste Strategie sei,
sondern die beste Strategie überhaupt.« Sie behaupteten,
daß man ganz leicht Versuchsbedingungen schaffen könne,
in denen sich diese Strategie nicht bewähren würde. Noch
mehr Anstoß nahmen sie an der Unmöglichkeit, eine Welt
zu simulieren, in der beide Strategien, die bösartige und die
freundliche, nebeneinander bestehen – doch genau das ist
die Welt, in der wir leben.[4]
Zu den schärfsten Kritikern zählt Ken Binmore. Er macht
geltend, es sei entscheidend, festzuhalten, daß sogar in
Axelrods Versuchsanordnung die Strategie ›Wie du mir, so

106

ich dir‹ nicht ein einziges Mal gegen eine ›bösartige‹ Strategie gewinne. Man sei daher außergewöhnlich schlecht beraten, diese Strategie einzuschlagen, wenn man kein Turnier, sondern Einzelwettkämpfe veranstalte. Dann sei man nämlich immer der Dumme. Wir erinnern uns, daß Axelrod die Punkte zusammengezählt hatte, die aus Kämpfen mit vielen verschiedenen Strategien erzielt worden waren. Die Strategie ›Wie du mir, so ich dir‹ hatte dadurch gewonnen, daß sie in hochbewerteten Niederlagen oder unentschiedenen Ausgängen viele Punkte sammelte, nicht dadurch, daß sie einzelne Wettkämpfe für sich entschied.

Binmore glaubt, daß allein die Tatsache, daß wir das Prinzip ›Wie du mir, so ich dir‹ für so natürlich halten – »tief im Innern wissen wir alle, daß die Gesellschaft nur auf Gegenseitigkeit beruht« –, uns dazu verleite, die mathematische Rechtfertigung dieses Prinzips unkritisch zu akzeptieren. Er fügt hinzu: »Man muß wirklich sehr vorsichtig sein, bevor man sich von allgemeinen Schlußfolgerungen überzeugen läßt, die sich von Computersimulationen herleiten.«[5]

Vieles an dieser Kritik geht jedoch an der eigentlichen Sache vorbei. Man sollte Axelrod nicht vorwerfen, daß er nicht alles, was in der Welt vor sich geht, erklären kann; schließlich kritisieren wir ja auch Newton nicht dafür, daß es ihm nicht gelang, die Politik in den Begriffen der Schwerkraft zu erfassen. Jedermann glaubte, das Gefangenendilemma lehre eine bittere Lektion, und das nicht nur, weil Betrug die einzig rationale Option sei, sondern auch, weil die Spieler offensichtlich zu dumm waren, das zu bemerken. Doch Axelrod entdeckte, wie »der Schatten der Zukunft« das Bild völlig veränderte. Eine einfache, freundliche Strategie gewann wieder und wieder die Turniere. Selbst wenn seine Annahmen sich später als unrealistisch erweisen sollten und das Leben nicht wie ein wohlgeordnetes Turnier abläuft, so haben Axelrods Erkenntnisse die

Arbeitshypothese all jener gründlich erschüttert, die sich zuvor mit diesem Thema befaßt hatten, und die da lautete: Das einzig rationale Verhalten im ›Dilemma des Gefangenen‹ sei es, bösartig zu sein. Auch die Guten können als erste durchs Ziel gehen.

Als einziger Kritikpunkt ist der Vorwurf haltbar, daß die Spielstrategie ›Wie du mir, so ich dir‹ nur nach Punkten siegt. Sie verliert zwar die Schlacht, gewinnt aber den Krieg, indem sie sicherstellt, daß die meisten Runden, die sie verliert oder die unentschieden enden, mit hohen Punktzahlen bewertet werden, und dadurch sichert sie sich die meisten Zähler. Als Strategie kennt sie weder den Neid auf einen Gegner noch den Wunsch, ihn zu ›schlagen‹.

Das Leben ist in dieser Strategie kein Nullsummenspiel: Der Erfolg des einen muß nicht zu Lasten des anderen gehen. Beide Seiten können ›gewinnen‹. Hier ist das Spiel ein Handel unter den Teilnehmern, kein Kampf zwischen ihnen.

Einige Völker im zentralen Hochland von Neuguinea, die in einem Netz gefährlich instabiler, aber auf Gegenseitigkeit beruhender Stammesallianzen und -fehden leben, haben kürzlich das Fußballspiel übernommen. Aber da eine Niederlage ihrer Meinung nach den Blutdruck ungesund in die Höhe treibt, haben sie die Regeln ein bißchen verändert. Das Spiel währt nun so lange, bis jede Seite eine bestimmte Anzahl von Toren erzielt hat. So haben alle ihren Spaß, es gibt keinen Verlierer, und jeder Torschütze darf sich als Sieger betrachten. Es ist eben kein Nullsummenspiel.

»Verstehen Sie denn nicht?« protestierte der Schiedsrichter, ein neu angekommener Priester, nach einer derartigen Verlängerung. »Der Zweck des Spiels ist es doch, die andere Mannschaft zu schlagen. Jemand muß doch gewinnen!« Die Kapitäne der gegnerischen Mannschaften erwiderten geduldig: »Nein, Vater. So laufen die Dinge nicht. Nicht hier in Asmat. Wenn einer gewinnt, dann muß ein anderer verlieren – und das wäre nicht gut.«[6]

Diese Regelung wirkt auf uns nur deshalb merkwürdig, weil wir die Auffassung, die dahintersteht, gefühlsmäßig schwer nachvollziehen können – jedenfalls, was Spiele betrifft. (Ich persönlich habe starke Zweifel, daß Fußballspielen in Neuguinea wirklich Spaß macht.) Nehmen wir zum Beispiel den Handel. Unter Ökonomen gilt es als Prinzip, daß Handelsgewinne auf Gegenseitigkeit beruhen: Wenn zwei Länder ihren Handel miteinander ausbauen, profitieren beide Seiten. Aber Otto Normalverbraucher sieht das anders, ganz zu schweigen von seinem demagogischen Volksvertreter. Für sie ist Handel eine Angelegenheit von Wettstreit: Ausfuhren sind gut, Einfuhren sind schlecht.

Stellen wir uns ein neuguineisches Fußballturnier einmal in etwas abgewandelter Form vor: Dabei wird die Mannschaft zum Sieger gekürt, die die meisten Tore geschossen hat, nicht die, welche die meisten Spiele gewonnen hat. Nun stellen wir uns vor, daß einige Mannschaften sich dafür entscheiden, Fußball wie üblich zu spielen, also möglichst wenig Tore hereinzulassen und möglichst viele zu schießen. Andere probieren es mit einer neuen Strategie: Sie lassen erst die Gegenmannschaft ein Tor erzielen, dann versuchen sie, selbst eins zu schießen, und falls die Gegenmannschaft das zuläßt, zeigen sie sich ihrerseits erkenntlich und so weiter. Man sieht schnell, welche Mannschaft am besten abschneiden wird: diejenige, die nach der Strategie ›Wie du mir, so ich dir‹ spielt. Das Fußballspielen ist bei diesem Turnier von einem Nullsummenspiel zu einem Nicht-Nullsummenspiel geworden. Genau das erreichte Axelrod auch mit dem ›Dilemma des Gefangenen‹: Er verwandelte ein Nullsummenspiel in ein Nicht-Nullsummenspiel. Und das Leben ist nur in sehr seltenen Fällen ein Nullsummenspiel.

Trotzdem hatten Binmore und die anderen Kritiker in einem wichtigen Punkt recht: Axelrod hatte zu voreilig die

Schlußfolgerung gezogen, ›Wie du mir, so ich dir‹ sei als Strategie »evolutionär stabil«, das heißt, eine Population, die diese Strategie anwende, könne durch keine andere Strategie bedroht werden. Diese Schlußfolgerung wurde durch weitere computersimulierte Turniere unterminiert, zum Beispiel in Axelrods drittem Turnier, in dem Rob Boyd und Jeffrey Lorberbaum demonstrierten, wie leicht man Turniere so gestalten kann, daß die Spielstrategie ›Wie du mir, so ich dir‹ nicht aufgeht.

Wir erinnern uns, daß in diesen Turnieren verschiedene Strategien nach dem Zufallsprinzip miteinander um ein begrenztes Gebiet kämpfen, indem sie sich mit einer Geschwindigkeit fortpflanzen, die sich aus dem Punktgewinn der letzten Spielrunde ergibt, nämlich fünf, drei, einen oder null Punkten. Unter diesen Bedingungen machen sich bösartige Strategien wie ›Betrüge immer‹ anfangs ganz gut, da sie kooperative Strategien schlagen und am Ende verdrängen. Aber bald werden sie träge und schwach, denn sie stoßen zunehmend nur noch auf ihresgleichen und erzielen jedesmal nur noch einen Punkt. Das ist der Zeitpunkt, an dem die Strategie ›Wie du mir, so ich dir‹ zu ihrer Höchstform aufläuft. An die Strategie ›Betrüge immer‹ paßt sie sich schnell an und beraubt die Gegenseite mehr als einmal der Fünfpunkteversuchung. Spielt sie aber gegen sich selbst, kooperiert sie und sichert sich drei Punkte. Solange also die Strategie ›Wie du mir, so ich dir‹ auf genügend Strategien ihresgleichen trifft und eventuell sogar kleinere kooperative Einheiten bilden kann, kann sie wachsen und gedeihen und die Strategie ›Betrüge immer‹ sogar ›ausrotten‹.[7]

Doch an diesem Punkt werden auch die Schwächen der Strategie sichtbar. Sie ist beispielsweise sehr anfällig für Fehler. Wir erinnern uns, daß so lange kooperiert wird, bis es zu einem Betrug kommt, der dann bestraft wird. So können zwar zwei Spieler glücklich und zufrieden bis ans Ende ihrer Tage miteinander kooperieren, aber wenn einer einmal betrügt, und sei es nur aus Versehen, dann vergilt der andere das unbarmherzig, und binnen kurzem sind beide Partner in einem unrentablen Kreislauf wechselseitigen Betrugs gefangen. Um ein nur allzu realistisches Beispiel zu nennen: Wenn ein IRA-Schütze in Nordirland auf einen britischen Soldaten zielt, aber versehentlich einen unschuldigen protestantischen Passanten tötet oder umgekehrt, kann dieser Irrtum einen Racheakt von einem protestantischen Schützen an einem beliebigen Katholiken nach sich ziehen. Dieser Mord wird im Gegenzug wieder gerächt und so fort ad infinitum. Solch eine tödliche Kettenreaktion hielt Nordirland viele Jahre lang in Atem.

Derlei Schwächen machten es offensichtlich, daß die Erfolge von ›Wie du mir, so ich dir‹ in Axelrods Turnieren weitgehend ein Resultat ihrer Form waren. In den Turnieren zeigte sich diese Schwäche einfach nicht deutlich genug. In einer Welt voller Fehler ist das Prinzip ›Wie du mir, so ich dir‹ eine zweitklassige Strategie und allen anderen unterlegen. Axelrods klare Schlußfolgerungen wurden schließlich von immer raffinierteren Verfeinerungen seines Spiels überdeckt.

›Pawlow‹ tritt auf

Die Diskussion verlagert sich nun nach Wien, wo Karl Sigmund, ein begnadeter Mathematiker mit ausgeprägtem Sinn für Humor, Ende der achtziger Jahre ein Seminar über die Spieltheorie abhielt. Einer der Studenten im Auditorium, Martin Nowak, entschied sich an Ort und Stelle, sein Chemiestudium aufzugeben und Spieltheoretiker zu werden. Sigmund, beeindruckt von Nowaks Entschlossenheit, stellte ihm die Aufgabe, Licht in jenes Dunkel von Komplikationen zu bringen, in die sich das Gefangenendilemma seit dem Auftre-

111

ten von ›Wie du mir, so ich dir‹ verstrickt hatte. »Bringen Sie mir die perfekte Strategie für eine realistische Welt!« forderte er den Studenten heraus.

Nowak entwarf ein Turnier, in dem nichts mehr sicher war und das allein nach statistischen Grundsätzen operierte. Bestimmten Wahrscheinlichkeiten folgend, machten die Strategien nun Zufallsfehler oder änderten ihre Taktik. Und das System konnte ›dazulernen‹, indem es sich Verbesserungen merkte und erfolglose Taktiken aufgab. Selbst die Wahrscheinlichkeiten der einzelnen Züge konnten sich einer Entwicklung anpassen. Dieser neue Realismus, der auf alle Schnörkel verzichtete, erwies sich als bemerkenswert hilfreich. Statt verschiedener Strategien, die alle in gleichem Maß geeignet waren, das Spiel zu gewinnen, setzte sich nun eine einzige Strategie durch. Diese war zwar nicht das altbekannte ›Wie du mir, so ich dir‹, aber eine sehr ähnliche Variante, genannt ›Wie du mir, so ich großzügig dir‹ (der Kürze halber werde ich sie ›Großzügig‹ nennen). ›Großzügig‹ vergibt gelegentlich einmalige Fehler. Das heißt, ungefähr in einem Drittel der Spielzeit sieht diese Strategie großherzig über einmalige Betrügereien hinweg. Alle Täuschungsversuche zu vergeben – eine Strategie, die als ›Wie du mir, so zweimal ich dir‹ bekannt ist –, käme nur einer Aufforderung an den Gegner gleich, die eigene Großzügigkeit auszunutzen. Geschieht dies aber in einem Drittel aller Fälle nach dem Zufallsprinzip, können die Zyklen wechselseitiger Betrügereien außerordentlich wirkungsvoll durchbrochen werden. Dabei ist die Strategie immer noch gegen Betrug gefeit. In einer computersimulierten Population, die nur aus ›Wie du mir, so ich dir‹-Spielern besteht, die gelegentlich betrügen, kann sich die Variante ›Großzügig‹ gegen diese behaupten. So hat ›Wie du mir, so ich dir‹ also ironischerweise selbst den Weg für eine noch freundlichere Strategie geebnet. Bildhaft gesprochen wäre sie also Johannes der Täufer, nicht der Messias.

Der allerdings ist ›Großzügig‹ auch noch nicht. Diese Spielvariante ist nämlich so großzügig, daß sie sich sogar von noch freundlicheren Strategien schlagen läßt. Zum Beispiel behält die einfache Strategie ›Kooperiere immer‹ unter ›Großzügig‹-Spielern die Oberhand, auch wenn sie diese nicht eigentlich besiegt: Sie darf nur von den Toten auferstehen. ›Kooperiere immer‹ ist nämlich zu großzügig und wird von der hinterhältigsten aller Strategien, nämlich ›Betrüge immer‹, sofort geschlagen. Gegen ›Großzügig‹-Spieler kann sich die Strategie ›Betrüge immer‹ zwar nicht behaupten; aber sobald jemand die Option ›Kooperiere immer‹ wählt, schlägt ihre Stunde.

Die Strategie ›Wie du mir, so ich dir‹ errichtet also keine heile Welt, sondern leitet zu ›Großzügig‹ über, das seinerseits auf ›Kooperiere immer‹ hinweist, was wiederum fortgesetztem Betrug freien Lauf lassen kann. Damit wären wir also wieder am Anfang.

Eine von Axelrods Schlußfolgerungen war falsch: Es gibt keinen stabilen Schluß für das Spiel. Im Frühsommer 1992 rangen sich Sigmund und Nowak zu der niederschmetternden Erkenntnis durch, daß es für das ›Dilemma des Gefangenen‹ keine stabile Lösung gäbe. Das ist genau die Art von unsauberer Lösung, die Spieltheoretiker nicht leiden können.

Aber wie es der Zufall wollte, verbrachte Sigmunds Ehefrau, eine Historikerin, den Sommer auf Schloß Rosenburg, einem märchenhaften Anwesen in der waldreichen Region Niederösterreichs, wo sie die Altvorderen ihres adligen Gastgebers erforschte. Sigmund lud Nowak dazu, und sie spielten auf zwei tragbaren Computern Gefangenendilemma-Turniere. Das Schloß wird als Falknerei benutzt, und tagsüber wurden die beiden Mathematiker alle zwei Stunden von den Dreihundert-Meter-Sturzflügen der Kaiseradler abgelenkt, die ihre Künste über dem Schloßhof erprobten. Es war ein passender mittelalterlicher Schauplatz für die Tjosten*, die sie auf ihren Computern veranstalteten.

Sie fingen noch einmal von vorn an und fütterten ihre Computer mit allen jenen Strategien, die sie zuvor verworfen hatten, um so die eine Strategie herauszufinden, die nicht nur gewann, sondern auch stabil blieb, nachdem sie das Turnier für sich entschieden hatte. Sie versuchten, ihren Spielautomaten ein etwas besseres Gedächtnis zu verpassen. Statt nur auf den letzten Spielzug des Gegners zu reagieren, wie bei der Strategie ›Wie du mir, so ich dir‹, erinnerten sich die neuen Strategien jetzt auch an ihren eigenen letzten Spielzug und handelten entsprechend. Eines Tages, als wieder einmal die Adler am Fenster vorbeischossen, kam den beiden ganz plötzlich die Erleuchtung. Eine alte Strategie, von niemand anderem als Anatol Rapoport persönlich eingeführt, schnitt plötzlich am besten ab. Rapoport hatte sie als hoffnungslos verworfen und ›Einfaltspinsel‹ genannt. Aber er hatte sie ja auch gegen die Strategie ›Betrüge immer‹ aufgeboten, und dieser Strategie war sie in der Tat hoffnungslos unterlegen. Nowak und Sigmund setzten sie in einer ›Wie du mir, so ich dir‹-Umgebung ein, und sie besiegte nicht nur diesen alten Profi, sondern erwies sich auch danach als unschlagbar. Obwohl ›Einfaltspinsel‹ also nicht ›Betrüge immer‹ schlagen kann, stiehlt es doch allen die Show, wenn ›Wie du mir, so ich dir‹ erst einmal ›Betrüge immer‹ ausgemerzt hat. Wieder einmal übernahm ›Wie du mir, so ich dir‹ dabei die Rolle von Johannes dem Täufer.

Ein anderer Name für ›Einfaltspinsel‹ ist ›Pawlow‹, doch meinen einige, dieser Name wäre noch irreführender, sei diese Strategie doch das genaue Gegenteil von antrainierten Reflexen. Nowak räumt ein, daß er ›Pawlow‹ mit dem genaueren, aber schwerfälligeren Namen ›Gewinnen-Fortfahren, Verlieren-Ändern‹ bezeichnen sollte, aber da er sich nicht dazu durchringen konnte, blieb es bei ›Pawlow‹.

Die Strategie ›Pawlow‹ agiert wie ein sehr schlichter Roulette-Spieler, der, einmal mit Rot gewonnen, auch das nächste Mal auf Rot setzt, aber es sofort mit Schwarz versucht, sobald er einmal verliert. Für Gewinn werden drei oder fünf Punkte vergeben (Belohnung und Versuchung), für eine Niederlage einer oder null Punkte (Bestrafung und Lohn des Dummen). Dieses Prinzip – man behält eine Verhaltsweise bei, bis es nicht mehr weitergeht – liegt übrigens vielen alltäglichen Tätigkeiten zugrunde, wie zum Beispiel der Hundedressur oder der Kindererziehung: Schließlich hoffen wir ja, unsere Kinder würden das tun, wofür man sie belohnt, und das lassen, wofür man sie bestraft.

›Pawlow‹ ist eine sehr freundliche Strategie und ähnelt ›Wie du mir, so ich dir‹ darin, daß sie Kooperationsbereitschaft und Gegenseitigkeit fördert, indem sie die Freundlichkeit der Gegenseite erwidert, und darin, daß sie verzeiht, indem sie wie die Variante ›Großzügig‹ zwar Fehler bestraft, dann aber wieder kooperiert. Doch sie hat auch eine unversöhnliche Seite, die es ihr ermöglicht, allzu willige Partner, die immer kooperieren, auszunutzen: Wenn sie auf einen derartig ›dummen‹ Gegner stößt, betrügt sie ihn. Somit schafft sie zwar ein kooperatives Klima, läßt aber nicht zu, daß dieses Klima zu einem vertrauensseligen Utopia verkommt, in dem Trittbrettfahrer auf ihre Kosten kommen.

Andererseits war ›Pawlows‹ Schwäche gut bekannt. Gewöhnlich erweist sich diese Strategie, wie Rapoport entdeckt hatte, angesichts von ›Betrüge immer‹ als völlig machtlos. Sie bleibt bei der Kooperation und erhält im Gegenzug den Lohn des Dummen – daher der ursprüngliche Name ›Einfaltspinsel‹. Also kann ›Pawlow‹ erst dann zum Zuge kommen, wenn ›Wie du mir, so ich dir‹ seine Schuldigkeit getan und die Schlechten aus dem Weg geräumt hat. Jedoch entdeckten Nowak und Sigmund, daß ›Pawlow‹ diesen Fehler nur in einem deterministischen Spiel zeigt – einem, in dem alle Strategien im voraus festgelegt sind. In ihrer realistischeren Version des Spiels, die auch

Wahrscheinlichkeiten und Entwicklungsmöglichkeiten zuließ und in der jede Strategie den nächsten Zug nach dem Zufallsprinzip ausloste, geschah etwas ganz anderes: ›Pawlow‹ paßte sehr schnell die Wahrscheinlichkeiten dem Punkt an, an dem die Strategie ›Betrüge immer‹ nicht mehr gefährlich werden konnte. Damit war ›Pawlow‹ tatsächlich evolutionär stabil.[8]

Die Versuchung des Fisches

Spielen Tiere oder Menschen ›Pawlow‹? Bevor Nowak und Sigmund ihre Gedanken veröffentlichten, lieferte ein Versuch von Manfred Milinski mit Stichlingen eines der schönsten Beispiele für ›Wie du mir, so ich dir‹ im Tierreich. Stichlinge und Elritzen sind die natürliche Beute von Hechten, und auf die Anwesenheit eines Hechtes reagieren sie damit, daß ein kleiner Spähtrupp den Schwarm verläßt und sich vorsichtig dem Hecht nähert, um dessen Gefährlichkeit zu erkunden. Dieser Mut macht sich, wie Verhaltensforscher meinen, dadurch bezahlt, daß dem Schwarm wichtige Informationen übermittelt würden: Falls zum Beispiel die Kundschafter herausfinden, daß der Hecht nicht hungrig ist oder gerade gefressen hat, können sie sich beruhigt wieder der eigenen Nahrungsaufnahme widmen.

Wenn zwei Stichlinge gemeinsam einen Raubfisch inspizieren, schnellen sie in kurzen Sätzen vorwärts, wobei jedesmal ein Stichling die Initiative ergreift und sich dabei einem erhöhten Risiko aussetzt. Wenn sich der Hecht bewegt, machen die beiden blitzschnell kehrt. Milinski war der Auffassung, das Ganze sei eine Abfolge von kleinen Gefangenendilemmata: Jeder Fisch müßte entweder die ›kooperative‹ Geste der nächsten Vorwärtsbewegung anbieten oder für den ›Betrug‹ optieren, indem er den anderen Fisch allein vorrücken ließe. Durch einen einfallsreichen Gebrauch

116

von Spiegeln stellte Milinski jedem Stichling einen sichtbaren Begleiter zur Seite (in Wirklichkeit dessen eigenes Spiegelbild), der sich entweder auf gleicher Höhe hielt oder immer weiter zurückblieb, je näher sie dem Hecht kamen. Zuerst interpretierte Milinski seine Ergebnisse in den Begriffen von ›Wie du mir, so ich dir‹: Der Versuchsfisch verhielt sich mit einem kooperativen Partner kühner als mit einem Betrüger. Als er jedoch von ›Pawlow‹ erfuhr, erinnerte er sich, daß sein Fisch – wenn ihm ein betrügerischer Begleiter zur Seite gestellt wurde, der früher einmal kooperiert hatte – zwischen Kooperation und Desertieren zu schwanken schien; ein Beweis für ›Pawlow‹ und nicht der ›Wie du mir, so ich dir‹-Strategie.

Einige mögen es absurd finden, ausgerechnet bei Fischen nach Bestätigung für spitzfindige Theoreme der Spieltheorie Ausschau zu halten, aber für die Theorie ist es ja nicht erforderlich, daß ein Fisch versteht, was er tut. Wechselseitigkeit kann sich auch in einem vollkommen bewußtlosen Automaten ausbilden, vorausgesetzt, dieser interagiert wiederholt mit anderen Automaten in einer Umgebung, die dem ›Dilemma des Gefangenen‹ entspricht; das haben die Computersimulationen bewiesen. Es ist nicht die Aufgabe des Fisches, diese Strategie auszuarbeiten, sondern die Aufgabe der Evolution, und die muß den Fisch dann mit ihr ausstatten.

›Pawlow‹ ist noch nicht das Ende der Geschichte; denn als Nowak nach Oxford ging, war es unvermeidlich, daß sich jemand in Cambridge der Herausforderung stellte, ›Pawlow‹ zu übertreffen. Dieser jemand war Marcus Frean. Mit einem Trick gelang es ihm, den Ablauf des Spieles realistischer zu gestalten: Die beiden Spieler mußten nicht mehr gleichzeitig ziehen. Vampirfledermäuse erwidern ihre gegenseitigen Gefallen auch nicht zum selben Zeitpunkt. Sie warten ab, bis sie an der Reihe sind – es wäre ja auch völlig sinnlos, Nahrung einfach zum Spaß abzugeben. Frean veranstaltete in seinem Computer ein Turnier mit diesen alternierenden Gefangenendilemmata, und – wie konnte es anders sein – es entwickelte sich dabei eine Strategie, die ›Pawlow‹ schlug. Frean nennt sie ›Streng, aber gerecht‹. Sie kooperiert wie ›Pawlow‹ mit kooperativen Partnern, kehrt nach einem wechselseitigen Betrug zur Kooperation zurück und bestraft einen Dummen mit fortgesetztem Betrug. Aber anders als ›Pawlow‹ kooperiert sie auch dann, wenn sie in der Runde zuvor selbst der Dumme war. Diese Strategie ist also noch freundlicher.

Entscheidend ist, festzuhalten, daß der asynchrone Zeitablauf des Spiels eine maßvolle Großzügigkeit noch lohnender werden läßt. Hier pflichtet auch der gesunde Menschenverstand bei. Wenn Sie vor Ihrem Partner am Zug sind und umgekehrt, zahlt es sich aus, diesen durch Wohlwollen zur Kooperation anzustiften. Anders gesagt: Sie begrüßen einen Fremden ja auch nicht mit einem mürrischen Gesichtsausdruck; schon damit dieser sich nicht etwa eine schlechte Meinung von Ihnen bildet, grüßen Sie mit einem Lächeln.

Die ersten Moralapostel

Doch da taucht noch ein größeres Problem auf. Das ›Dilemma des Gefangenen‹ ist ein Spiel für zwei Personen. Kooperation kann sich spontan herausbilden, so scheint es, wenn ein Paar das Spiel endlos miteinander spielt. Anders ausgedrückt: In einer Welt, in der Sie immer nur Ihren unmittelbaren Nachbarn treffen, zahlt es sich aus, ihm gegenüber freundlich zu sein. Aber die Welt ist nicht so.

Es ist nicht leicht, durch das Prinzip der Gegenseitigkeit auch nur bei zwei Menschen Kooperationsbereitschaft zu fördern: Die beiden müssen fähig sein, ihre Vereinbarung einzuhalten; dazu müssen sie sicher sein, einander noch einmal zu begegnen, und sie müssen sich dann auch wiedererkennen. Um wieviel schwerer ist dies bei drei oder sogar mehr Personen? Je größer eine Gruppe, um so mehr Hindernisse stehen der Kooperation im Wege und desto schwieriger wird es, ihre Vorteile zu nutzen. Tatsächlich hat der Theoretiker Rob Boyd in die Debatte geworfen, daß nicht nur ›Wie du mir, so ich dir‹, sondern jede reziproke Strategie schlechthin nicht hinreichend erklären kann, wie Kooperation in großen Gruppen zustande kommt: Und zwar deshalb, weil eine erfolgreiche Strategie in einer großen Gruppe in hohem Maße auch gegenüber seltenem Betrug unduldsam sein muß; andernfalls würden sich Trittbrettfahrer – Individuen, die betrügen und Kooperation nicht erwidern – auf Kosten besserer Bürger rasch ausbreiten. Aber genau die Eigenschaften, die eine Strategie widerstandsfähig gegenüber gelegentlichem Betrug machen, erschweren es den Kooperationsbereiten, zusammenzukommen, vor allem, wenn diese anfänglich in der Minderheit sind.[9]

Boyd schlägt selbst eine Anwort vor: Gegenseitige Kooperation könnte sich entwickeln, so seine Spekulation, wenn es einen Mechanismus gäbe, der nicht nur die Betrüger bestraft, sondern auch diejenigen, die es versäumen, Betrüger zu bestrafen. Boyd nennt das eine ›moralistische‹ Strategie, die zur Verbreitung jedes Verhaltens beitragen kann, bei dem ein Individuum einen gewissen Preis zahlen muß – nicht gerade zur Kooperation – ob dies der Gemeinschaft nun nutzt oder nicht. Diese Botschaft ist ziemlich finster und autoritär. Denn während die Botschaft von ›Wie du mir, so ich dir‹ lautete, daß selbst Egoisten eines Besseren belehrt werden können, und das ohne irgendeine Autorität, die ihnen das befiehlt, können wir in Boyds ›Moralismus‹ eine Macht erblicken, wie sie ein faschistischer oder kultischer Führer ausüben könnte.

Es gibt jedoch noch eine andere, potentiell wirksamere Antwort auf das Problem von Trittbrettfahrern in großen Gemeinschaften: die Macht der sozialen Ächtung. Wer einen Betrüger erkennt, kann sich einfach weigern, mit ihm zu spielen. Das beraubt den Betrüger wirkungsvoll der Möglichkeiten der Versuchung (fünf Punkte), der Belohnung (drei Punkte) und sogar der Bestrafung (einen Punkt). Er hätte also nicht einmal die Chance, auch nur einen einzigen Punkt einzuheimsen.

Der Philosoph Philip Kitcher entwarf eine fakultative Variante des Gefangenendilemmas, um die Macht der sozialen Ächtung zu untersuchen. Er bevölkerte einen Computer mit vier Arten von Strategen: wählerische Altruisten, die nur mit solchen Partnern spielen, die sie noch nie getäuscht haben; willige Betrüger, die ständig versuchen, zu täuschen; Einsiedler, die sich stets gegen eine Begegnung entscheiden; und selektive Betrüger, die sich nur die Partner auswählen, die bislang noch nie falsch gespielt haben, und die sie dann heimtückischerweise betrügen wollen.

Wählerische Altruisten gewinnen in einer Population von Einsiedlern bald die Oberhand, da sie einander erkennen und so die Belohnung ernten können. Überraschenderweise aber können selektive Betrüger nicht in einer Population wählerischer Altruisten Fuß fassen, während das den wählerischen Altruisten umgekehrt möglich ist. Anders gesagt: Wählerischer Altruismus, so freundlich wie ›Wie du mir, so ich dir‹, kann eine antisoziale Population zurückerobern. Aufgrund ihrer Anfälligkeit gegenüber einer allmählichen Übernahme durch wahllos kooperative Partner ist diese Strategie zwar nicht stabiler als ›Wie du mir, so ich dir‹, aber ihr Erfolg liefert einen Hinweis darauf, wie hilfreich die Macht der sozialen Ächtung für die Lösung des Gefangenendilemmas sein kann.[10]

Kitchers Programm beruhte ganz und gar auf dem früheren Verhalten der Partner, um zu beurteilen, ob man ihnen trauen konnte. Aber eine kritische Unterscheidung potentieller Altruisten braucht gar nicht so retrospektiv zu sein. Es muß möglich sein, potentielle Betrüger im voraus zu erkennen und zu meiden. Der Wirtschaftswissenschaftler Robert Frank stellte ein Experiment an, um das herauszufinden. Er brachte eine Gruppe von Fremden für nur eine halbe Stunde zusammen in einem Raum unter und bat jeden einzelnen, privatim vorherzusagen, wer von den Zimmergefährten kooperieren und wer sich im ›Dilemma des Gefangenen‹ als Betrüger erweisen würde. Die Prognosen fielen wesentlich besser aus als eine bloße Zufallsauswahl, konnten die Versuchspersonen doch nach nur einer halben Stunde Bekanntschaft genügend über jemanden sagen, um seine Kooperationsbereitschaft einzuschätzen.

Für Frank war dieses Ergebnis nicht überraschend. Schließlich verbrächten wir alle viel Zeit damit, die Vertrauenswürdigkeit anderer Menschen abzuschätzen, und würden mit einiger Treffsicherheit spontan ein Urteil über jemanden fällen. Für die Skeptiker stellte er folgendes Gedankenexperiment auf: »Ist unter den Personen, die Sie kennen (die aber noch nie etwas mit Umweltgiften zu tun hatten) jemand, der Ihrer Meinung nach, sagen wir fünfundvierzig Minuten fahren würde, um ein hochgiftiges Unkrautmittel angemessen zu entsorgen? Falls ja, dann akzeptieren Sie die Grundannahme, daß Menschen Kooperationsbereitschaft vorhersagen können.«[11]

Kann man einem Fisch trauen?

Nun hatte man einen weiteren überzeugenden Grund, freundlich zu sein: Man möchte andere Partner dazu bewegen, mit einem zu spielen. Sowohl die ›Belohnung‹ der Zusammenarbeit als auch die ›Versuchung‹ des Betrugs sind verbotene Früchte für jene, die sich als wenig vertrauenswürdig erweisen und auch in einem solchen Ruf stehen. Nur wer selbst kooperiert, kann auf Kooperationsbereitschaft hoffen.

Damit das System funktionieren kann, müssen die Individuen natürlich lernen, einander zu erkennen, was gar nicht so einfach ist. Ich habe keine Ahnung, ob ein Hering in einem Schwarm von 10 000 Fischen oder eine Ameise in einer Kolonie von 10 000 Insekten sich jemals sagt: ›Da ist ja der olle Fred wieder.‹ Aber ich bin mir ziemlich sicher, daß das nicht der Fall ist. Doch bin ich mir auch sicher, daß eine grüne Meerkatze wahrscheinlich jedes andere Hordenmitglied an seinem Äußeren und seinen Lauten erkennt; jedenfalls haben das die Primatenforscher Doroth Cheney und Robert Seyfarth soweit bewiesen. Daher bringt ein Affe die notwendigen Voraussetzungen für gegenseitige Kooperation mit, nicht aber ein Hering.

Aber vielleicht bin ich gerade dabei, die Fische zu verleumden. Manfred Malinski und Lee Alan Dugatkin haben ein bemerkenswert klares Muster sozialer Ächtung bei Stichlingen entdeckt, die ihr Leben riskieren, um Raubfische zu inspizieren. Ein Fisch wird die Flucht eines Artgenossen, der ihm in der Vergangenheit beständig zur Seite gestanden hat, eher tolerieren, als die Flucht eines Artgenossen, der das nicht getan hat. Und Stichlinge neigen dazu, sich jedes Mal dieselben Partner als Begleitung für eine Raubfischinspektion auszusuchen – sie wählen Partner aus, die verläßlich kooperativ sind. Mit anderen Worten, die Stichlinge können nicht nur einzelne Individuen recht gut voneinander unterscheiden, sie sind offensichtlich sogar in der Lage, über deren Verhalten Buch zu führen, dergestalt, daß sie sich daran erinnern, welchem Fisch sie ›trauen‹ können.

Das ist eine recht merkwürdige Erkenntnis angesichts der Tatsache, wie selten das Phänomen wechselseitiger Kooperation im Tierreich zu finden ist. Verglichen mit dem

Prinzip der Verwandtenliebe, auf dem bei Ameisen und allen Lebewesen, die für ihre Jungen sorgen, die Kooperationsbereitschaft beruht, ist das Prinzip der Reziprozität die Ausnahme. Dies ist vermutlich der Tatsache geschuldet, daß Wechselseitigkeit nicht nur wiederholte Interaktionen erfordert, sondern auch die Fähigkeit, andere Individuen zu erkennen und sich zu merken. Bisher nahm man an, daß nur höhere Säugetiere, wie zum Beispiel Menschenaffen, Delphine und Elefanten, intelligent genug sind, um eine größere Anzahl von Individuen voneinander zu unterscheiden. Da wir nunmehr aber wissen, daß auch Stichlinge dazu in der Lage sind, wenigstens, was ein, zwei ›Freunde‹ betrifft, wird man diese Annahme wohl noch einmal überprüfen müssen.

Was immer auch die Begabung der Stichlinge sei, es gibt keinen Zweifel, daß der Mensch mit seiner erstaunlichen Fähigkeit, sich sogar die Züge der flüchtigsten Bekanntschaften einzuprägen, mit seinem langen Leben und seinem weit zurückreichenden Gedächtnis das ›Dilemma des Gefangenen‹ mit viel größerer Souveränität zu spielen vermag als jedes Tier. Unter den Arten des Planeten, die den Anforderungen dieses Spiels am meisten genügen, erfüllt der Mensch am deutlichsten die Kriterien – er zeigt, wie Nowak es formulierte, die Fähigkeit, »sich zu wiederholten Malen zu begegnen, sich gegenseitig zu erkennen und an den Ausgang früherer Begegnungen zu erinnern«. Tatsächlich könnte dies etwas einzigartig Menschliches sein: die Fähigkeit zum wechselseitigen Altruismus.

Denken Sie einmal darüber nach, daß Gegenseitigkeit wie ein Damoklesschwert über jedem menschlichen Haupt hängt: »Er lädt mich nur zu seiner Feier ein, damit ich sein Buch positiv bespreche.« – »Die beiden waren schon zweimal zum Essen hier und haben uns noch nie zu sich eingeladen.« – »Nach allem, was ich für ihn getan habe, wie konnte er mir das antun?« – »Wenn Sie das für mich erledigen, verspreche ich, es später wiedergutzumachen.« – »Womit habe ich das verdient?« – »Sie sind mir das schuldig.« – Verpflichtung, Schuld, Gefallen, Vorteil, Vertrag, Austausch, Handel … Unsere Sprache, unser ganzes Leben ist durchsetzt mit Begriffen und Vorstellungen von Reziprozität. Und in keinem Lebensbereich kann das mehr Gültigkeit beanspruchen als in unserer Einstellung zur Nahrung.

KAPITEL 5

Die Pflicht und das Fest

Warum der Mensch eigentlich großzügig ist

Wer einen Pavian versteht, hat der Metaphysik einen größeren
Dienst erwiesen als Locke.
Charles Darwin: *Notizen*[1]

Man stelle sich einmal vor, Sexualität wäre eine Angelegenheit, der man gemeinsam und in aller Öffentlichkeit nach-
ginge, während man dagegen nur heimlich und ganz für
sich allein essen würde. Dann würde es tatsächlich seltsam
erscheinen, Sexualität für sich allein haben zu wollen, und
es wäre ziemlich anstößig, in der Öffentlichkeit beim Essen
ertappt zu werden. Es gibt keinen bestimmten Grund dafür,
warum die Welt nicht auf diese Weise organisiert ist – keinen anderen Grund zumindest als die menschliche Natur.
Denn es liegt einfach in unserer Natur, daß Essen eine gesellige Aktivität ist, Sexualität dagegen Privatsache, und diese
Tatsache ist so tief in uns verwurzelt, daß die gegenteilige
Vorstellung undenkbar scheint. Die Idee gewisser Historiker, die sexuelle Privatheit sei eine kulturelle Erfindung des
christlichen Mittelalters, ist schon lange widerlegt. Ganz
gleich, welchen Gott die Menschen anbeten, ob sie bekleidet oder unbekleidet in der Öffentlichkeit auftreten, überall
wird Sexualität im Privaten ausgeübt und vor den Blicken
Dritter verborgen, sei es nachts, wenn alle anderen schla-
fen, oder tagsüber in den Feldern, wo einen niemand sehen
kann. Dies geht auf eine universelle Eigenschaft des Menschen zurück. Die Nahrungsaufnahme ist auf der anderen
Seite eine ebenso universell verbreitete Gruppenaktivität.[2]

Überall auf der Welt versammeln sich die Menschen, um gemeinsam zu essen. Daß man sich beim Essen in Gesellschaft befindet, ist völlig normal, ja, man erwartet es sogar. Zum Abendessen setzt man sich gemeinsam an einen Tisch, man verabredet sich mit Freunden in einem Restaurant, um gemeinsam zu speisen; zusammen mit seinen Kollegen verzehrt man während der Mittagspause seine belegten Brote. Man flirtet beim Dinner mit Kerzenlicht. Wer Fremde zu sich nach Hause oder ins Büro einlädt, bewirtet sie mit Speisen, und sei es auch nur mit Kaffee und Keksen. Essen bedeutet immer auch Teilen. Daß wir mit anderen unsere Nahrung teilen, ist ein sozialer Instinkt.

Das Nahrungsmittel, das wir nun am häufigsten mit anderen teilen, ist Fleisch. Je größer und geselliger eine Mahlzeit ausfällt, desto undenkbarer die Vorstellung, es gäbe kein Fleisch. Die Beschreibung eines römischen oder mittelalterlichen Banketts etwa liest sich wie ein Katalog der verschiedenen Fleischsorten: Lerchen, Eber, Kapaune und Ochsen wurden aufgetragen. Zweifellos gab es da wohl auch Gemüse, was aber das Festessen von einer gewöhnlichen Mahlzeit unterschied, war die Menge an Fleisch. Vielleicht fand der Chronist auch lediglich das Fleisch erwähnenswerter als das Grünzeug. Diese Einstellung hat sich bis heute erhalten. So würden es die meisten Menschen wohl recht sonderbar finden, wenn ihnen bei einem glanzvollen Bankett, das von einem großen Unternehmen in einem Viersternehotel ausgerichtet wurde, im Hauptgang ein Nudelgericht serviert würde; gegen ein Nudelgericht als häusliche Hauptmahlzeit hätten sie aber nichts einzuwenden.

Doch selbst im häuslichen Bereich gilt Fleisch noch immer als der Hauptbestandteil einer Mahlzeit. Auf die Frage: »Was gibt's denn heute zu essen?« antwortet derjenige, der das Essen gekocht hat, »Steak« oder »Fisch«. Kartoffeln und Kohl, die vom ernährungswissenschaftlichen Standpunkt aus doch ebenso wichtige Bestandteile einer Mahlzeit sind, finden keine Erwähnung. Fleisch wird gewöhnlich zuerst auf den Teller gelegt oder doch in die Mitte des Tellers. In früheren Zeiten hatte der Mann als Haushaltsvorstand die Rolle inne, das Fleisch vor den versammelten Gästen feierlich zu zerlegen, und in manchen Haushalten wird das auch heute noch so gehandhabt. Aber wenn man sich einmal überlegt, wie viele der kleinen Zwischenmahlzeiten, die man täglich zu sich nimmt, aus Fleisch bestehen, wird man feststellen, daß es nur sehr wenige sind.[3]

Diese Beispiele habe ich ganz bewußt der kulturell beschränkten Perspektive westlicher Tradition entnommen. Ich behaupte aber, daß für die Kulturen aller Kontinente die gleiche Aussage zutrifft: Das Essen ist weitgehend eine kommunale, gesellige und mit anderen geteilte Angelegenheit, und Fleisch stellt dabei zwar nicht immer, aber doch in den meisten Fällen das ›gesellschaftlichste‹, eben das am häufigsten geteilte Nahrungsmittel dar. Das Teilen von Nahrung ist eine der uneigennützigsten und sozialsten menschlichen Handlungen überhaupt. Es bildet die Grundlage unserer Gesellschaft. An seinem Geschlechtsleben läßt der Mensch Dritte nicht teilhaben, da wird er besitzergreifend, mißtrauisch, geheimniskrämerisch. Eifersüchtig wird der eigene Partner bewacht, und einen Rivalen würde man mitunter am liebsten töten. Aber Essen ist etwas zum Teilen.

Das Teilen von Nahrung ist ein gattungsspezifisches Merkmal, wenn nicht gar ein exklusiv menschlicher Zug; das läßt sich schon bei kleinen Kindern beobachten. Birute Galdikas, die das Leben der Orang-Utans im Urwald von Borneo erforschte, zog ihr eigenes Kind Binti in einem Lager voller Menschenaffenbabys groß. So konnte sie beobachten, was die meisten Menschen wohl für selbstverständlich halten würden, nämlich einen großen Unterschied zwischen Menschen und Orang-Utans, auch beim Teilen ihrer

Nahrung. »Es schien [Binti] großen Spaß zu machen, Essen abzugeben. Aber das Orang-Utan-Junge Princess erbettelte und stibitzte wie alle Orang-Utans Futter, wo es nur konnte. In diesem Alter lag das Teilen einfach noch nicht in ihrer Orang-Utan-Natur.«[4]

Wie viele andere Dinge teilt ein Mensch so bereitwillig wie sein Essen? Offensichtlich haben wir es hier mit einem erstaunlich großzügigen Wesenszug der menschlichen Natur zu tun, einem seltsamen Quell des Wohlwollens, den die Menschen hinsichtlich anderer Besitztümer nicht aufweisen. Beim Kampf um die Vorteile der Tugend, wie der Arbeitsteilung und der Möglichkeiten zum kooperativen Zusammenwirken, bot sich die Jagd nach dem Fleisch als erste große Gelegenheit für unsere Gattung.

Affenfleisch gegen Schimpansensex

Anthropologen wissen schon lange, daß das Teilen von Nahrung ein universelles Charakteristikum der menschlichen Gattung ist und daß Fleisch häufiger geteilt wird als andere Nahrungsmittel. Dies liegt daran, daß Fleisch in der Regel in größeren Mengen vorhanden ist. Die Yanomamo in Venezuela teilen mit ihren Gefährten beispielsweise größere Beutetiere, die sie in den Wäldern gejagt haben, nicht aber kleinere Beutetiere oder Mehlbananen, die im Garten einer Sippe angebaut werden. Bei den Ache in Paraguay gibt ein Jäger etwa neunzig Prozent vom Fleisch eines Affen oder eines Nabelschweins an andere ab, aber prozentual viel weniger Palmmark oder Fleisch von einem kleinen Gürteltier. Bei den Tiwi im australischen Arnhem Land behält die Familie des Jägers achtzig Prozent der kleineren Beutetiere, aber nur etwa zwanzig Prozent des Fleisches von Tieren, die mehr als zwölf Kilogramm wiegen.

Der Mensch ist der größte Fleischfresser unter allen Primaten. Selbst wenn man als Maßstab nur die überwiegend vegetarisch lebenden modernen Jäger und Sammler heranzieht und nicht die überaus fleischhaltige Ernährung der reichen westlichen Industrienationen, verzehrt der Mensch noch immer wesentlich mehr Fleisch als sein nächster Rivale, der Pavian oder der Schimpanse. Bei den in der Kalaharisteppe lebenden !Kung beispielsweise besteht die Ernährung zu zwanzig Prozent aus Fleisch, während bei den Schimpansen in Tansania Fleisch vom Gewicht her höchstens fünf Prozent der gesamten Nahrung ausmacht. Dies heißt jedoch nicht, daß Fleisch bei Schimpansen einen geringen Stellenwert einnimmt. Im Gegenteil: Schimpansen verwenden außerordentlich viel Energie auf die Jagd und lassen kaum eine Gelegenheit aus, um an Fleisch heranzukommen. Auch unter Pavianen gelten Gazellenkitze offenbar als ganz besondere Delikatesse.

Also bereits unter den Schimpansen lassen sich Anzeichen einer kooperativen Kultur finden, die auf den Verzehr von Fleisch zurückzuführen ist: Die Jagd ist eine Gruppenaktivität, die in der Regel von einer Horde von Männchen ausgeübt wird. Je größer diese Horde, desto größer ist der Jagderfolg. Im tansanischen Gombe ist das wichtigste Beuteobjekt der Schimpansen der rote Stummelaffe. Fast die Hälfte aller Jagdzüge ist erfolgreich, obwohl der Erfolg auch bei hundert Prozent liegen kann, wenn die Gruppe aus mehr als zehn Männchen besteht. Für gewöhnlich machen die Schimpansen Jagd auf Jungtiere, was eine recht kleine Beute und, auf eine große Horde ausgewachsener Schimpansen verteilt, ein recht kärgliches Mahl ergibt.

Warum aber jagen Schimpansen dann überhaupt? Eine Zeitlang glaubten die Wissenschaftler, die Jagd sei ein außergewöhnliches Verhalten, hervorgerufen durch die Anwesenheit der Forscher. Doch auch an anderen Orten ist ein solches Verhalten bei jagenden Schimpansen beobachtet worden, und auch in Gombe änderten sie es nicht, als die Wissenschaftler abzogen. Man geht heute also von einem normalen Verhalten aus. Zur Zeit scheint sich eine ganz seltsame Theorie bei den Schimpansenforschern durchzusetzen. Diese glauben nämlich, daß die Schimpansen nicht der Ernährung halber jagen, sondern aus sozialen Gründen und solchen der Fortpflanzung: Die Schimpansen jagen, um sich zu paaren.

Stößt eine Horde Schimpansen nämlich im Wald auf eine Horde von Stummelaffen, dann nehmen sie manchmal die Jagd auf, manchmal lassen sie es aber auch sein. Je größer dabei die Schimpansenhorde ist, desto wahrscheinlicher beginnt die Jagd. Das ergibt auch einen gewissen Sinn, denn je größer die Gruppe der Jäger, um so voraussehbarer ist der Erfolg. Der verläßlichste Indikator für eine Jagd ist allerdings die An- beziehungsweise Abwesenheit von paarungsbereiten Weibchen in der Schimpansenhorde. Findet sich in der Gruppe ein Weibchen mit geschwollenen Genitalien – diese Schwellung zeigt die Brunst an –, dann wird der Stummelaffe gewöhnlich von den Schimpansenmännchen gejagt. Haben diese dann einen dieser kleinen Affen fangen können, bieten sie den brünstigen Weibchen von seinem Fleisch an. Ein Weibchen wird sich seinerseits eher mit einem Männchen paaren, das sich zuvor großzügig gezeigt hat, was eigentlich nicht weiter überrascht.

Bei den Skorpionfliegen ist dieses Verhalten an der Tagesordnung: Das Männchen bringt dem Weibchen zunächst ein totes Insekt als Morgengabe dar und füttert es damit, und das Weibchen läßt sich anschließend begatten. Bei den Schimpansen geht dieser Tauschhandel nicht ganz so einfach vonstatten, aber immerhin gibt es ihn: Die Männchen geben einem brünstigen Weibchen im Austausch gegen die Paarung etwas von ihrem Futter ab.[5]

130

Die sexuelle Arbeitsteilung

Die Schimpansen sind unsere nächsten Verwandten. Die meisten Anthropologen glauben, daß die ersten Urmenschen, die Australopithecinen*, in Gemeinschaften lebten, die denen der Schimpansen ganz ähnlich waren, das heißt, viele männliche Erwachsene kämpften um viele weibliche Erwachsene und teilten sie sich. Für diese Annahme fehlt jedoch jeder Beweis, sieht man einmal von der Tatsache ab, daß uns bei allen vornehmlich auf dem Boden der Savannen lebenden Affen oder Menschenaffen eine andere Form des Zusammenlebens nicht bekannt ist.

Nehmen wir einmal an, daß der Mensch ursprünglich aus denselben Gründen der Jagd nachging wie der Schimpanse. Der männliche Urmensch begab sich also auf die Jagd, um bei den weiblichen Urfrauen das erbeutete Fleisch gegen die Paarung einzutauschen. Diese Annahme ist nicht die abwegigste, und etwas Ähnliches ist auch der Inhalt von Henry Fieldings großem Roman *Tom Jones*, in dem Fleisch und Sexualität eng nebeneinandergestellt werden. Bei modernen Jägern und Sammlern kommt diese Theorie der Wahrheit gefährlich nahe: In den Stämmen, in denen Promiskuität verbreitet ist, verbringen die Männer verhältnismäßig viel Zeit mit der Jagd.

Betrachten wir einmal zwei Beispiele: Beim Stamm der Ache herrscht relativ große sexuelle Freizügigkeit. Eine verheiratete Frau darf hier auch Beziehungen mit anderen Männern eingehen, außerehelicher Sex ist an der Tagesordnung, es wird viel geflirtet, und die verschiedenen Sippen besuchen sich häufig. Es wird zwar niemand zur Promiskuität angehalten – sie wird auch keineswegs gern gesehen –, aber sie ist zweifellos möglich. Die Männer sind leidenschaftliche Jäger und halten sich bei ihren Streifzügen durchschnittlich sieben Stunden täglich im Regenwald auf. Dabei haben erfolgreiche Jäger mehr Affären. Hingegen

sind die Hiwi ein äußerst puritanisches Volk. Im Geschlechterverhältnis dominieren die Männer, die einzelnen Sippen
besuchen sich nur ungern und außereheliche Beziehungen
gibt es nicht. Die Hiwi-Männer haben zwar genausoviel
Freizeit wie die Ache, verwenden aber wenig davon für die
Jagd, nämlich nur ein oder zwei Tage wöchentlich, und
dann auch nur jeweils ein paar Stunden. Das Fleisch, das
sie erbeuten, geht an ihre Familien. In Afrika ist ein ähnlicher Unterschied zwischen den Hadza und den !Kung zu
beobachten. Hadza-Männer sind ebenso leidenschaftliche
Jäger wie Schürzenjäger. Die !Kung gehen nur dann und
wann auf die Jagd und sind ansonsten treusorgende
Ehemänner.[6]

Vier Beispiele sind noch keine Theorie, aber es erscheint
durchaus plausibel, zu vermuten, daß im Gemüt eines modernen Mannes die latente Bereitschaft vorhanden ist, auf
Gelegenheiten zur Paarung zu reagieren, und er deshalb
versucht, nach Fleisch zu jagen. Aber das Jagen hat für die
Menschheit noch eine ganz andere Bedeutung als diese;
schließlich ist Fleisch bei den meisten Jägern und Sammlern
ein Grundnahrungsmittel und kein seltener Luxusartikel.
Das Prinzip von Fleisch und Verführung mag zwar bei den
Menschen dem Teilen von Nahrung ursprünglich zugrunde liegen, aber entwickelt hat sich daraus etwas von viel
grundlegenderer Bedeutung, nämlich eine ökonomische
Institution, die in allen menschlichen Gemeinschaften eine
entscheidende Rolle spielt: die Arbeitsteilung der Geschlechter.

Zwischen den Schimpansen und den Menschen gibt es
einen großen Unterschied, und das ist die Institution der
Ehe. In allen Kulturen, auch in denen von Jägern und
Sammlern, beanspruchen die Männer ein Monopol auf ihre
Partnerin und umgekehrt. Selbst wenn der Mann mehrere
Frauen haben sollte – was bei Jägern und Sammlern manch-
mal der Fall ist – geht er doch mit jeder Frau, die ihm Kin-

der gebärt, eine lange Beziehung ein. Anders als ein Schimpansenmännchen, das in der Regel jegliches Interesse an einem Weibchen verliert, sobald dieses nicht mehr brünstig ist, hält ein Mann über viele Jahre hinweg, wenn nicht sogar bis zu seinem Tode, eine enge und eifersüchtig bewachte sexuelle Verbindung mit seiner Ehefrau aufrecht. Dauerhafte Bindungen sind also nicht das kulturelle Konstrukt unserer speziellen Gesellschaftsform, sondern ein Charakteristikum der gesamten menschlichen Gattung.[7]

Von daher hat der Mann noch ein ganz anderes Motiv, auf die Jagd zu gehen: Wie ein Falke oder ein Fuchs jagt er auch, um Nahrung für seine Kinder zu beschaffen. Dies aber versetzt den Jäger nun in eine vorteilhafte Lage. Da der Mann in einer Partnerschaft lebt, kann er seine fleischliche Beute mit seiner Frau teilen, die ihrerseits ihre gesammelten Früchte mit ihm teilt. Davon profitieren beide Seiten. Und so ist die Arbeitsteilung geboren: Jeder Partner steht bei diesem Tausch besser da als ohne. Während nämlich die Frau genügend Wurzeln, Beeren, Früchte und Nüsse sammelt, fängt der Mann ein Schwein oder ein Kaninchen, und das gibt dem Eintopf zu Hause erst die reichhaltige Mischung aus Proteinen und Vitaminen.

Vor vierzig Jahren fanden die Anthropologen heraus, daß die sexuelle Arbeitsteilung ein Element jeder menschlichen Gesellschaft ist. In den 1960er Jahren wurde dieses Thema aufgrund seines impliziten Sexismus vernachlässigt und das Patriarchat für die unterschiedlichen Aufgaben von Mann und Frau verantwortlich gemacht. Aber diese Erklärung ist nicht stichhaltig. Die Arbeitsteilung zwischen Mann und Frau ist noch kein Symptom für die Diskriminierung eines Geschlechts, denn auch in den am meisten auf Gleichheit erpichten Gesellschaften gibt es sie. Die Anthropologen stimmen darin einhellig überein, daß Jäger und Sammler insgesamt weniger sexistisch sind als Ackerbauer und Viehzüchter und daß Frauen hier seltener unterdrückt werden. Aber ebenso einig sind sie sich in der Beobachtung, daß Männer und Frauen bei der Beschaffung von Nahrung verschiedene Rollen innehaben.

Männer und Frauen halten ihre jeweiligen Aufgaben fein säuberlich auseinander, auch wenn sie am Ende zusammenarbeiten. Im mittelalterlichen Frankreich etwa war das Schlachten eines Schweins eine Aufgabe, die der Brauch sorgfältig zwischen Mann und Frau aufteilte. Die Frau wählte das Schwein aus, das geschlachtet werden sollte; der Mann bestimmte den Tag der Schlachtung und so weiter bis hin zum Würstchenmachen (durch die Frau) und dem Salzen des Schmalzes (durch den Mann).[8] Männer und Frauen gehen bis auf den heutigen Tag im allgemeinen verschiedenen Tätigkeiten nach. Selbst in Skandinavien, wo beinahe achtzig Prozent der Frauen zur erwerbstätigen Bevölkerung zählen, gibt es diese klare Trennung. Dort arbeiten weniger als zehn Prozent der Frauen in Berufen, in denen der Anteil von Männern und Frauen in etwa ausgeglichen ist, und die Hälfte aller Arbeitnehmer geht einem Beruf nach, in dem neunzig Prozent dem eigenen Geschlecht angehören.[9]

Somit stellt sich die Frage: Wann wurde aus dem sexuellen Pfand Fleisch der Tauschgegenstand Fleisch? Denn in der Tat gab es in der Geschichte einen Punkt, wo Männer nicht mehr nur auf die Jagd gingen, um mehr Frauen verführen zu können, sondern um die eigenen Kinder zu ernähren. Eine Richtung in der Anthropologie vertritt die Ansicht, daß die Arbeitsteilung zwischen den Geschlechtern ein entscheidendes Moment bei der Herausbildung der Gattung Mensch war. Ohne sie wäre es den Menschen nicht möglich gewesen, in den trockenen Grasländern, ihrem urzeitlichen Lebensbereich, zu überleben. Der Mensch war einfach ein zu schlechter Jäger, um sich von der Jagd allein ernähren zu können; obendrein war die durch das Sammeln erworbene Nahrung zu ungewiß und proteinarm für die großen Körper und Allesfressermägen des Menschen. Wirft man jedoch beide Lebensformen zusammen, erhält man am Ende einen ganz passablen Lebensstil. Nimmt man nun noch das Kochen hinzu, das schließlich eine Form der Vorverdauung ist und es den Menschen ermöglicht, auch schwerer verdauliche Pflanzen zu verzehren, etwas, was sonst eigentlich stärkeren Mägen als denen unserer Art vorbehalten ist, hat man schon eine ganz passable Nische für einen großen und sozialen Menschenaffen der Savannen.

In Australien, Neuguinea, Südafrika und Teilen von Lateinamerika gibt es noch immer Hunderte von Stammesgesellschaften, die nur von der Hand in den Mund leben. Da die meisten von ihnen mittlerweile von Anthropologen beobachtet worden sind, kann eines mit Sicherheit gesagt werden: Die Männer jagen, und die Frauen sammeln. Dabei kann natürlich der Anteil jeweils variieren. Eskimos etwa ernähren sich ausschließlich von Fleisch, das in der Regel von den Männern beschafft wird. Dagegen besteht die Ernährung der südafrikanischen !Kung bis zu achtzig Prozent aus Pflanzen, und für die sind die Frauen zuständig. Bis auf eine kleine Ausnahme wird nahezu alles Fleisch grundsätzlich von Männern erbeutet und nahezu alle pflanzliche Nahrung von Frauen gesammelt. Bei dieser kleinen Ausnahme handelt es sich um das Volk der Agta auf Luzon, der Hauptinsel der Philippinen. Die Frauen der Agta frönen der Jagd mit großer Leidenschaft und leidlichem Erfolg, doch stehen sie bei beidem immer noch hinter den Männern zurück. Zudem handelt es sich bei den Agta strenggenommen nicht um Jäger und Sammler im eigentlichen Sinne, denn sie tauschen bei anderen Völkern Fleisch gegen landwirtschaftliche Produkte ein.

Dieser Unterschied ist so weit verbreitet, daß es sich selbst in den Stammesgesellschaften, wo Fleisch regulär von Frauen beschafft wird, fast immer um kleinere Säugetiere, Muscheln, Fische, Reptilien oder Würmer handelt – also um Tiere, die man ausgraben oder sammeln kann und nicht jagen muß. Oft ist es den Frauen durch ein Tabu verboten, Waffen und andere Jagdgegenstände herzustellen und zu tragen oder eine Jagdgesellschaft zu begleiten. Daß dieses Tabu die Arbeitsteilung der Geschlechter bewirkt hat, ist unwahrscheinlich; umgekehrt wird wohl eher ein Schuh daraus. Auch das Argument, es handle sich hierbei lediglich um eine biologische Grundtatsache, da die Frauen durch ihre Schwangerschaften weniger mobil, durch die Aufzucht der Kinder an einen engen Aktionsradius gebunden und auf langsame und ungefährliche Betätigungen festgelegt seien, überzeugt nicht. Dieser Erklärungsansatz wäre zu negativ. Vielmehr war die Arbeitsteilung der Geschlechter ein wirtschaftlicher Vorteil, der den Menschen ermöglichte, von zwei unterschiedlichen Spezialisierungen zu profitieren, wobei das Ergebnis größer war als die Summe der Bestandteile. Und genau dasselbe gilt ja auch für die Arbeitsteilung zwischen den Zellen eines Körpers.[10]

Darüber hinaus existiert eine andere Forschungsrichtung, derzufolge die Arbeitsteilung der Geschlechter etwa erst 100 000 Jahre alt ist. Diesen Erkenntnissen zufolge wären Männer und Frauen bei der Nahrungssuche ursprünglich gleichermaßen selbstgenügsam gewesen. Männer hätten vermutlich größere Mengen Fleisch verzehrt als Frauen, aber es hätte weder eine Institution wie die Ehe noch andere größere gruppenumfassende Strukturen der Nahrungsverteilung gegeben, um die Vorteile der Arbeitsteilung zu nutzen, sprich, um vom Tausch zu profitieren. Man wird wahrscheinlich nie herausfinden, wann dieser Wechsel genau stattgefunden hat, aber es ist durchaus plausibel, anzunehmen, daß das Auftreten der Ehe und der Kernfamilie innerhalb des Stammes untrennbar verknüpft war mit dem Teilen von Nahrungsmitteln.[11]

Schließlich ermöglichte das Teilen von Nahrung Menschen überhaupt erst, auf die Jagd zu gehen. Die Menschen würden gar nicht jagen, wenn sie ihre Beute nicht auch miteinander teilten, denn nur so gelingt es ihnen, sich die nötigen Kalorien zuzuführen. Bei vielen tropischen Jägern und Sammlern bringt das Sammeln kalorienhaltigere Nahrung ein als die Jagd. Trotzdem hat die Jagd bei den Männern einen Stellenwert, der hinsichtlich ihrer Bedeutung für die Ernährung durch nichts gerechtfertigt ist. Die Jagd wird nämlich selbst in den Gesellschaften als die Hauptaufgabe des Mannes angesehen, in denen er auch viel Zeit auf das Sammeln verwendet. Es gibt in Uganda beispielsweise einige Gebiete, wo ein mageres Hühnchen soviel wert ist wie die Menge Mehlbananen, die man in vier Tagen sammeln kann.[12]

Der neuseeländische Huia-Vogel, so erzählte man sich im letzten Jahrhundert, sterbe vor Kummer, wenn man seinen Gefährten tötet. Da diese Vogelart bereits 1907 ausstarb, werden wir nie erfahren, ob diese Geschichte wahr ist. Aber eins steht fest: Der Huia-Vogel kannte die Arbeitsteilung der Geschlechter. Die Männchen pickten mit ihren scharfen harten Schnäbeln in verfaultem Holz nach Insekten; die Weibchen stöberten sie mit ihren schmalen gebogenen Schnäbeln in Felsspalten auf. In einer einzigartigen Partnerschaft der Geschlechter verschafften sich die Huia-Vögel so ihre Lebensgrundlage. Und wie bei den Menschen fußte ihre Arbeitsteilung auf der Ehe.

Wir könnten nun wie die Huias verschiedene Körper und Geister herausgebildet haben, die den verschiedenen Aufgaben der Geschlechter gerecht werden. Vielleicht hat ja die Lebensweise des Jägers und Sammlers seine Spuren bei uns hinterlassen: Männer können von Natur aus besser werfen als Frauen, im Durchschnitt verzehren sie mehr Fleisch – bei Vegetariern kommen in einer Altersgruppe zwei Frauen auf einen Mann, wobei sich dieser Unterschied zunehmend

137

vergrößert –, und sie essen lieber wenige große Mahlzeiten als viele kleine. Dies alles könnten Merkmale der Lebensweise eines Jägers sein. Männer können überdies besser Landkarten lesen, finden leichter aus einem Labyrinth heraus und können sich eher vorstellen, wie sich Gegenstände im Raum drehen und zueinander passen. Das sind genau die Fähigkeiten, die ein Jäger braucht, um ein Wurfgeschoß herzustellen, es auf ein Tier zu schleudern und anschließend den richtigen Heimweg anzutreten. Auch in westlichen Industriegesellschaften ist das Jagen überwiegend Männersache. Frauen sind sprachgewandter, beobachtender, sorgfältiger und fleißiger – Eigenschaften, die für das Sammeln sehr nützlich sind.

Das ist nun reichlich Stoff für Vorurteile. Aber der Stoff allein besagt noch nicht, daß die Frau an den Herd gehört. Schließlich geht man davon aus, daß im Pleistozän beide Geschlechter außer Haus arbeiteten, der Mann ging auf die Jagd, die Frau auf die Suche nach Beeren und Früchten. Keine dieser Aktivitäten glich auch nur im entferntesten dem täglichen Gang ins Büro und dem ganztägigen Bedienen des Telefons. Für eine solche Tätigkeit ist keines der Geschlechter geschaffen.

Egalitäre Affen

So interessant die Geschichte der Kooperation der Geschlechter auch sein mag, die Erfindung der Nahrungsteilung hat noch viel weitreichendere Konsequenzen. Daß ein Mann seiner Frau ein totes Kaninchen schenkt, eine Frau ihrem Mann eine Handvoll Heidelbeeren, ist an sich nichts Besonderes. Schließlich ist die Familie eine Arbeitsgemeinschaft, die in allen Gattungen durch genetisch bedingte Verwandtenliebe zusammengehalten wird. Das Ehepaar hat ein gemeinsames genetisches Interesse an seinen

138

Kindern; und wie bei den Ameisen und Bienen liegt hier auch das Motiv für ihre Kooperationsbereitschaft. Im Falle der Ernährung ist diese Arbeitsteilung nur eine andere Art, diese Kooperation auszudrücken.

Nun teilen die Menschen ihr Essen aber nicht nur mit ihren Ehegatten und Kindern. Sie laden auch Freunde zum Essen ein, also Menschen, mit denen sie nicht verwandt sind, und pflegen gemeinsam mit ihren Geschäftspartnern, ja selbst mit ihren Konkurrenten zu speisen. Sie lassen andere an ihrer Nahrung teilhaben, zwar nicht in jedem Fall, aber immerhin großzügiger als an ihrer Sexualität. Wenn also das Teilen von Nahrung bei der Entstehung der engen Paarbindung von Mann und Frau eine wesentliche Rolle gespielt hat, stellt sich die Frage: Könnte dies nicht auch bei der Entstehung der menschlichen Gesellschaft überhaupt eine zentrale Bedeutung gehabt haben? Ist Tugend wie eine Tafel Schokolade, die man mit seinen Mitmenschen teilen kann?

Nicht nur der Mensch teilt seine Nahrung mit anderen. Auch Löwenbanden und Wolfsrudel machen sich in harmonischster Eintracht über ihre Beute her. Allerdings gilt bei ihnen eine strenge Hierarchie: Ranghöhere Wölfe dulden nicht, daß rangniedrigere von ihrem Anteil fressen und billigen ihnen nur die verschmähten Brocken zu. Das ist beim Menschen doch etwas anders: Er verteilt ausgesuchte Leckerbissen an andere, und das recht gleichmäßig. Es wäre ja auch eine ziemlich absurde Idee, etwa bei einem Bankett eine derartige Rangordnung einzuführen. Natürlich bekam ein mittelalterlicher Fürst saftigere Stücke serviert als ein Vasall am Ende der Tafel. Aber das Besondere eines Banketts bleibt sein auf Gleichheit ausgerichteter Charakter. Sinn und Zweck eines Banketts ist es ja, alle Gäste gleichermaßen zu bewirten.

In der langen Geschichte der menschlichen Evolution ist das Auftreten von festen Partnerschaften zwischen Mann und Frau eine recht junge Erscheinung. Diese Besonderheit haben wir nur mit ganz wenigen unserer engen Verwandten gemein. Die Bande, die in unserer Gesellschaft zwischen Männern bestehen, sind viel älter: Es ist charakteristisch für Menschenaffen, und vor allem für Schimpansen und Menschen, daß die männlichen Wesen mit ihren Angehörigen zusammenleben, während die Frauen die Gruppe ihrer Geburt verlassen.

Entwicklungsgeschichtlich ältere Affen pflegen das genaue Gegenteil: Die Weibchen bleiben bei der Gruppe, in die sie hineingeboren wurden, während die Männchen ihre Sippe verlassen. Von daher wäre es durchaus möglich, daß die Neigung der Männchen, gemeinsam zu speisen, älter ist als ihre Neigung, ihre Nahrung mit einem Weibchen zu teilen. Es könnte sich hierbei also ebensogut um ein Erbe des Teilens unter miteinander verwandten männlichen Menschenaffen handeln.

Fest steht, daß wir dieses auf Gleichheit bedachte Verhalten beim Essen mit den Schimpansen gemein haben. Die Schimpansen heben nämlich während einer Mahlzeit vorübergehend ihre Hackordnung auf. Die Jungtiere betteln bei den älteren Tieren um Nahrung, und das gewöhnlich mit Erfolg. Zwar geschieht es mitunter, daß ein Alpha-Männchen den Körper eines gerade getöteten Affen ganz für sich allein beansprucht, aber dies ist die Ausnahme. Affen, die entwicklungsgeschichtlich älter sind, geben nie etwas von ihrer Beute an jüngere Tiere ab, befindet sich diese erst einmal in ihrem Besitz – es sei denn, es handelt sich dabei um Verwandte. Bei älteren Schimpansen dagegen ist so ein Verhalten ganz normal, und die jüngeren Tiere bitten sogar um Nahrung. Andere junge Affen würden so etwas nur bei ihrer Mutter wagen. Schimpansen kennen eine ganze Reihe von Gesten, die mit der Nahrung in Zusammenhang stehen. Sie stoßen hohe Schreie aus, wenn sie eine große Menge Obst finden, ganz so, als würden sie ihre

140

Freunde zum Essen rufen, und mit aufwendigen Gesten bedeuten sie ihren Gefährten, diese mit ihnen zu teilen. Damit ist zwar nicht gesagt, daß sie das immer tun, ganz im Gegenteil. Aber immerhin tun sie es von Zeit zu Zeit.

Frans de Waal machte sich diesen Umstand bei den Schimpansen für seine Forschungen im Primaten-Zentrum in Yerkes, Atlanta/Georgia, zunutze. Er gab den Schimpansen Bündel mit frischen Storax-, Tulpenbaum-, Buchen- und Brombeerzweigen ins Gehege, umwickelte diese Bündel mit Geißblatt und achtete darauf, daß einige dieser Bündel an rangniedrige Tiere fielen. Dann beobachtete er sorgfältig, was mit diesen Bündeln geschah. Er hatte bewußt Laubzweige ausgewählt, da energiereichere Nahrung wie Bananen manchmal Gewaltausbrüche unter den Affen provozieren kann, während Laubzweige zwar ein geschätztes, aber nicht ganz so beliebtes Nahrungsmittel sind und deshalb oft mit anderen Schimpansen geteilt werden. Wer ein Bündel erwischt hatte, erlaubte anderen Schimpansen, Zweige aus diesem Bündel herauszunehmen, oder bot von sich aus Zweige an.

Als erste Reaktion auf die Zweigbündel wurde erst einmal kräftig gefeiert, so wie es Schimpansen auch tun, wenn sie in der freien Natur auf gutes Futter stoßen. Sie küßten sich, umarmten einander und stießen hohe Schreie aus. Die mit den Schimpansen eng verwandten Bonobos aus Zentralafrika, auch Zwergschimpansen genannt, gehen sogar noch einen Schritt weiter, wenn sie einen an Früchten reichen Baum finden: Um das Ereignis zu feiern, wird erst einmal kopuliert. Als nächstes zeigten die Affen ein Verhalten, das man ›Statusbestätigung‹ nennen könnte: Bevor die Rangordnung der Gruppe vorübergehend aufgehoben wird, demonstriert man sie zur Sicherheit noch einmal. Manchmal kommt es allerdings auch während einer Mahlzeit noch zu gesteigerten Aggressionen und allgemeinem Gezänk.

Nichtsdestotrotz verläuft das Teilen des Futters beachtlich gerecht. Dominante Tiere geben von ihrem Anteil mehr ab, als sie zurückbekommen. Die Rangordnung tritt hinter ein wechselseitiges Geben und Nehmen zurück. Gibt Tier A von dem Laub häufig an Tier B ab, wird B häufig Laub an A weiterreichen. Und es gibt so etwas wie Prioritäten: Es ist eher wahrscheinlich, daß A von seinem Futter etwas an B weitergibt, wenn B kurz vorher A gelaust hat; aber das Weiterreichen unterbleibt, wenn A den Gefallen des Lausens getan hat. Ein Schimpanse, der sich in der Vergangenheit knauserig gezeigt hat, wird von seinem Artgenossen bestraft, indem dieser ihn angreift.

De Waal schlußfolgerte daraus, daß die Schimpansen eine ›Vorstellung von Tauschhandel‹ haben. Sie teilen ihre Nahrung nicht etwa deshalb miteinander, weil sie die anderen Tiere ohnehin nicht daran hindern könnten, etwas abzubekommen – warum sollte ein dominanter Affe sein Futter mit einem rangniedrigeren Artgenossen teilen? –, sondern um sich eine Gunst zu sichern, sich für die Zukunft einen Vorteil zu verschaffen und ihren guten Ruf zu bewahren. Die Schimpansen gleichen somit den rationalen Spieltheoretikern. »Bei den Schimpansen«, so schreibt de Waal, »ist das Teilen in eine facettenreiche Matrix von persönlichen Beziehungen, sozialem Druck, zeitversetzten Belohnungen und gegenseitigen Verpflichtungen eingebettet.«

Schimpansen geben ihr Futter allerdings fast nie aus eigenem Antrieb ab. Geteilt wird als Reaktion auf eine Bitte. De Waal glaubt also, die Schimpansen hätten in der Evolution zwar den Egoismus ihrer stammesgeschichtlich älteren Artgenossen überwunden und sich die Errungenschaften eines gegenseitig entgegengebrachten Altruismus angeeignet, sie hätten aber nicht wie die Menschen »den Rubikon der Evolution« zur Wechselseitigkeit überschritten.[13]

Risikominimierung

Über Kim Hills Schreibtisch an der Universität von Neu Mexiko prangt das riesige Bild eines Ache aus Paraguay, auf dessen Schulter der abgehackte Kopf eines großen Tapirs ruht. Blut fließt über das bloße Hinterteil des Mannes und rinnt an seinen Beinen herab. Hill und seine drei Kollegen haben das Wissen um die menschliche Nahrungsteilung revolutioniert und sind damit zu den Wurzeln der Ökonomie vorgestoßen.

Alles begann 1980 an der Columbia-Universität im Staat New York. Der ausgebildete Chemielaborant Kim Hill hatte in den beiden Jahren zuvor den Sommer über in Paraguay für das Friedenskorps der USA gearbeitet. Nun war er zur Universität gekommen, um einen Abschlußgrad in Anthropologie zu erlangen. Hill diskutierte mit seinem Kommilitonen Hillard Kaplan die Ursprünge der menschlichen Gesellschaft und versuchte, ihn davon zu überzeugen, daß die Anthropologie mit ihrer Fixierung auf die Gesellschaft in eine Sackgasse geraten sei. Eine Gesellschaft könne keine Bedürfnisse haben, so Hill, sondern nur ein Individuum; überdies sei eine Gesellschaft nur die Summe ihrer Individuen und keine Einheit an sich. Darum würde die Anthropologie nur dann Fortschritte machen, wenn sie sich um ein tieferes Verständnis des Individuums bemühe.

Die Nahrungsteilung beispielsweise wurde damals von den Anthropologen hauptsächlich im Hinblick auf das Gemeinwohl erklärt, nicht hinsichtlich des Individuums. Sie argumentierten, daß in Stammesgesellschaften nur deshalb Nahrungsmittel miteinander geteilt würden, weil dies eine ausgesprochen gleichheitliche Einrichtung sei: Auf diesem Wege könnten nämlich Statusunterschiede ausgemerzt werden. Dies wiederum ermöglichte es der Gruppe als Ganzem, mit der Natur in einem ökologischen Gleichgewicht zu bleiben, da es die Menschen davor bewahrte, beim

Nahrungssammeln allzu erfolgreich zu sein. Es hätte wenig Sinn, mehr als einen gewissen Umfang an Nahrung zu beschaffen, da man den Überschuß abgeben müßte. Wie die meisten Sozialwissenschaftler sahen die Anthropologen keine Veranlassung, einer der Lieblingsbeschäftigungen der Wirtschaftswissenschaft zu frönen, nämlich das Gute im Menschen einfach wegzuerklären.

Der Theorie überdrüssig, überzeugte Hill 1981 seinen Kommilitonen Kaplan schließlich, ihn nach Paraguay zu begleiten und die Ache vor Ort zu studieren. Kaplan räumt ein, daß er damals sehr wenig von der Theorie der Anthropologie kannte; vor allem war er noch nicht beeinflußt von der großen Harvard-Studie über die !Kung, die Jäger und Sammler der Kalaharisteppe. Dies war ein ganz entscheidendes Moment, denn die von Hill und Kaplan entwickelten Gedanken begründeten auf dem Forschungsgebiet der Nahrungsteilung eine ganz neue Richtung. Hinzu kamen zwei Forscherinnen, die Venezolanerin Magdalena Hurtado, ebenfalls Studentin an der Columbia-Universität, und Kristen Hawkes, die die Ache zum ersten Mal in den 1970er Jahren besucht hatte. Sie hatte Wirtschaftswissenschaften und Anthropologie studiert, hatte aber die Absicht, bei ihrem Studium des menschlichen Verhaltens auf einige der jüngsten Erkenntnisse der Biologie zurückzugreifen. Fünfzehn Jahre und viele Untersuchungen später sollte Hawkes den Ansichten ihrer Kollegen Hill, Kaplan und Hurtado darüber, warum Jäger ihre Beute teilen, freundschaftlich, aber entschieden widersprechen. (Das nächste Kapitel faßt ihre Argumente zusammen.)

Die Ache sind ein kleiner Wanderstamm, der lange Zeit ausschließlich vom Jagen und Sammeln im Regenwald lebte. Erst in den 1970er Jahren kamen die Ache in regelmäßige Berührung mit der modernen Zivilisation, als die Regierung von Paraguay sie in Missionsstationen ansiedelte. Aber noch in den 1980ern verbrachten sie etwa ein Viertel ihrer Zeit mit langen Märschen durch den Regenwald, auf denen sie sammelten und jagten. Morgens setzen sich alle Mitglieder in einer langen Reihe in Marsch; etwa eine halbe Stunde später stoßen die Männer dann in Form einer Kette in den Wald hinein, während die Frauen und Kinder langsam auf der vereinbarten Route weitergehen. Abends treffen sich alle wieder an einem vereinbarten Sammelplatz. Die Männer halten Ausschau nach Honig oder Beute. Wenn sie Honig finden, rufen sie die Frauen herbei, die dann an Ort und Stelle den Honig aus dem hohlen Baum heraushacken. Am frühen Nachmittag schlagen die Frauen das Lager auf und sammeln im nahen Umkreis Nahrung – für gewöhnlich entweder Insektenlarven oder das stärkehaltige Mark einer Palme. Dann kehren die Männer zurück und bringen kleinere Beutetiere wie Affen, Gürteltiere und Grasnager, manchmal aber auch größere Tiere wie Nabelschweine oder Rotwild mit. Die meisten dieser Tiere sind in einer Gemeinschaftsaktion gefangen worden, bei der ein Mann die anderen zu Hilfe ruft, wenn er Beute erspäht hat.

Selbstverständlich müssen nicht alle unsere Vorfahren so gelebt haben. Eine Eigenschaft des Menschen ist ja seine Fähigkeit, sich an die örtlichen Gegebenheiten anzupassen, und der paraguayische Regenwald unterscheidet sich von der afrikanischen Savanne oder der australischen Wüste ebenso wie von den eiszeitlichen Steppen Europas. Hill, Kaplan, Hurtado und Hawkes interessierte nun, wie dieses nicht seßhafte Volk der Ache ein letztlich universelles Problem löste, nämlich die Frage, wie die Beute auf die Gemeinschaft verteilt wurde. Eine universelle Lösung für das Problem zu finden lag nicht in ihrer Absicht, sie wollten nur das Verhalten der Ache klären.

Sie entdeckten, daß die Ache in großem Maß auf Gleichheit erpicht sind: Zwar teilen sie, solange sie sich in der Siedlung aufhalten, Nahrung praktisch nur mit ihren engsten Familienangehörigen; auf ihren mitunter tagelangen

Streifzügen durch den tropischen Regenwald teilen sie jedoch großzügig mit allen Mitgliedern der Gruppe. Der Mann, der das Fleisch verteilt, ist in der Regel nicht derjenige, der die Beute erlegt hat. Wer mit leeren Händen von der Jagd zurückkehrt, braucht den anderen nicht mit hungrigem Magen beim Essen zuzuschauen. Drei Viertel der Nahrung, die ein jeder zu sich nimmt, wurde nicht von den unmittelbaren Angehörigen beschafft. Diese Großzügigkeit herrscht allerdings nur bei Fleisch. Pflanzliche Nahrungsmittel und Insektenlarven werden gewöhnlich nur mit den Mitgliedern der Kernfamilie geteilt.

Ein ähnliche Freigebigkeit herrscht bei den peruanischen Yora. Befinden sich die Yora auf einem Fischzug, wird mit allen Beteiligten geteilt; nach der Rückkehr zur Siedlung wird die Nahrung nur unter den Familienangehörigen verteilt; und immer wird Fleisch häufiger abgegeben als pflanzliche Nahrung. Während also Fische, Affen, Alligatoren und Schildkröten Gemeingut sind, werden Mehlbananen bis zu ihrer Reife im Wald versteckt, damit die Nachbarn sie nicht stehlen.[14]

Wie kommt es zu diesem Unterschied? Was ist so besonders an Fleisch, daß es häufiger mit anderen geteilt wird als Früchte?

Kaplan bietet dafür zwei mögliche Erklärungen. Die erste ist, daß Fleisch gemeinschaftlich erworben wird. Affen, Rotwild und Nabelschweine werden bei den Ache gefangen, indem sich mehrere Jäger zusammenschließen, und selbst bei einem Gürteltier muß jemand helfen, das Tier aus seinem Erdloch auszugraben. Desgleichen ist bei den peruanischen Yora der Mann, der das Kanu stakt, für den Fischzug von großer Wichtigkeit, auch wenn er selbst keine Fische fängt; es wäre demnach nur gerecht, den Fang mit ihm zu teilen. Wie Löwen, Wölfe, Wildhunde oder Hyänen sind Menschen kooperative Jäger, die nur zusammen erfolgreich sind und es sich von daher einfach nicht leisten können, die

Früchte ihrer Arbeit nicht miteinander zu teilen. Aufgrund ihrer arbeitsteiligen Spezialisierung sind sie jedoch flexibler als etwa Löwen. So kann ein Mann, der vielleicht besonders geschickt Fische mit dem Speer aufspießen oder ein Gürteltier ausgraben kann, sich auf diese Tätigkeit spezialisieren, während seine Nachbarn andere Funktionen übernehmen. Wieder einmal finden wir, daß es die Arbeitsteilung ist, die die Menschen einzigartig macht.

Es gibt noch eine andere Erklärung dafür, warum Menschen häufiger Fleisch miteinander teilen als andere Nahrung: Fleisch symbolisiert Glück. Ein Mann kehrt mit zwei Gürteltieren oder einem großen Nabelschwein ins Lager zurück, weil er Erfolg hatte. Vielleicht war er zudem noch geschickt, aber selbst der geschickteste Jäger braucht auch Glück.

Bei den Ache erjagen an einem durchschnittlichen Tag etwa vierzig Prozent der Jäger überhaupt nichts. Eine Frau, die nur wenig Palmenmark aus dem Wald mitbringt, mag vielleicht ein bißchen faul gewesen sein, aber sie war nicht glücklos. Ein Sammler ist nicht so sehr vom Zufall abhängig wie ein Jäger. Ein Jäger, der teilt, verteilt daher nicht nur den Gewinn einer Jagd, sondern auch deren Risiko. Müßte ein Mann sich auf seine eigenen Kräfte verlassen, würde er in vielen Fällen mit hungrigem Magen nach Hause kommen und hätte an anderen Tagen mehr, als er allein essen könnte. Wenn er aber sein Fleisch mit anderen teilt und erwarten darf, daß seine Gefährten im Gegenzug ihr Fleisch mit ihm teilen, kann er ziemlich sicher sein, jeden Tag wenigstens ein bißchen Fleisch zu erhalten. Teilen repräsentiert daher in diesem Fall eine Form der Gegenseitigkeit, bei der einem Mann gegenwärtiges Glück als Pfand gegen zukünftiges Unglück dient. Genau das gleiche Muster finden wir bei Vampirfledermäusen, wenn sie ihren Nachbarn einen Anteil ihrer Blutmahlzeit gönnen, oder bei Aktienhändlern, wenn sie feste gegen variable Zinsen eintauschen.

147

In den Tropen wird dieses Phänomen verstärkt, weil man dort wegen beschleunigter Verwesungsprozesse Fleisch nicht für längere Zeit lagern kann. Teilen ist hier eine sehr effektive Möglichkeit, ein Risiko zu mindern, ohne die allgemeine Versorgung zu schmälern. Einer Berechnung zufolge reduzieren sechs Jäger, die ihr Fleisch in einen gemeinsamen Topf werfen, die Schwankungen im Nahrungsangebot um achtzig Prozent, verglichen mit sechs anderen Jägern, die ihr Fleisch nicht in einen gemeinsamen Topf werfen. Dies ist bekannt als die Hypothese der Risikominimierung beim Teilen von Nahrungsmitteln.[15]

Allerdings gibt es da ein Problem. Wie kann man die Faulen davon abhalten, die Großzügigkeit der Fleißigen auszunutzen? Wer sich darauf verlassen kann, mit Fleisch versorgt zu werden, von wem auch immer, der könnte sich ja auch auf die faule Haut legen und in aller Seelenruhe abwarten, bis ein Jäger mit einem erlegten Affen über der Schulter aus dem Wald kommt. Je mehr Menschen ihr Fleisch teilen, desto größer ist auch die Möglichkeit, daß Trittbrettfahrer die Gutmütigkeit der anderen ausnutzen. Damit wären wir also wieder beim ›Dilemma des Gefangenen‹, diesmal allerdings im Plural. Um ein bekanntes Beispiel anzuführen: Wer zahlt für den Leuchtturm, wenn jeder das Licht kostenlos nutzen kann?

Öffentliche Güter und private Geschenke

Warum kein Mensch ein ganzes Mammut essen kann

Es gibt keine dringlichere Pflicht als die, eine Freundlichkeit zu erwidern Alle Menschen mißtrauen jemandem, der eine Wohltat vergißt.
Cicero

Von Natur aus ist der größte Teil der Landoberfläche unseres Planeten Wüste oder Wald. Würde der Mensch nicht eingreifen, würde der Regenwald die Tropen ersticken, Laubbaumwälder die gemäßigten Breiten überziehen, Kiefern die Berghänge bedecken, Fichten und Tannen wie ein Filz den Norden Asiens und Amerikas einnehmen. Nur an einigen wenigen Stellen – den afrikanischen Savannen, den südamerikanischen Pampas, den zentralasiatischen Steppen und den nordamerikanischen Prärien – beherrscht Gras das Ökosystem.

Und doch sind wir Menschen Wesen des Graslandes. Wir entwickelten uns in der afrikanischen Savanne* und suchen sie überall dort wieder zu erschaffen, wo wir uns aufhalten: Parks, Grünanlagen, Gärten und Bauernhöfe – bei ihnen dreht sich alles mehr oder weniger um das Gras. Man könnte sogar, wie zuerst Lew Kowarski, zu Recht behaupten, Gras sei der wahre Herrscher dieses Planeten, denn es hat uns zu seinen Sklaven gemacht. Wir pflanzen es als Weizen oder Reis dort an, wo früher einmal Wald war. Wir hegen es und bekämpfen loyal seine Feinde.[1]

149

Gras ist ein ziemlicher Neuling auf diesem Planeten. Zuerst trat es vor etwa fünfundzwanzig Millionen Jahren auf, zu einem Zeitpunkt also, da sich Affen und Menschenaffen auseinanderentwickelten. Da Gras am Fuße einer Pflanze wächst, nicht an ihrer Spitze, wird es nicht so leicht von weidenden Tieren vollkommen abgefressen. Deshalb braucht es auch keine kostbare Energie darauf zu verwenden, sich mit giftigen Substanzen oder Stacheln zu verteidigen; mit häufigen Rückschlägen durch hungrige Mäuler findet es sich ab, denn das schadet ihm nicht – je mehr Gras gefressen wird, desto mehr Nährstoffe gelangen über den Stoffwechsel in den Kot der Weidenden und desto schneller kann das Gras nach dem Winter oder einer Trockenperiode wieder nachwachsen.

Deshalb bestimmen überall dort, wo Gras wächst, große Tiere das Bild. In der Serengeti tummeln sich Gnus, Zebras und Gazellen, deren Mäuler emsig Gras in Fleisch verwandeln, und die nordamerikanische Prärie erbebte einst unter den Hufen ganzer Büffelherden. Im Gegensatz dazu kommen in den Regen- oder den Fichtenwäldern des Nordens und in den Eichenwäldern der gemäßigten Breiten große Tiere nur selten vor und sind dann auch nur vereinzelt anzutreffen, denn sie finden dort weniger Nahrung. In den Grasländern wiederum ist die Jagd auf Großwild eine einträchtige Lebensform für viele Fleischfresser wie Wölfe, Wildhunde, Löwen, Geparden und Hyänen, um nur ein paar der Arten aufzuzählen, die bis heute überlebt haben. Man beachte, daß alle diese Raubtiere, mit Ausnahme der Geparden, zugleich sehr soziale Tiere sind. Großwild im Grasland der Ebenen zur Strecke zu bringen erfordert Zusammenarbeit und läßt auch Kooperation zu, da die Beute groß genug ist, um viele hungrige Mäuler zu stopfen.

Dies war die Umwelt, in der sich der Mensch herausbildete. Mit unseren zwei Beinen, dem aufrechten Gang, unserer große Schatten werfenden Gestalt, unseren Schweiß-

150

drüsen, der nackten Haut, unseren speziellen Blutgefäßen für die Kühlung unseres Gehirn und den freien Händen, mit denen wir Gegenstände greifen konnten, waren wir Menschen hervorragend für das Leben in den offenen, sonnenverbrannten Grasländern Afrikas ausgestattet. Der Mensch ist ein Tier der Savanne. Wir können ebensogut weite Strecken laufen, wie die Schimpansen, unsere Vettern, auf Bäume zu klettern vermögen. Und seit frühester Zeit sind wir auch Großwildjäger. Steinwerkzeuge und Fossilien von Knochen, die benutzt wurden, um Beutetiere zu zerlegen, finden sich an zahlreichen steinzeitlichen Schlachthäusern, die vor 1,4 Millionen oder mehr Jahren zurückgelassen wurden. Sorgfältige Untersuchungen haben bestätigen können, daß dieses Phänomen keine zufällige Erscheinung war: Unsere Vorfahren aßen große Tiere. Und wie Hyänen oder Löwen waren auch sie in hohem Maße sozial.[2]

Auf dem Höhepunkt der letzten Eiszeit, also vor 200 000 bis 10 000 Jahren, war ein Großteil der Landfläche der Erde von Grasländern bedeckt. Immer mehr Wasser wurde in der Eisdecke und den Gletschern gebunden, der Meeresspiegel sank, das Klima wurde trockener, der Regenwald schrumpfte auf kleine Flecken zusammen, und die Savanne dehnte sich aus. Im Norden setzten große Dürren den Bäumen zu (die sich zu neunzig Prozent oberhalb des Bodens befinden) und nützten dabei dem Gras (das sich zu neunzig Prozent im Erdreich befindet). Es gab kaum Nadelwälder oder moosige Tundren, wie sie heute vorkommen, nur weite offene Flächen saftigen Graslandes. Diese nördlichen Graslandweiten werden unter der Bezeichnung ›Mammutsteppe‹ zusammengefaßt. Sie erstreckte sich von den Pyrenäen nordostwärts über Europa, das nördliche Asien und ›Beringia‹, das heutzutage größtenteils unter Wasser stehende Land im Gebiet der Beringstraße, bis zum Yukon in Kanada; die Mammutsteppe war der größte zusammenhängende Lebensraum auf dem Planeten Erde.

Der afrikanische Graslandbewohner folgte seinem Herrn und Meister, dem Gras, in die weiten Mammutsteppen und nahm dort eine Lebensweise auf, die sich hauptsächlich auf die Jagd gründete. Die Mammutsteppe war ein Grasland, vom Mammut gekennzeichnet und vermutlich auch durch das Mammut bedingt. Diese behaarten Elefanten teilten ihren Lebensraum mit den Wollnashörnern, Wildpferden, und Riesenbisons ebenso wie mit kleineren Tieren, dem großen Rotwild (Riesenwapiti), Rentieren und Saiga-Antilopen. Löwen waren genauso zahlreich vertreten wie Wölfe, räuberische, kurzgesichtige Bären und säbelzähnige Raubkatzen. Die Mammutsteppe war eine kalte Ausgabe der Serengeti.

In der Mammutsteppe fühlten wir afrikanische Grasmenschen uns in unserem Element, auch wenn wir vermutlich ein bißchen froren: Wir jagten Großwild, so wie wir es daheim in Afrika getan hatten. Es scheint in der Tat so zu sein, daß wir uns sogar darauf spezialisierten, die größten Tiere zu töten. Bei den Clovis-Menschen*, einem der ersten Völker Nordamerikas überhaupt, galt Mammutfleisch offensichtlich als ganz besondere Köstlichkeit, denn an jedem heute bekannten Fundort von Zeugnissen dieser Menschen finden sich Mammutknochen. Und nahezu alles, was die Gravette-Kultur vor 29 000 Jahren im heutigen Osteuropa hinterließ, war aus den Knochen und Stoßzähnen des Mammuts gefertigt: Spaten, Speere, sogar die Wände ihrer Behausungen. Doch unsere Aufmerksamkeit bedeutete das Ende für das Mammut: Es besteht kaum ein Zweifel daran, daß der große, grasfressende Elefant von den Menschen zu Tode gejagt wurde. Das wiederum beschleunigte das Verschwinden der Steppe selbst. Denn ohne die starke Beweidung und Düngung durch die großen Tiere verlor die Steppe an Fruchtbarkeit, und das Gras wich Moosen und Bäumen. Diese wiederum isolierten den Boden gegen die starken sommerlichen Tauwetter und verschlechterten da-

152

mit die Fruchtbarkeit noch mehr. Ein Teufelskreis setzte ein, und aus der einst fruchtbaren Steppe wurden strenge Tundren und Taigen.[3]

Selbst wer noch niemals versucht hat, einen Elefanten mit einem Speer zu erlegen (ich zum Beispiel habe es noch nie probiert), wird der Geschicklichkeit dieser Völker großen Respekt zollen. Welche Techniken sie dabei anwandten, wird man wohl nie genau erfahren. Möglicherweise haben sie dem Mammut an Wasserlöchern aufgelauert, denn viele Fossilien finden sich in Feuchtgebieten; vielleicht hat man sie über Felsen getrieben oder in die Sümpfe gelockt. Vielleicht hat man die Elefanten sogar teilweise domestizieren können, doch das scheint unwahrscheinlich. Aber was immer unsere Vorfahren auch taten, sie taten es nicht allein. Mit Sicherheit war Kooperation der Schlüssel zum Erfolg. Denn man war nicht nur zum Aufteilen des Fleisches ermutigt – es war unmöglich, das zu verhindern. Ein totes Mammut war sprichwörtlich ein öffentliches Gut.

Dies führt uns zu unserem alten Problem. Warum machte ein Jäger sich überhaupt die Mühe, auf die Jagd zu gehen? Warum tauchte er nicht einfach später auf und bediente sich, wenn ein erlegter Elefant aufgeteilt wurde? Schließlich muß die Mammutjagd ein höchstgefährliches Unterfangen gewesen sein, und es gab keinen Anreiz, dieser Bestie zu nahe zu kommen und dabei sein Leben aufs Spiel zu setzen, wenn jeder sicher sein konnte, daß ein anderer Jäger ihm etwas von seinem Anteil an der Beute abgeben würde. Da würde er doch nur sein Leben für das Allgemeinwohl aufs Spiel setzen. Wie die ersten frühen Jäger der vormodernen Ära dieses Problem lösten, wird man wohl nie in Erfahrung bringen. Ich persönlich vermute: Sie lösten es überhaupt nicht, und das Mammut wurde von den Neandertalern, die während der Eiszeit Eurasien besiedelten, im großen und ganzen nicht belästigt. Ich glaube, es ist kein Zufall, daß die fanatischsten Mammutjäger erst vor knapp

30 000 Jahren in Erscheinung traten. Denn vor etwa 50 000 Jahren geschah etwas von höchster Bedeutung, wahrscheinlich irgendwo in Nordafrika: die Erfindung der Speerschleuder, der ersten Schußwaffe, einem entfernten Vorläufer von Pfeil und Bogen. Die Speerschleuder speichert wie eine Sprungfeder Energie und verleiht einem kleinen Speer eine höhere Durchschlagskraft, als ein größerer Speer zu bieten hat, der von Hand geworfen wird. Es war die Erfindung der ersten Waffe, die man aus sicherer Entfernung zum Einsatz bringen konnte. Nun plötzlich, zum ersten Mal konnte eine Gruppe von Männern ein Mammut umzingeln, ohne befürchten zu müssen, daß ein oder mehrere Jäger sich aus dem Staub machten. Alle konnten ihre Waffen recht gefahrlos benutzen. Das Problem der Trittbrettfahrer verlor an Bedeutung. Gefährliches Großwild wurde nun zu einem begehrten Beuteobjekt.[4]

Die Großwildjagd setzte in größerem Maße wahrscheinlich erst mit der Erfindung der Speerschleuder ein, hatte gleichzeitig aber profunde soziale Implikationen. Großwild wie das Mammut ist groß genug, um in einer Gruppe aufgeteilt zu werden. Es ist sogar so groß, daß Teilen geboten ist. Der Körper eines Beutetieres war nun also nicht mehr das Privateigentum des Menschen, der es getötet hatte, sondern öffentliches Eigentum, der gemeinschaftliche Besitz der Gruppe. Die Großwildjagd ermöglicht nicht nur das Teilen, sie fördert es sogar; denn das Risiko, einem hungrigen Menschen ein Stück Mammutfleisch zu verweigern, ist zu groß, zumal wenn dieser Mensch mit einer Speerschleuder bewaffnet ist. Die Großwildjagd machte also die Menschheit zum ersten Mal in der Geschichte mit öffentlichem Eigentum bekannt.

Geduldeter Diebstahl

An diesem Punkt scheint mir ein kleiner Abstecher in die Semantik geboten. Ich habe das Wort ›Reziprozität‹ beziehungsweise ›Wechselseitigkeit‹ oder ›Gegenseitigkeit‹ benutzt, als wäre seine Bedeutung eindeutig. Aber dieser Begriff ist ziemlich unpräzise. Verstanden als ›Wie du mir, so ich dir‹, bedeutet er, daß der gleiche Gefallen zu unterschiedlichen Zeitpunkten erwidert wird. Anthropologen allerdings benutzen den Begriff seit Jahrzehnten in einem etwas anderen Sinne. Für sie bedeutet Reziprozität: Austausch von verschiedenartigen Gefallen zum selben Zeitpunkt. Wenn eine Vampirfledermaus ihre Blutmahlzeit mit einer Artgenossin teilt, dann erwartet sie erst zu einem späteren Datum die Gegenleistung – in Form einer Blutmahlzeit. Wenn ein Ladenbesitzer einem Kunden eine Tüte Zucker gibt, erwartet er als Gegenleistung Geld, und zwar noch an Ort und Stelle.

Dieser Unterschied mag manchem vielleicht spitzfindig erscheinen, aber ich glaube, er ist für das Verständnis dieses und der folgenden Kapitel von grundlegender Bedeutung. Nur recht ungewöhnliche Bedingungen versetzen nämlich zwei Menschen in die Lage, von der ersten Art der Gegenseitigkeit Gebrauch zu machen. Der Zufall muß den einen mit einem vorübergehenden Vorteil ausstatten, an dem es dem anderen gerade mangelt; und der Zufall muß diese Schuld dann umkehren. Und während all der Zeit müssen die beiden sich an den Tausch erinnern. Es ist viel leichter, sich die zweite Art der Gegenseitigkeit vorzustellen, bei der der eine Mensch vorübergehend über einen Überschuß gebietet, den er mit einem anderen Menschen gegen eine andere Währung eintauschen kann. Die Schuld ist unverzüglich beglichen, und es bieten sich weniger Gelegenheiten zum Betrügen. Stellen Sie sich nur einmal vor, Sie müßten in einem Geschäft Zucker kaufen und diesen zu einem späteren Zeitpunkt mit Zucker entgelten.

Diese Unterscheidung gilt es auch bei der Diskussion zwischen Kristen Hawkes und Kim Hill über die Frage, warum Jäger und Sammler Fleisch miteinander teilen, zu bedenken. Hill vertritt die Ansicht, das beobachtete Verhalten sei eine Angelegenheit von Reziprozität, bei der derjenige, der teilt, für seine Großzügigkeit direkt belohnt wird. Hawkes behauptet, die Belohnung sei sehr viel immaterieller: Der Teilende suche soziale Anerkennung für seine soziale Gesinnung, so etwa wie ein viktorianischer Philanthrop erwartete, zum Ritter geschlagen zu werden. Die beiden Positionen liegen gar nicht so weit auseinander, aber es lohnt sich, diese Debatte einmal näher zu betrachten, da sie einiges Licht auf die Bedeutung des Wortes ›Reziprozität‹ wirft.

Die Diskussion entzündete sich hauptsächlich am Volk der Hadza, das in dem bewaldeten Savannenland südlich und östlich vom See Eyasi in Tansania lebt. Wie die Ache leben die Hadza heutzutage an der Peripherie einer Welt des Ackerbaus und der Viehzucht und nehmen als Tagelöhner gelegentlich sogar an ihr teil, bevorzugen aber ihre tradierte Lebensweise des Jagens und Sammelns von Wurzeln, Früchten und Honig. Trotz der Bemühungen von Politikern und Missionaren sind viele Hadza noch immer – oder wieder – ausschließlich Jäger und Sammler. Wie bei den Ache oder den !Kung sammeln die Frauen Wurzeln, Früchte und Honig, der gewöhnlich von wilden Bienen stammt, die die Männer während ihrer Jagdzüge aufgespürt haben. Aber im Gegensatz zu den Ache oder !Kung machen die Männer der Hadza mit Pfeil und Bogen Jagd auf ziemlich große Tiere, für gewöhnlich Antilopen, manchmal sogar Giraffen. Der Körper einer Giraffe bietet eine Menge Fleisch, viel mehr Fleisch, als ein einzelner Mann verzehren oder in der sengenden Hitze Afrikas aufbewahren könnte. Dem glücklichen Jäger bleibt nun nichts anderes übrig, als das Fleisch unter seinen Freunden aufzuteilen – die wiederum erwarten, vom aufopfernden Akt dieses Jägers profitieren zu dürfen. Da müßte sich dem Jäger doch die Frage stellen, ob sich seine Mühe überhaupt lohnt. Wahrscheinlich mußten erst einige Monate ins Land ziehen, bevor er endlich eine Giraffe erwischte; hätte er dagegen Fallen gestellt, hätte er mehrmals in der Woche ein Perlhuhn fangen können. Dieses hätte er dann für sich und seine Familie behalten können und nicht mit seinen Nachbarn zu teilen brauchen.[5]

Kristen Hawkes bat die Hadza-Männer, kleinere Tiere, wie etwa Perlhühner, mit Hilfe von Fallen zu fangen. Insgesamt hätten die Männer so zwar weniger Fleisch, dafür aber fast jeden Tag wenigstens etwas. Bei der Großwildjagd kommen die Hadza an durchschnittlich siebenundneunzig von hundert Tagen mit leeren Händen nach Hause. Daraus zog Hawkes den Schluß, daß ein vernünftiger, nur um das Wohl seiner Kinder besorgter Hadza unverzüglich mit dem Fallenstellen beginnen müßte, will er sichergehen, daß seine Familie fast jeden Tag Fleisch auf dem Tisch hat. Aber die Hadza sahen das anders, und Hawkes begann, eine Erklärung dafür zu suchen.

Da der Jäger einer Giraffe noch dazu anderen gegenüber förmlich verpflichtet ist, die Beute rückhaltlos mit ihnen zu teilen, müßte doch jeder vernünftige Hadza zu Hause bleiben und abwarten, bis jemand mit mehr Gemeinschaftssinn die fette Beute nach Hause gebracht hat. Je größer nämlich das Beutetier, desto weniger kann ein Jäger davon für sich behalten. Und doch wollen die Hadza nicht davon lassen, große Tiere zu jagen, die sie hinterher zum großen Teil verschenken. Warum also sind die Hadza so freigebig?

Hawkes glaubt, daß das Teilen von Nahrung kaum etwas anderes als eine Form des ›geduldeten Diebstahls‹ sei, ein Begriff, der von ihrem Kollegen Nick Blurton-Jones geprägt wurde. Hat der Jäger der Giraffe erst einmal soviel Fleisch aus dem Körper herausgeschnitten, wie er tragen kann, hat er kein Bedürfnis, die anderen daran zu hindern, sich zu bedienen. Die Beute gegen sie zu verteidigen wäre unschicklich und ziemlich aufwendig. Diese Einsicht gewann Glyn Isaac, eine Anthropologin, die in den 1960er Jahren kurz vor ihrem frühen Tod die These vertrat, das Teilen von Nahrung nehme zwar einen zentralen Platz in der Evolution des Menschen ein, doch habe es seinen Ursprung in dem von Tieren abgeguckten Ausschlachten des Aases. Löwen beispielsweise sind eindeutig geduldete Diebe: Bei einer Löwenmahlzeit hilft Gott nur den Tüchtigen. Schimpansen haben immerhin schon etwas bessere Manieren, aber sie müssen noch um Futter betteln. Der Mensch dagegen darf davon ausgehen, daß man ihm Nahrung anbietet. Nick Blurton-Jones griff diesen Gedanken nach seinem Studium der Hadza auf und kam zu dem Schluß, daß geduldeter Diebstahl nicht nur eine Entwicklungsstufe sei, die die Vorläufer des Menschen passiert hatten, sondern daß es sich dabei um eine noch immer gültige Erklärung dafür handele, daß Jäger Fleisch mit ihren Gefährten teilen. Blurton-Jones beobachtete nämlich, daß es durchaus zu Feindseligkeit kommen konnte, wenn die Hadza ihr Fleisch aufteilten.[6]

Es wäre also logisch, den Körper eines von einem Hadza-Jäger erlegten Tieres als ältestes Beispiel für ›öffentliches Eigentum‹ anzusehen: etwas, das zum Wohl der Allgemeinheit bereitgestellt wird. Dabei wirft öffentliches Eigentum ein Problem auf, das man das ›Problem kollektiven Handelns‹ nennt und nichts anderes ist als unser ›Dilemma des Gefangenen‹ in großem Maßstab. Das klassische Beispiel für öffentliches Eigentum ist ein Leuchtturm. Seine Errichtung verursacht zwar gewisse Kosten, aber sein Licht kann jeder in Anspruch nehmen, um sein Schiff sicher in den Hafen zu steuern, selbst wenn er es abgelehnt hätte, sich an diesen Kosten zu beteiligen. Daher hat jeder ein Interesse daran, daß alle anderen für den Leuchtturm zahlen, nur nicht er selbst. Der Leuchtturm wird also nicht gebaut, so könnte man annehmen, aber er wird doch errichtet, nur versteht man nicht genau, warum das so ist. Eine tote Giraffe, so Hawkes Überlegung, ähnelt ein bißchen diesem Leuchtturm: Man braucht zwar jemanden, der sie jagt, aber einmal gefangen, steht ihr leicht verderbliches Fleisch allen zur Verfügung, selbst dem faulsten Jäger im Lager.

Warum also, fragte sich Hawkes, arbeiten Jäger und Sammler dann überhaupt? Sie wandte sich den Arbeiten eines amerikanischen Wirtschaftsexperten der 1960er Jahre, Mancur Olson, zu. Er hatte behauptet, das Problem der Bereitstellung öffentlichen Eigentums könne leicht gelöst werden, wenn es nur genügend soziale Anreize dafür gäbe. Der erfolgreiche Unternehmer, ängstlich um seine Stellung und seinen Ruf in der Stadt besorgt und bereit, sich diese Dinge etwas kosten zu lassen, kündigt an, er werde für den Leuchtturm aufkommen. Und weil dies eine großzügige Geste ist, von der andere profitieren, hat er sich auch sein Ansehen gesichert.

Auch bei den Hadza erfreut sich der erfolgreiche Jäger beträchtlicher sozialer Vergünstigungen. Sein Erfolg sichert ihm den Neid der Männer und – was vielleicht noch wichtiger ist – die Bewunderung der Frauen. Ein guter Jäger hat mehr außereheliche Affären. Dies gilt nicht nur für die Hadza, sondern auch für die Ache, die Yanomamo und viele andere südamerikanische Stämme. Dieses Phänomen ist vermutlich universell und im übrigen auch kein Geheimnis.

Dies mag erklären, warum Männer so begierig sind, große, leicht zu teilende Beute zu machen. Es ist auffällig, daß Männern, wo immer sie auch leben, sich immer für die Art von Nahrung interessieren, die mit anderen großzügig geteilt werden kann, auch wenn darüber kleinere und lohnendere Beute vernachlässigt wird. Betrachten wir es einmal vom Standpunkt des Jägers aus: Tötet er ein Perlhuhn, wird dies von seiner Frau und seinen Kindern zur Gänze verspeist; tötet er eine kleine Antilope, bleibt vielleicht et-

159

was für seine Gläubiger unter den Jägern übrig. Erlegt er aber eine Giraffe, dann ist so viel Fleisch vorhanden, daß es niemandem auffällt, wenn er ein besonders saftiges Stück der attraktiven Ehefrau seines Nachbarn zusteckt.

Damit hätte man das Problem allerdings nur auf die Frauen verlagert. Der Grund dafür, daß Männer lieber Giraffen jagen, wo sie doch für ihre Familien viel leichter Perlhühner fangen könnten, liegt nun klar auf der Hand: Sex. Und offensichtlich sind Männer stärker daran interessiert, ihre Geliebten zu versorgen als ihre Kinder. Aber warum Sex? Warum belohnen Frauen Jäger mit Liebesaffären? Dies ist der Punkt, wo Hawkes' These am deutlichsten von der Kaplans und Hills abweicht. Hawkes behauptet, diese Attraktivität sei immaterieller Natur. Allein der Geruch des Erfolges, den sie ›soziale Aufmerksamkeit‹ nennt, wirke auf Frauen anziehend. Das einzige, was für sie bei diesem Tauschhandel herausspringe, sei ein Aufstieg in der sozialen Hierarchie. Demgegenüber behaupten Hill und Kaplan, der Nutzen für die Frauen in diesem Geschäft sei ganz handgreiflich – nämlich auserlesene Fleischstücke. Nicht alle Teile einer Giraffe sind gleichermaßen schmackhaft, und der Jäger kann die besten Stücke für sich beanspruchen und damit die Frauen, mit denen er anbändeln will, bestechen. Damit wäre also das Rätsel, warum die Hadza sich nicht mit Perlhühnern abgeben, gelöst: Das Teilen von Nahrung geschieht nicht unter Zwang, sondern ist, wie auch bei den Schimpansen oder den Ache, ein direkter Akt der Reziprozität. Damit wären wir also wieder bei unseren Schimpansen in Gombe angelangt (das übrigens nicht weit von der Heimat der Hadza entfernt ist), die auf die Jagd gehen, um mit der Beute ein brünstiges Weibchen zu füttern. Die Reziprozität hat nur eine andere Währung – Sex.

Abgesehen davon bestreiten Hill und Kaplan Hawkes' Prämisse, es sei für die Männer vorteilhafter, Perlhühner zu jagen. Solange das Fleisch von Großwild nämlich geteilt werde, verzehre ein Hadza-Mann, der große Tiere jage, de facto beträchtlich mehr Fleisch, als wenn er nur kleine Tiere jagen würde. Die Größe des Beutetieres entschädigt für den seltenen Jagderfolg. Hill und Kaplan berechneten, daß die Nabelschweinjagd den Ache etwa 65 000 Kalorien pro Arbeitssstunde einbringe, während beim Ausgraben von Insektenlarven unterm Strich viel weniger Fleisch und nur etwa 2000 Kalorien pro Arbeitsstunde herauskomme. Natürlich müsse auch ein wildes Schwein mit der Gruppe geteilt werden, wobei der Jäger durchschnittlich nur ungefähr zehn Prozent vom Fleisch seiner Beute erhalte, während auf der anderen Seite nur etwa sechzig Prozent der gesammelten Insektenlarven mit anderen geteilt würden. Aber zehn Prozent von 65 000 seien immer noch mehr als vierzig Prozent von 2000. Also zahle es sich für die Ache-Männer noch immer aus, Nabelschweine zu jagen, statt Maden zu sammeln.

Hill und Kaplan argumentieren dahingehend, daß es »in Hawkes' Bericht keinerlei Beweise dafür gibt, daß die Jäger ihr Fleisch nicht lediglich gegen andere Waren und Dienstleistungen eintauschen. Das aber ist von entscheidender Bedeutung, denn wäre so ein Handel üblich, dann ist Großwild gar kein öffentliches Eigentum und das ›Problem kollektiven Handelns‹ stellt sich nicht.«[7] Bei den meisten Jägern und Sammlern gibt es hinsichtlich der Aufteilung von Nahrung eindeutige Tendenzen, wobei der Kernfamilie des Jägers ein überproportionaler Anteil an der Beute zusteht, besonders bei kleinen Tieren, was entgegen der Theorie des geduldeten Diebstahls dafür spricht, daß ein Jäger doch in gewissem Maße über seine Beute verfügen kann. So bekommt bei den Gunwinggu im nordaustralischen Arnhem Land der erfolgreiche Jäger mehr Fleisch für seine Angehörigen als die anderen Jäger, und er scheut auch keine Mühe, seine Familie vor anderen Mitgliedern des Stammes zu bevorzugen. Bei den Ache wird gelegentlich etwas Fleisch für diejenigen Stammesmitglieder beiseite gelegt, die beim Aufteilen der Beute nicht anwesend waren. Das eigenartigste ist, daß der Jäger, der das Wild erlegt hat, von der Beute gewöhnlich weniger ißt, als ihm anteilmäßig zusteht. All diese Merkmale sprechen nicht dafür, daß Fleisch ein Streitobjekt ist, wie es die Theorie des geduldeten Diebstahls vorsieht.

Die Frage ist, wer die Macht hat: die Besitzer oder die Besitzlosen. Wenn Teilen eine Form des geduldeten Diebstahls ist, haben die Besitzlosen viel Macht. Ist das Teilen aber ein Akt der Reziprozität, haben die Besitzer die Kontrolle. Denn auch wenn ein Hadza-Jäger weiß, daß er seine Giraffe am Ende dem geduldeten Diebstahl opfern muß, kann er doch den Prozeß des Teilens beeinflussen: Sein Ziel ist es, den kurzfristigen Überschuß an Giraffenfleisch, der sich in seinem Besitz befindet, gegen eine weniger verderbliche Währung einzutauschen. Also teilt er mit seiner Frau, seiner Sippe, seinen potentiellen Gefährten, seinen Freunden, also mit all jenen, die ihm bereits gefällig waren oder von denen er so etwas vermuten darf. Dadurch gleicht sich sein Überschuß an Fleisch aus, denn er hat Grund zu hoffen, daß die anderen in Zukunft ihre Beute auch mit ihm teilen. Zudem erwirbt er sich Ansehen.

Hawkes parierte diese Angriffe mit der Bemerkung, es gebe einfach keinen Hinweis für die Reziprozität, wie sie Hill und Kaplan sehen. Auf der einen Seite würden schlechte Jäger und Trittbrettfahrer nicht bestraft. Auf der anderen Seite gebe es genügend faule oder einfach nur unfähige Menschen. Diese verlören zwar zugegebenermaßen ihr Ansehen, nicht jedoch ihren Anteil Fleisch. Warum werden sie von den anderen Männern durchgefüttert?

162

Soziale Marktwirtschaft

Die Debatte fand bis heute kein Ende und ist wahrscheinlich auf einige kulturelle Unterschiede zwischen den Ache und den Hadza zurückzuführen, und vielleicht sogar auf einige geschlechtsspezifische Unterschiede zwischen Hawkes und Hill. Auf das Risiko hin, beide Parteien vor den Kopf zu stoßen, wage ich die Behauptung, daß sie im Grunde genommen dasselbe sagen. Hawkes behauptet, ein guter Jäger werde nicht mit Fleisch, sondern mit sozialem Ansehen belohnt. Hill und Kaplan behaupten, der Jäger jage, weil er dafür belohnt werde. Diese Diskussion ist in Wahrheit ein Nachklang der viel älteren Debatte in der Anthropologie zwischen den ›Substantivisten‹ und den ›Formalisten‹. Wie in der akademischen Welt so üblich, tobte auch diese Debatte zwischen 1960 und 1970 nur so heftig, weil sowenig auf dem Spiel stand – zwischen den beiden Standpunkten gibt es nämlich nur geringfügige Unterschiede. Die Formalisten argumentierten, ähnlich wie Hill und Kaplan, daß man die Erkenntnisse der Wirtschaftswissenschaften auch auf Stammesgesellschaften anwenden könne und daß das Verhalten von Jägern und Sammlern ebenso analysierbar sei wie das Verhalten der Menschen in den marktwirtschaftlichen Ländern des Westens. Für einen Formalisten kann also die Wurzel des Marktes, mit all seinen Möglichkeiten des vielfältigen Warenaustausches, der Arbeitsteilung und der Absicherung gegen die Abhängigkeit von einer Ware, durchaus im reziproken Teilen von Nahrungsmitteln innerhalb einer Sippe von Jägern und Sammlern liegen.[8]

Die Substantivisten dagegen behaupteten, ökonomische Grundsätze könnten nicht auf primitive Stammesgesellschaften übertragen werden, da sich Jäger und Sammler überhaupt nicht in einem Markt befänden. Sie seien nicht die Träger freier Entscheidungen, die ihre Interessen in der leidenschaftslosen Welt eines Supermarktes wahrnehmen. Vielmehr seien sie eingebettet in ein Geflecht sozialer Verpflichtungen, verwandtschaftlicher Beziehungen und Machtstrukturen. Der Grund dafür, warum diese Menschen ihre Nahrung mit anderen teilten, könnte zwar durchaus in der wohlkalkulierten Errichtung eines reziproken Schutzwalls liegen, sie könnten aber ebensogut einfach durch Sitte und Brauch oder aus Furcht vor der Macht des Rezipienten dazu verpflichtet sein.

Hawkes, die in der Tradition der Substantivisten steht, wehrt sich entschieden gegen die nackte Ökonomie des reziproken Teilens als Erklärung. Aber dies ist, wie ich meine, nur Haarspalterei. Moderne Wirtschaftswissenschaftler versuchen nämlich, ihre Aufmerksamkeit über den perfekten Markt hinaus auszudehnen und auch die ›irrationalen‹ Beweggründe menschlichen Verhaltens zu berücksichtigen. Und selbst wenn Hawkes recht hat und Hadza-Männer um des Ansehens willen jagen und nicht um des Gefallens willen, den man ihnen erwidert, so kann man den Hadza noch immer ein rücksichtslos ökonomisches Motiv unterstellen: Sie verwandeln das Fleisch einer Giraffe in ein dauerhaftes und wertvolles Gut, nämlich Ansehen, das sich zu einem späteren Zeitpunkt vorteilhaft gegen eine andere Währung eintauschen läßt. Aus diesem Grund nennt Richard Alexander den Tausch konkreter Güter gegen abstrakte Güter auch ›indirekte Reziprozität‹.[9]

Um diese Debatte fortzuführen: Ich meine nicht, daß es zu weit hergeholt ist, die Aktivitäten der Jäger und Sammler als einen fernen Nachhall von Ursprüngen der modernen Märkte und ihrer monetären Ableger zu deuten. Wenn ein Hadza in Erwartung einer zukünftigen Vergünstigung seine Beute teilt, dann kauft er damit ein Instrument ein, mit dessen Hilfe er sein eigenes Risiko eingrenzen kann. Hill und Kaplan zufolge geht er einen Vertrag ein, um die variablen Zinsen seiner Jagdbemühungen gegen stabilere

164

Zinsen einzutauschen, die von der gesamten Gruppe erwirtschaftet werden. Er gleicht darin dem Farmer, der einen Vertrag abschließt, um sechs Monate lang ein festes Einkommen im Tausch gegen seinen Weizen zu bekommen, indem er einen Vorvertrag abschließt oder einige Termingeschäfte tätigt. Oder dem Bankkaufmann, der ein umfangreiches Darlehen zu einem variablen Zinssatz verliehen hat und sich entscheidet, seine Position abzusichern, indem er mit einer anderen Bank einen Vertrag über einen Tausch unterzeichnet oder sogar nur eine Option, die Zinsen zu tauschen. Er willigt ein, eine Reihe variabler Zahlungen zu tätigen, die an kurzfristige Zinsen geknüpft sind, im Austausch gegen den Erhalt einer Reihe von festgelegten Zinsen. Dazu sucht er sich eine Gegenpartei, die genau die andere Richtung anpeilt.

Hawkes zufolge verringert der Jäger sein Risiko, nur von einer Währung (Fleisch) abhängig zu sein, indem er eine andere Währung (Ansehen) einkauft, so wie eine Firma einen günstigen Kredit in Dollars gegen einen Kredit in D-Mark eintauscht, um den Schwankungen des Wechselkurses weniger stark ausgesetzt zu sein. Diese Analogie ist zwar alles andere als genau, aber das Grundprinzip bleibt dasselbe: Ein Mensch versucht, sein eigenes Risiko zu minimieren, indem er mit einem oder mehreren Partnern Handel treibt. Diejenigen, die versucht sind, auf Jäger und Sammler ob ihrer Verständnislosigkeit für derartige Dinge herabzublicken, liegen falsch. Das Gehirn eines Jägers und Sammlers funktioniert genau wie das unsrige, und ihre Instinkte für ein gutes Geschäft sind innerhalb ihrer kulturellen Umgebung ebenso geschärft wie der Instinkt eines Maklers an der Chicagoer Börse.

So betrachtet ergibt sich eine weitere bedeutende Einsicht: Börsenmakler verteidigen ihren Beruf mit der Begründung, sie seien in einer Branche tätig, die das Risiko verringert, indem sie unterschiedlich exponierte Menschen zusammenbringt. Sie argumentieren, daß Termin- und Swapgeschäfte jedem zugute kommen; sie seien keine Nullsummenspiele. Ohne sie sei die Geschäftswelt einem höheren Risiko ausgesetzt, für das sie zahlen müßte. Dasselbe trifft auch auf das Teilen von Nahrungsmitteln zu: Die Jagd ist ein Risiko. Teilen minimiert dieses Risiko. Und davon profitieren alle.[10]

Wem das Beispiel der Hadza zu weit hergeholt scheint, denke nur an ein Problem, das uns näher liegt: das Wechselspiel des Glücks. Es gibt viele Beispiele von Menschen, denen ein plötzliches Glück widerfahren ist und die in ihrer Umgebung auf tiefe Ablehnung stießen, weil sie nicht bereit waren, dieses Glück mit anderen zu teilen. Eine Frau der San, die für ihre Rolle in dem Film *Die Götter müssen verrückt sein* viel Geld bekam, provozierte sogar einen Streit, weil sie das ganze Geld nur für sich verwendete.[11]

Marshall Sahlins argumentierte ganz ähnlich: Der Grund dafür, daß Jäger und Sammler in aller Regel dem Müßiggang frönen – im Vergleich mit Ackerbauern und Viehzüchtern ›arbeiten‹ sie viel kürzer – und weder Besitz noch Reichtum zu kennen scheinen, könnte darin liegen, daß in ihren gleichheitlichen Gesellschaften das Anhäufen von Besitz der Weigerung zu teilen gleichkomme. Für diese Menschen sei es daher sinnvoller, von vornherein wenig zu wünschen und dadurch alles zu erreichen. Sahlins zufolge hätten Jäger und Sammler den Zen-Weg zum Überfluß entdeckt: Sie arbeiteten hart genug, um ihre unterschiedlichen Ambitionen und Bedürfnisse zu befriedigen, hörten aber rechtzeitig genug auf, um keinen Neid zu provozieren.[12]

Am 8. August 1993 gewann Maura Burke drei Millionen Pfund in der Irischen Nationallotterie. Die vierhundertundfünfzig Einwohner des kleinen Dorfes waren entzückt über das Glück ihrer Nachbarin und veranstalteten ihr zu Ehren spontan ein Fest. Einen Monat später starb der Ehemann von Mrs. Burkes. Sie hatte keine Kinder. Im Dorf herrschte gespannte Erwartung. Doch sie gab ihren Nachbarn nichts von ihrem Vermögen ab, was diese ihr sehr verübelten. »Wir haben von dem Geld keinen Penny gesehen«, schimpfte ein Dorfbewohner vor den Journalisten. Mrs. Burke bekam Morddrohungen und zog nach London. Ihr Glück hatte sie aus der Gruppe ausgestoßen, da sie nicht bereit war zu teilen.[13]

Auf den ersten Blick scheint es, als stehe Mrs. Burkes Bestrafung ganz im Einklang mit Hawkes Tradition vom geduldeten Diebstahl. Die Gemeinschaft erwartete nicht nur von ihr, daß sie andere großzügig an ihrem Glück teilhaben ließ, sie bestrafte sie auch dafür, daß sie es nicht tat. Aber man kann die Sache auch anders sehen, so wie Hill und Kaplan. Wie ein Spieler im ›Dilemma des Gefangenen‹ hatte Mrs. Burkes nach jahrelanger Kooperation plötzlich betrogen, und ihre Partner wollten sie dafür bestrafen. Da sie wußte, daß ihre Nachbarn wahrscheinlich nie die Gelegenheit finden würden, ihren Gefallen zu erwidern, gab es für sie auch keinen Anreiz, ihn zu leisten. Ein glücklicher Aborigines-Jäger weiß allerdings, daß es nur eine Frage der Zeit ist, wann er sich in der Position des Nehmenden statt des Gebenden befindet. Die Zukunft wirft ihre langen Schatten auf seine Entscheidung.

Übrigens hätte es Mrs. Burke auch schlechter treffen können: Bei den Eskimos ist es ein striktes Tabu zu horten, und reiche Leute, die sich nicht großzügig zeigen, werden manchmal sogar getötet.

Geschenke als Waffen

Auf den ersten Blick mag dies erklären, warum Menschen so eifrig darauf bedacht sind, miteinander zu kooperieren. Und dennoch kann diese Erklärung nicht ganz befriedigen; einen Grund dafür hat der brillante israelische

Wissenschaftler Amotz Zahavi aufgezeigt, der in der akademischen Welt für Überraschungseffekte bekannt ist. Er befaßt sich mit arabischen Lärmdrosseln, die wie viele mittelgroße Vögel in den wärmeren Klimazonen nicht in Paaren zusammenleben, sondern in größeren Familien, in denen die halbwüchsigen Vögel ihren Eltern bei der Aufzucht der jüngsten Nachkommenschaft behilflich sind. Diese Art von Nesthilfe hat die Biologie offensichtlich niemals stark beschäftigt, erhöhen doch die Halbwüchsigen durch ihre pure Anwesenheit ihre Chance, die Rolle des Brüters zu übernehmen, während sie nebenbei ihren Brüdern und Schwestern auf die Welt helfen. Das Ganze ist eine Mischung aus Vetternliebe und Eigennutz.

Zahavi fand jedoch die Begeisterung erstaunlich, mit der die halbwüchsigen Vögel ans Werk schreiten. Ganz entschieden wetteifern sie miteinander darum, Futter zum Nest zu bringen, Wächter zu spielen und das Territorium gegen Räuber und andere Eindringlinge zu verteidigen. Aber seltsamerweise scheint ihr Enthusiasmus nicht gerade auf Gegenliebe zu stoßen. Die dominanten Vögel versuchen sogar, die rangniedrigeren Tiere in ihren Aktivitäten zu behindern, wo sie doch eigentlich, wie Zahavi glaubte, die Hilfsdienste ihrer Geschwister begrüßen müßten.

Zahavi behauptete nun, daß die Helfer nicht durch Vetternliebe oder vererbte Belohnungen motiviert sind, sondern daß sie auf etwas aus sind, das er soziales Prestige nennt. Energisches und zielstrebiges Helfen, sagt er, unterstreiche das Engagement der Vögel für die Familie, was von den anderen Mitgliedern im Gegenzug ein ähnliches Engagement einfordere. Dieser Zusammenhang hat Zahavi zu einer Neubewertung der Ehe geführt – zumindest bei Vögeln. »Ich glaube, daß in einer bilateralen Kooperation ein großer Teil der investierten Bemühungen als eine Art Werbung verstanden werden kann, die auf die Qualitäten des Investors und sein Interesse, das Zusammenwirken fortzusetzen, aufmerksam machen und die Neigung des Partners, den anderen zu betrügen oder zu verlassen, herabsetzen soll.« Zahavis Schlußfolgerung zufolge wäre Großzügigkeit also eine Waffe.[14]

Auch in menschlichen Kulturen zeigt sich das Janusgesicht eines Geschenks. In Großbritannien werden sieben bis acht Prozent der wirtschaftlichen Aktivitäten auf Produkte verwandt, die zum Verschenken bestimmt sind. Für Japan ist diese Zahl voraussichtlich noch höher. Gegen Rezessionen ist diese Branche im großen und ganzen gefeit, wie die Eilfertigkeit beweist, mit der Hersteller von Kühlschränken und Herden in den letzten Jahrzehnten ihre Produktpalette um Toaster und Kaffeemaschinen erweitert haben – Waren, deren Verkaufszahlen von Hochzeitsfeiern und Weihnachtsfesten diktiert werden. Aber warum beschenken sich die Menschen? Zum einen wollen sie nett zueinander sein, zum anderen fürchten sie um ihren Ruf als großzügiger Mensch oder wollen den Empfänger eines Geschenkes dazu verpflichten, sich ebenso zu verhalten. Aus einem Geschenk kann sehr schnell Bestechung werden.

Nehmen wir zum Beispiel die Sitte des Kulakreises, die auf den Trobriand-Inseln praktiziert wird. Kula ist der Tausch von Halsketten gegen Armbänder. Die Trobriand-Inseln bilden einen kreisähnlichen Archipel, und die Menschen verschenken reihum Halsketten an die Inseln, die im Uhrzeigersinn nach ihnen kommen, und Armbänder an jene, die entgegen dem Uhrzeigersinn liegen. Diese beiden Kula-Artikel zirkulieren in einem endlosen Kreislauf, ohne einen konkreten Sinn, aber von höchster Wichtigkeit. Warum ist den Menschen das Schenken so wichtig?

In den zwanziger Jahren schrieb der französische Ethnograph Marcel Mauss seinen berühmten »Versuch über das Geschenk«, in dem er die These aufstellte, daß das Schenken in vorindustriellen Gesellschaften dazu diente, mit Fremden einen sozialen Vertrag abzuschließen. Da kein

Staat vorhanden war, der den Frieden hätte sichern können, übernahmen Geschenke diese Funktion. In den 1960ern beobachtete Marshall Sahlins ein Phänomen, das in allen Gesellschaften auf dieser Welt recht offensichtlich ist: Je enger die Menschen, die einander beschenken, miteinander verwandt sind, desto geringer ist die Notwendigkeit, daß das Geschenk durch ein Gegengeschenk aufgewogen wird. Innerhalb einer Familie, so Sahlins, gibt es eine ›generalisierte Reziprozität‹, womit er im Grunde genommen sagen will, gar keine Wechselseitigkeit: Die Menschen beschenken sich, ohne nachzurechnen, wer wem ein Geschenk schuldet. Innerhalb einer Dorfgemeinschaft oder eines Stammes ist es notwendig, bei den erwiderten Geschenken genau nachzurechnen. Zwischen den einzelnen Stämmen gäbe es etwas, was Sahlins ›negative Reziprozität‹ nennt, ein recht verwirrender Begriff für Diebstahl oder für den Versuch, einen Gegenstand für weniger als seinen tatsächlichen Wert in seinen Besitz zu bringen. Nur unter Verbündeten, die nicht miteinander verwandt sind, würde Reziprozität im eigentlichen Sinn – also Wert gegen Wert – praktiziert.

Selbstverständlich erwarten Eltern von ihren Kindern keine direkt erwiderte Großzügigkeit, und selbstverständlich erwartet ein Dieb nicht, daß er für seine Beute zahlen muß; aber in jedem anderen Fall sollte ein Geschenk auf die eine oder andere Weise erwidert werden. Dem Empfänger eines Geschenkes ist es peinlich, wenn er nichts zurückgeben kann, oder er ärgert sich darüber, daß der Schenkende geglaubt hat, eine kleine Tafel Schokolade würde als Belohnung für seine Mühe ausreichen. Selbst wenn die beiden Bezahlungen in völlig unterschiedlicher Währung erfolgen, schenkt man doch, um beschenkt zu werden. Die einzige Ausnahme bilden meiner Ansicht nach die Blumen, die man einem Freund ins Krankenhaus schickt, doch sogar hierbei erwartet man, selbst Blumen zu bekommen, wenn man krank wird.

Dieser Instinkt ist uns allen wohlvertraut. Versuchen Sie einmal, sich eine Welt vorzustellen, in der es dieses Phänomen nicht gibt; eine Welt, in der es anderen Menschen egal ist, wie großzügig Sie sind, oder in der es Ihnen gleichgültig ist, wie großzügig die anderen Menschen sind. In Ihrem tiefsten Innern lauert die Neigung, ein Geschenk immer auch als ein Geschäft zu betrachten (außer bei Verwandten).

Wie so oft läßt sich dies leichter bei fremden Kulturen beobachten. Als Kolumbus zum ersten Mal den amerikanischen Kontinent betrat, stieß er auf Menschen, die seit mehreren Jahrzehntausenden keinerlei kulturellen Kontakt mit den Ahnen der Europäer gehabt hatten. Diese beiden Zweige der Menschheit hatten seit dem Mesolithikum keine Gelegenheit mehr gehabt, sich ihre jeweiligen Sitten und Gebräuche zu übermitteln. Und doch gab es keine Verständigungsschwierigkeiten darüber, daß man ein Geschenk in der Erwartung eines Gegengeschenkes überreichte. Dies gehörte zu den spontanen Handlungen des roten und des weißen Mannes. Unter dem Begriff ›indianisches Geschenk‹ verstand man im kolonialen Amerika schließlich ein Geschenk, das man mit einem gleichwertigen Gegengeschenk zu erwidern hatte. Geschenke hatten ein Nachspiel – das war der ganze Sinn und Zweck des Geschenks. Bis heute ist es eines der am wenigsten verständlichen Kulturgüter auf der ganzen Welt. Als ein Anthropologe einen kenianischen Stamm besuchte, verblüffte ihn die Geringschätzung, mit der man seine Geschenke entgegennahm. »Alle Dinge wurden auf das sorgfältigste mit dem Mund geprüft und selbstverständlich für schlecht befunden«, berichtete er. Aber er kannte natürlich auch den Grund für dieses Verhalten. Geschenke enthalten immer ein Element der Berechnung, und die Empfänger wußten das ebensogut wie er. Es ist eben nichts umsonst auf dieser Welt. Selbst in den anspruchsvollsten

171

europäischen Kreisen spürt man noch die Verpflichtung, die unweigerlich mit einem großzügigen Geschenk einhergeht.[15]

Spieglein, Spieglein an der Wand, wer ist der Großzügigste im ganzen Land?

Bevor man mich des unheilbaren Zynismus beschuldigt, bedenke man bitte, daß ich nicht die Absicht habe, das Gute seiner guten Seiten zu berauben. Wer sich zu viele Gedanken über die Motive großzügiger Menschen macht, dreht sich im Kreis. Ein wahrer Altruist würde nämlich keine Geschenke machen, denn er wäre sich im klaren darüber, daß er entweder aus Eitelkeit handelt oder eine Gegenleistung erwartet und damit den Beschenkten unbarmherzig in seine Schuld bringt. Ein wahrhaft altruistischer Empfänger eines Geschenkes würde den Schenkenden nicht beleidigen, indem er das Geschenk erwidert, somit die Schuld auf diesen zurückwälzt und damit andeutet, daß dessen Beweggründe nicht selbstlos waren. Ein wahrhaft altruistisches Paar schenkt sich niemals irgend etwas, und nur wer bar aller Beweggründe ist, kann eine gut Tat vollbringen. Irgend etwas kann da nicht stimmen.[16]

Lassen wir einmal diese Haarspaltereien beiseite, und begnügen wir uns mit der Feststellung, daß der menschliche Instinkt, ein Geschenk zu erwidern, so stark ausgeprägt ist, daß Geschenke auch als Waffen eingesetzt werden können. Nehmen wir zum Beispiel den sogenannten Potlatsch, den Brauch, seine Nachbarn durch Großzügigkeit vorsätzlich zu beschämen. Diese Gewohnheit ist in mehreren Weltgegenden zu Hause, auch in Neuguinea, aber am berühmtesten wurde sie durch nordamerikanische Indianergruppen des pazifischen Nordwestens, die sie bis ins neunzehnte Jahrhundert ausübten. Der Name Potlatsch kommt aus der

Sprache der Chinook, aber die Einzelheiten kennen wir vor allem vom Stamm der Kwakiutl auf der Insel Vancouver.

Die Kwakiutl waren vollendete Snobs. Status war für sie das allerwichtigste, was sich vor allem in den Adelstiteln ausdrückte, die sie sich zu geben pflegten. Was sie am meisten fürchteten, war Demütigung. Ihr Leben war von einer geradezu fanatischen Sucht nach Status und der Furcht vor Schande bestimmt. Von der kanadischen Regierung der Möglichkeit der Kriegsführung beraubt, war ihre Hauptwaffe die Großzügigkeit. Sie verteilten ihre Reichtümer, um in der sozialen Hierarchie aufzusteigen, und verloren Ansehen und Gesicht, wenn sie es nicht vermochten, anderen ihre Großzügigkeit mit Zins und Zinseszins heimzuzahlen. Dieser absurde Wettstreit war derart ritualisiert, daß besondere Ereignisse, eben ein Potlatsch, zum Zwecke der ostentativen Zurschaustellung von Großzügigkeit und Verschwendungssucht der rivalisierenden Kombattanten veranstaltet wurden. Da schenkte man sich Decken, Tranöl, Beeren, Fische, Perlen, Kanus und das Wertvollste von allem, ›Kupfer‹, gehämmerte Kupferbleche, die mit Figuren verziert waren. So mancher Potlatsch-Gastgeber gab sich jedoch nicht damit zufrieden, seine Reichtümer zu verschenken, sondern ging gar so weit, sie zu zerstören. So versuchte einst ein Häuptling, das Feuer seines Rivalen mit teuren Decken und Kanus zu ersticken, woraufhin dieser Tranöl in die Flammen goß, um das Feuer zu schüren. In einigen Festhäusern erbrachen Figuren, die in die Decke geschnitzt waren und die man ›Würger‹ nannte, einen unaufhörlichen Strom des kostbaren Öls in das Feuer. Der Gast hatte so zu tun, als mache ihm die Hitze des Feuers nichts aus, auch wenn seine Haut Brandblasen warf. Manchmal brannte zur größten Ehre des Gastgebers darüber das ganze Haus ab.

Eine Frau, die ihren Sohn zu einem derartigen Fest der Freigebigkeit anhalten wollte, beschwor zu diesem Zweck die Erinnerung an ihren Vater herauf: »Er verschenkte die gefangenen Sklaven. Er verschenkte seine Kanus oder verbrannte sie in dem Feuer des Festhauses. Er verschenkte Seeotterhäute an seine Rivalen in seinem eigenen Stamm oder an die Häuptlinge anderer Stämme; manchmal zerschnitt er sie auch in kleine Stückchen. Du weißt, ich sage die Wahrheit. Dies, mein Sohn, ist die Straße, die dein Vater für dich bestimmt hat und der du folgen mußt.«[17]

So absurd das auch klingen mag, dieser Brauch entbehrte nicht einer gewissen Methode. Natürlich war ein besonders ostentativer Potlatsch ein außergewöhnliches Ereignis, denn sonst hätte es keine Reichtümer gegeben, die man hätte verschenken können. Ein Potlatsch war vielmehr die extremste Manifestation eines Systems der konkurrierenden Akkumulation von Reichtum. Und er war eindeutig wechselseitig. Jedes Geschenk mußte mit Zins und Zinseszins zurückgezahlt werden; jedes Fest und jeder Akt der Destruktion mußte von einem anderen überboten werden. Mancher Potlatsch bestand sogar aus ritualisierten Auktionen, bei denen die wertvollen Kupferbleche von einem Häuptling an einen anderen versteigert wurden. Aber immer gab es einen Verlierer.

Beim Brauch des Potlatschs war Reziprozität nichts, was beiden Seiten zugute kam.

Welchen Nutzen könnte ein derartiges Verhalten in einer rationalen, ökonomischen Welt haben? Die formale Antwort ist einfach: Der Potlatsch verbraucht verderbliche oder vergängliche Güter; das Ansehen jedoch, das man dabei gewinnt, ist dauerhaft. Verfügt ein Häuptling plötzlich über ein Überangebot an Nahrung oder Öl, kann er es nicht lange aufbewahren, und so veranstaltet er statt dessen ein Fest, bei dem er seinen Überschuß verschenkt und im Extremfall sogar verbrennt. Diese Extravaganz oder auch Generosität sichert ihm Respekt und Ansehen. Dies erklärt nicht vollständig, warum dauerhafte Güter wie Kupfer-

174

bleche und Decken so herausfordernd beim Potlatsch verbraucht werden, aber auch hier gibt es eine Logik: Wenn
man mit Kupferblechen Ansehen erwerben kann, dann
kann man sie auch dagegen eintauschen. Um es mit Ruth
Benedict zu sagen: »Bei diesen Stämmen diente Reichtum
nicht dazu, um sich einen äquivalenten Wert an Wirt-
schaftsgütern zu erwerben, sondern er diente als Zähler eines festgesetzten Wertes in einem Spiel, das sie spielten, um
zu gewinnen.«[18]
Aber man geht zu weit, wenn man einen Potlatsch für
eine rationale Strategie hält, mit deren Hilfe man sich die
Vorteile der Reziprozität erschließen könnte. Ich glaube
vielmehr, es handelt sich um eine ziemlich egoistische und
perverse Methode, mit der die menschliche Fähigkeit zum
reziproken Verhalten ausgenutzt wird, also eine Art Parasitismus der Reziprozität. Ein Potlatsch nutzt lediglich die
Tatsache aus, daß Menschen instinktiv nicht der Versuchung widerstehen können, Großzügigkeit zu erwidern.
Lassen Sie mich das erklären: Der Potlatsch ist keine ex-
klusive Eigenschaft der Kwakiutl und ihrer Nachbarn. Das
Wetteifern im gegenseitigen Beschenken war eine ganz
geläufige Methode, mit der europäische Monarchen sowohl
ihre Beziehungen untereinander als auch ihre Beziehungen
zu orientalischen Würdenträgern stabilisierten. Botschafter
verloren für ihr Land ihr Gesicht, wenn die Geschenke, die
sie mitgebracht hatten, nicht wertvoll genug waren. Ar-
beitskollegen oder Nachbarn, die größere Weihnachts-
geschenke bekommen, als sie selbst verschenkt haben, werden dieses Gefühl kennen, ebenso Geschäftsleute, die nach
Japan reisen und plötzlich merken, daß sie das falsche Mit-
bringsel im Gepäck haben. Einst beleidigte der Dauphin
Heinrich V., indem er ihm anläßlich seiner Krönung einen
Tennisball schenkte, und so würde jeder beleidigt sein, dem
man eine Zahnbürste zum Geburtstag schenkt. Geschenke
können in der Tat Waffen sein.

Im gesamten Pazifik tauschten die Inselbewohner Geschenke in sich überbietenden, angeberischen Schaukämpfen. 1918 beispielsweise ereignete sich auf der Insel Trobriand folgendes: Ein Dorfbewohner aus Kakwaku äußerte sich abfällig über die Qualität von Jamswurzeln, die im Dorf Wakayse angebaut wurden. Der Mann aus Wakayse erwiderte die Beleidigung des Kakwaku-Mannes. Die Häuptlinge unterstützen ihre jeweiligen Kläger, und der Streit eskalierte. Die Wakayse-Männer füllten daraufhin eine riesige, etwa 14,5 Kubikmeter fassende Kiste mit Jamswurzeln und sandten diese an die Kakwaku. Am nächsten Tag wurde diese Kiste mit Jamswurzeln aus Kakwaku zurückgesandt. Man hätte die Kiste zweimal füllen können, behaupteten die Männer aus Kakwaku, aber das wäre eine Beleidigung gewesen. Der Frieden war wiederhergestellt.

Malinowskis Beschreibung eines typischen Tauschgeschäfts mit Jamswurzeln auf Trobriand, bekannt auch als Buritila'ulo, trifft die alles andere als altruistisch zu nennende Aura, die ein Geschenk umgibt. In einem anderen Beispiel beschrieb er die Beziehung zwischen Küstenfischern und Jamspflanzern aus dem Inland. Die Fischer hatten sich aufs Perlentauchen verlegt und fanden dieses Geschäft sehr einträglich, da sie nun genug verdienten, um soviel Jamswurzeln und Fische zu kaufen, wie sie benötigten. Aber die Pflanzer bestanden darauf, den Fischern weiterhin Jamswurzeln zu schenken. Die Fischer mußten daraufhin das Perlentauchen zugunsten des Fischfangs aufgeben, um den Pflanzern weiterhin im Gegenzug für die Jamswurzeln Fische schenken zu können. Das Geschenk kann zu einer Waffe werden, da es den anderen verpflichtet.[19]

Allerdings es ist nur dann eine Waffe, wenn die Verpflichtung zuerst besteht. Schenken und wetteifernde Großzügigkeit sind keine menschlichen Errungenschaften, die unsere Natur geformt hat; sondern sie sind eine

Erfindung des Menschen, um unsere tieferen Instinkte auszubeuten, nämlich unsere angeborene Achtung vor der Großzügigkeit und unsere Verachtung für all jene, die nicht bereit sind zu teilen. Aber warum besitzen wir einen derartigen Instinkt? Das Wissen, daß Geiz nicht geduldet, ja bestraft wird, ist ein wirksames Mittel, um ein System zu regulieren, das auf dem Prinzip der Reziprozität beruht, und es hilft, den eigenen Anteil am Glück anderer zu erzwingen. Doch besteht in einer Stammesgesellschaft das Ziel eines Geschenkes darin, den Empfänger in eine Schuld zu bringen, dann handelt es sich nicht um Schenken im eigentlichen Sinne, sondern um eine Ausbeutung dieses auf Reziprozität gerichteten Instinktes.

Wenn aber Schenken, wie ich dargelegt habe, der Ausdruck und gelegentlich auch ein Parasitismus unserer Instinkte für Gegenseitigkeit ist, sollte es uns eigentlich möglich sein, diesen Instinkt im Experiment so zu isolieren und zu identifizieren, wie wir auch den Instinkt eines Hundes isolieren können, der Speichel bildet, sobald er ein Signal hört, das ihm anzeigt, daß Futter in der Nähe ist. Können wir das?

KAPITEL 7

Moralische Gefühle

Warum uns Emotionen davor bewahren, rationale Narren zu sein

Die Entdeckung, daß Tendenzen zum Altruismus zum Vorteil der Gene ausgebildet werden, ist eine der beunruhigendsten in der gesamten Wissenschaftsgeschichte. Als ich das zum erstenmal richtig begriff, schlief ich längere Zeit schlecht, versuchte, irgendeine andere Möglichkeit zu finden, die meinen Sinn für gut und böse nicht so stark auf die Probe stellte. Ich verstand, daß diese Entdeckung jegliche Verpflichtung auf ein moralisches Verhalten unterminieren könnte – es scheint ziemlicher Unsinn zu sein, sich Zurückhaltung aufzuerlegen, wenn moralisches Verhalten nur eine andere Methode ist, die Interessen unserer Gene zu fördern. Einige Studenten, ich bin leider genötigt, das zu sagen, verließen meine Übungen mit einem recht naiven Verständnis von der Theorie des egoistischen Gens; sie schien ihnen nur eine Rechtfertigung für egoistisches Verhalten zu sein, trotz größter Anstrengungen meinerseits, ihnen den naturalistischen Fehler zu erklären, der ihnen dabei unterlief.
Randolph Nesse, 1994[1]

Die Insel Maku, einsam gelegen im mittleren Pazifik, wird von dem wilden polynesischen Volk der Kaluame bewohnt. Die Kaluame nehmen einen einzigartigen Platz in der Geschichte der Wissenschaft ein, da über den dortigen Häuptling, einen stattlichen Mann, bekannt als der Große Kiku, zwei Untersuchungen gleichzeitig durchgeführt wurden. Die erste Studie unternahm ein Wirtschaftswissenschaftler, den das Phänomen des reziproken Austausches interessierte, die zweite ein Anthropologe, der die natür-

179

liche Selbstlosigkeit beim Menschen dokumentieren wollte. Die beiden Experten hatten eine Eigentümlichkeit bei dem Großen Kiku bemerkt: Er verlangte von seinen Anhängern, sie sollten ihre Gesichter tätowieren, um ihre Loyalität zu ihm deutlich zu machen. Eines Abends, die Dämmerung brach gerade herein, stolperten vier verängstigte und hungrige Männer in das Lager, in dem die beiden Intellektuellen gerade ihr Abendessen in konkurrierendem Schweigen verzehrten. Die Ankömmlinge baten den Großen Kiku um etwas Maniok zum Essen, worauf er ihnen sagte:

›Wenn ihr eure Gesichter tätowieren laßt, werdet ihr am Morgen eine Maniokwurzel erhalten.‹

Interessiert blickten die beiden Intellektuellen auf. Wie wollen die vier Männer wissen, daß der Große Kiku sein Wort halten wird, wunderte sich der Ökonom. Er könnte sie doch ebensogut tätowieren und ihnen dann doch nichts zu essen geben.

Ich glaube einfach nicht, entgegnete der Anthropologe, daß der Große Kiku es ernst meint. Ich nehme an, er blufft nur. Du und ich, wir wissen doch, was für ein charmanter Bursche er ist. Er wird wohl keinem die Nahrung verweigern, nur weil der sich nicht tätowieren läßt!

So debattierten sie bei einer Flasche Whisky bis tief in die Nacht. Die Sonne stand schon hoch am Himmel, als sie am nächsten Tag aufstanden. Sie erinnerten sich an die vier hungrigen Flüchtlinge und fragten den Großen Kiku, wie die Angelegenheit ausgegangen sei. Hier ist seine Antwort:

›Alle vier sind bei Sonnenaufgang gegangen. Weil ihr aber so klug seid, werde ich euch einem Test unterziehen, und wenn ihr ihn nicht besteht, werde ich eure Gesichter eigenhändig tätowieren. Also: Der erste Mann erhielt eine Tätowierung, der zweite hatte nichts zu essen, der dritte erhielt keine Tätowierung, und dem vierten gab ich eine große Maniokwurzel. Jetzt sagt mir, von welchem der vier müßt ihr noch mehr erfahren, um eure Wißbegier über mein Verhalten zu stillen, über den ersten, den zweiten, den dritten oder den vierten? Fragt ihr nach einem, der für eure Fragestellung bedeutungslos ist, oder versäumt ihr, nach einem zu fragen, der dafür wichtig ist, habt ihr verloren, und ich werde eure Gesichter tätowieren.‹ Er lachte laut und lange.

Inzwischen haben Sie wahrscheinlich gemerkt, daß es keinen Ort namens Maku gibt, keinen Volksstamm der Kaluame und auch keinen so philosophischen Häuptling wie den Großen Kiku. Aber versetzen Sie sich in die Lage der beiden Intellektuellen, und beantworten Sie die Frage. Es handelt sich hierbei nämlich um ein bekanntes psychologisches Spiel, den sogenannten Wason-Test. Er wird gewöhnlich mit vier Karten gespielt, bei dem sowenig Karten wie möglich aufgedeckt werden sollen, um eine bestimmte Wenn-dann-Bedingung zu prüfen. Unter gewissen Umständen schneiden die Versuchspersonen im Wason-Test überraschend schlecht ab, zum Beispiel, wenn er ihnen als abstraktes Logikspiel dargeboten wird, unter anderen jedoch erstaunlich gut. Im allgemeinen läßt sich sagen, daß je stärker das Gedankenexperiment in die Form eines Gesellschaftsvertrages gekleidet ist, der kontrolliert werden soll, desto leichter fällt es den Spielern, auch wenn der Vertrag höchst befremdlich anmutet und der soziale Kontext unbekannt ist.

Ich habe hier lediglich eine Version des Wason-Tests der Psychologin Leda Cosmides und des Anthropologen John Tooby etwas ausgeschmückt. Dieses Ehepaar erfand den Großen Kiku und seine Kultur, um die Versuchspersonen mit einer gänzlich fremden Welt zu konfrontieren, in welcher sie nicht ihre eigenen kulturellen Werte einbringen konnten.

Das Problem des Wirtschaftswissenschaftlers ist verhältnismäßig einfach zu lösen. Von den siebenundfünfzig Studenten, denen es an der Universität Stanford vorgelegt wurde, kamen drei Viertel auf die richtige Lösung. Wir erinnern uns, daß der Ökonom ein Interesse daran hat zu erfahren, ob der Große Kiku sein Wort gehalten hat. Will er vermeiden, daß sein eigenes Gesicht tätowiert wird, muß er daher fragen, ob der erste Mann (der eine Tätowierung erhielt) auch zu essen bekam und ob der zweite (der hungrig das Lager verließ) zuvor tätowiert wurde. Die beiden anderen Männer sind für ihn unerheblich, weil der Große Kiku weder sein Wort gebrochen hätte, wenn er jemandem, der sich nicht tätowieren ließ, das Essen verweigert hätte, noch dann, wenn er es ihm dennoch gegeben hätte. Denn er hatte ja nur versprochen, dem Mann etwas zu essen zu geben, der sich tätowieren läßt.

Das Problem des Anthropologen ist, logisch betrachtet, ganz ähnlich gelagert, und dennoch erweist es sich als viel komplizierter. Die Mehrheit der Studenten an der Universität Stanford kam nicht auf die richtige Lösung, wie sorgfältig die Aufgabenstellung auch formuliert wurde.[2]

Der Anthropologe sucht nach Beweisen, daß der Große Kiku bedingungslos großzügig ist, das heißt manchmal den Menschen etwas zu essen gibt, obwohl sie keine Tätowierung haben. Darum kümmern den Anthropologen nicht die Tätowierten. Er ist nur an dem dritten und vierten Mann interessiert, also an dem, der keine Tätowierung erhielt (und vielleicht dennoch gespeist wurde), und an dem, der etwas zu essen bekam (und vielleicht trotzdem nicht tätowiert war). Die ersten beiden sind unerheblich, denn zu beiden hat sich der Große Kiku nicht großzügig gezeigt.

Warum ist das zweite Problem soviel schwieriger zu lösen? Die Antwort führt uns mitten hinein in die in Kapitel sechs aufgeworfene Frage, die da lautet: Besitzen Menschen einen Instinkt für Reziprozität und dafür, daß andere diese erwidern? Der Wirtschaftswissenschaftler sucht nach Betrügern, die ihr Wort nicht halten, eine uns allen vertraute und eingängige Vorstellung. Der Anthropologe dagegen sucht nach Altruisten, die erst ein gegenseitiges Geschäft anbieten, ihren Anteil dann aber abtreten. Das ist nicht nur etwas sehr Ungewöhnliches, sondern es stellt auch keinerlei Bedrohung unserer eigenen Interessen dar, wenn sich jemand so verhält. Wenn jemand Sie zum Mittagessen einlädt, dann machen Sie sich keine Gedanken über seine momentane Großzügigkeit, sondern darüber, daß er sie normalerweise nicht an den Tag legt: Sie werden sich höchstens fragen, ob dieser Jemand Sie im Gegenzug um einen Gefallen bitten wird.[3]

Der Fall des Großen Kiku war kein Einzelexperiment, sondern Teil einer langen Versuchsreihe, in der die Psychologen allmählich das Problem einkreisen, was einen Wason-Test schwer oder leicht macht; das wiederum war ein Teil der Entdeckung, daß die Regeln des Denkens und die der Logik äußerst verschieden sind. Vertrautheit mit dem kulturellen Kontext und den Geschichten der Problemstellung, so fand man heraus, machten keinen großen Unterschied. Ebenso spielt Logik kaum eine Rolle, denn einige komplizierte Wason-Tests sind sehr leicht zu lösen. Auch der Umstand, daß das Gedankenexperiment als ein sozialer Vertrag an sich dargeboten wird, fällt nicht ins Gewicht. Was zählt ist, ob die Testperson ersucht wird, in einem Gesellschaftsvertrag einen Schwindler zu identifizieren – also jemanden, der die Vorteile einstreicht, ohne für die Unkosten aufzukommen. Die meisten Menschen schneiden bei der Suche nach Altruisten schlecht ab, viel eher können sie einen Betrüger ausfindig machen. Und die meisten versagen auch in solchen Tests, in denen die Kosten und die Vorteile der verschiedenen Aktionen nur schwer einzuschätzen sind. Sie haben Mühe, Belohnungen und Verluste zu erkennen, falls diese nicht in irgendeiner Weise unerlaubt sind. Sogar als der Wason-Test von einem Studenten speziell auf die Achuar in Ekuador zugeschnitten wurde, einen Volksstamm, der nahezu vollständig von der westlichen Welt isoliert ist, gab es starke Anzeichen dafür, daß auch sie viel besser beim Aufspüren von Betrügern in Gesellschaftsverträgen abschnitten als in anderen Denkoperationen.[4]

Kurz, der Wason-Test scheint genau jenen Teil des menschlichen Gehirns in Anspruch zu nehmen, der wie eine rücksichtslose, verheerend exakte Rechenmaschine arbeitet – das soziale Zentrum. Dieser Teil des Gehirns behandelt jedes Problem wie einen bilateralen Gesellschaftsvertrag und sucht nach Mitteln und Wegen, um diejenigen in Schach zu halten, die den Vertrag brechen könnten.

Das klingt lächerlich – wie kann ein Teil des Gehirns instinktiv etwas von der Theorie des Gesellschaftsvertrags ›wissen‹? Hat Rousseau etwa irgendwie das menschliche Genom infiltriert? Dabei ist es nicht absurder, als zu behaupten, das Gehirn beherrsche die Infenitesimalrechnung, weil ein Sportler einen Ball fängt, indem er die Flugbahn extrapoliert, oder es beherrsche die Grammatik, weil man die Vergangenheitsform eines unbekannten Verbs bilden kann, oder daß Ihr Auge höherer Physik und Mathematik fähig ist, weil es die Farbe eines Objektes an die allgemeine Färbung der ganzen Szene annähert, etwa, um die Röte des Abendlichts zu korrigieren. Das soziale Zentrum tut nichts anders, als systematisch die auf dem Wege der natürlichen Selektion herausgebildeten Rückschluß-Automatismen in Anwendung zu bringen, die sich darauf spezialisiert haben, in bilateralen sozialen Verträgen mögliche Vertragsbrüche zu identifizieren. Wo immer und in welcher Kultur wir auch leben, unsere Gattung scheint auf einzigartige Weise jede soziale Interaktion einer Kosten-Nutzen-Analyse zu unterziehen. Wir verfügen einfach nicht über Organe, die es uns erlauben, Fälle zu unterscheiden, die zwar logisch vergleichbar, sozial aber anders gelagert sind, beispielsweise, wenn Leute Fehler machen oder Regeln brechen, die keine Gesellschaftsverträge tangieren. Ebenso

schwer fällt es uns, in irrationalen Situationen Regelüber-
tretungen zu erkennen, die keinerlei soziale Bedeutung
haben. Es gibt Menschen mit bestimmten Arten von Hirn-
schädigungen, die nahezu alle Fähigkeiten besitzen, außer
der, aus einer sozialen Interaktion logische Folgerungen zu
ziehen; umgekehrt gibt es, besonders bei Schizophrenen,
Menschen, die in den meisten Intelligenztests versagen, mit
Ausnahme jener Teile, die das Sozialverhalten betreffen. So
diffus das Konzept noch ist, das menschliche Tier scheint in
seinem Gehirn tatsächlich über ein soziales Zentrum zu
verfügen. Wir werden später sehen, daß die Neurologie
bereits eine solch exotische Vorstellung unterstützt.[5]

Die Idee eines sozialen Austausches ziehen wir in den un-
passendsten Situationen heran. So beherrscht sie beispielsweise unsere Beziehung zum Übernatürlichen. Häufig ver-
menschlichen wir die natürliche Umwelt zu einem System
des sozialen Austausches. Um einen Rückschlag im
Trojanischen Krieg, eine Heuschreckenplage im alten Ägypten, eine Dürre in der Wüste Namibias oder eine Pech-
strähne in unseren modernen Vorstädten zu rechtfertigen,
pflegen wir zu sagen: ›Die Götter zürnen uns, weil wir dies
oder das getan haben.‹ Häufig versetze ich widerspenstigen
Werkzeugen oder Maschinen Fußtritte, starre sie finster an
und verfluche in einer dreisten Anthropomorphisierung
lauthals die Rachsucht unbelebter Objekte. Wenn wir den
Göttern schmeicheln, durch Opfer, Speisen oder Gebete, erwarten wir, belohnt zu werden – mit militärischen Siegen,
guten Ernten oder einem Ticket ins Himmelreich. Unsere
standhafte Weigerung, an Glück oder Unglück zu glauben,
beides vielmehr einer Bestrafung für ein gebrochenes
Versprechen oder der Belohnung für eine gute Tat zuzuschreiben – und zwar unabhängig davon, ob wir religiös
sind oder nicht – das ist schon äußerst eigenwillig.[6]

Wir wissen nicht, wo genau das soziale Zentrum sich befindet oder wie es arbeitet, aber wir können ebenso sicher

sagen, daß es vorhanden ist, wie wir Kenntnisse über andere Funktionen unseres Gehirns haben. In den letzten Jahren hat sich auf der Grenze zwischen der Psychologie und den Wirtschaftswissenschaften eine erstaunliche Hypothese herausgebildet, die lautet: Das menschliche Hirn sei nicht besser als das anderer Tiere, es sei nur anders. Und das auf eine sehr faszinierende Weise: Es sei ausgerüstet mit speziellen Fähigkeiten, die uns ermöglichen, Gegenseitigkeit fruchtbar werden zu lassen, Gefälligkeiten auszutauschen und uns die Vorteile des sozialen Lebens anzueignen.[7]

Rache ist unvernünftig

Biologen konnten in den sechziger Jahren Vetternwirtschaft und Reziprozität nur entdecken, weil sie vom Virus des Eigeninteresses infiziert worden waren. Plötzlich fragten sie bei allem, was irgendwie mit der Evolution zusammenhing: ›Aber was kommt dabei für das Individuum heraus?‹ Nicht die biologische Art oder die Gruppe stand mehr im Mittelpunkt des Interesses, sondern das Individuum. Diese Fragestellung führte sie zunächst zu der Frage der Kooperation im Tierreich und dann zu der zentralen Bedeutung der Gene. Ein Verhalten, das nicht im Interesse eines Individuums lag, konnte diesen Erkenntnissen zufolge durchaus im Interesse seiner Gene sein. Materielles genetisches Eigeninteresse wurde zur Losung der Biologie.

Aber in den letzten Jahren ist etwas Merkwürdiges geschehen. Wirtschaftswissenschaftler, deren ganze Disziplin auf der Frage beruhte: ›Was kommt dabei für das Individuum heraus?‹, machen nun plötzlich einen Rückzieher. Viele der jüngsten Neuerungen in den Wirtschaftswissenschaften beruhen auf der alarmierenden Entdeckung durch die Ökonomen, daß die Menschen von etwas anderem an-

186

getrieben werden als von materiellem Eigennutz. Mit anderen Worten, just in dem Moment, in dem die Biologie das Festkleid des Kollektivismus ablegte und in das Büßerhemd des Individualismus stieg, schlagen die Wirtschaftswissenschaften nun die entgegengesetzte Richtung ein: Sie versuchen zu erklären, warum Menschen Dinge tun, die ihren persönlichen Interessen zuwiderlaufen.

Einer der erfolgreichsten Erklärungsansätze stammt von dem Ökonomen Robert Frank. Seine Theorie über den Sinn von Gefühlen gründet sich auf eine Kombination der neuen, zynischen Biologie und einer weniger pekuniär ausgerichteten Wirtschaftswissenschaft. Es mag merkwürdig erscheinen, daß jemand, der ein Lehrbuch über Mikroökonomie geschrieben hat, sich ausgerechnet auf ein Feld vorwagt, auf dem die Psychologen bereits kläglich gescheitert sind, und die Funktion der Gefühle erklärt. Doch genau das tut er. Menschliche Beweggründe, seien sie rational und materiell oder nicht, sind nun einmal der Stoff der Ökonomie.

Robert Trivers, dem wir den gen-zentrierten Zynismus in der Biologie größtenteils zu verdanken haben, schrieb einmal: »Modelle, die versuchen, altruistisches Verhalten durch die natürliche Selektion zu erklären, sind Modelle, die den Altruismus seines altruistischen Charakters berauben wollen.«[8] Für die Sozialwissenschaften ist das ein alter Hut, den Glasgower Philosophen des achtzehnten Jahrhunderts ebenso vertraut wie modernen Ökonomen wie Amartya Sen: Wer zu einem Menschen freundlich ist, weil er sich dann besser fühle, dessen Mitgefühl ist nicht selbstlos, sondern selbstsüchtig. Das gleiche gilt für die Biologie: Eine Ameise, die sich zugunsten ihrer Schwestern mit dem Zölibat abplagt, tut dies nicht aus der Güte ihres kleinen Herzens heraus (einem Organ, das sie nicht besitzt, jedenfalls nicht in einer Form, die wir als solche anerkennen würden), sondern wegen des Egoismus ihrer Gene. Eine

187

Vampirfledermaus füttert ihre Nachbarin aus greifbaren, letztendlich eigennützigen Gründen. Sogar Paviane, die soziale Gefälligkeiten erwidern, handeln eher überlegt denn freundlich. Was landläufig als Tugend gilt, so Michael Ghiselin, ist nur eine Form von Zweckmäßigkeit. Christen sollten sich hier nicht vorschnell überlegen fühlen: Ihre Lehre, daß nur der Tugendhafte ins Himmelreich komme, ist nämlich im Grunde genommen eine Bestechung und appelliert an ihren Egoismus.[9]

Der Schlüssel zum Verständnis von Robert Franks Theorie der Gefühle liegt in der Unterscheidung zwischen oberflächlicher Irrationalität und gesundem Menschenverstand. Frank beginnt sein zukunftsweisendes Buch *Leidenschaft in der Vernunft* mit der Beschreibung eines blutigen Massakers an einigen McCoys durch einige Hatfields. Der völlig überflüssige Racheakt der Mörder war eine irrationale, zwecklose Handlung, die obendrein noch eine Gegenreaktion nach sich zog. Kein vernünftiger Mensch würde eine Fehde anzetteln, so wie ihn Scham oder Schuldgefühle daran hindern, die Brieftasche seines Freundes zu stehlen. Gefühle, so Frank, sind zutiefst irrationale Kräfte, die nicht durch ein substantielles Selbstinteresse erklärt werden können. Und dennoch haben sie sich, wie alles andere in der menschlichen Natur, zu einem ganz bestimmten Zweck herausgebildet.

So mögen auch Ameisen, die statt eigener Töchter ihre Schwestern aufziehen, oberflächlich betrachtet, irrational erscheinen, oder, was diesen Punkt anbetrifft, Mäuse, die sich eher um die Aufzucht ihrer Töchter statt um sich selber kümmern, offensichtlich wesentliche Eigeninteressen vernachlässigen. Aber man forsche nur im Innern des Individuums nach seinen Genen, und schon wird alles einsichtig. Die Ameisen und die Mäuse dienen auf selbstlose Weise den materiellen Interessen ihrer selbstsüchtigen Gene. In gleicher Weise mögen auch Menschen, so Frank, deren

Leben mehr von ihren Gefühlen als von ihrem Verstand geleitet wird, unmittelbar Opfer bringen, aber langfristig gesehen treffen sie eine Wahl, die ihnen zum Vorteil gereicht. Beachten Sie, daß ich mit dem Wort ›Gefühl‹ hier nicht den ›Affekt‹ meine: Hysterische oder paranoide Menschen können zwar hochgradig irrational wirken, aber sie stehen mehr unter der Herrschaft eines Affektes als unter der eines besonderen Gefühls. Moralische Gesinnungen, so bezeichneten Frank – und Adam Smith vor ihm – die Gefühle, sind problemlösende Erfindungen, die es hochgradig sozialen Wesen ermöglichen, soziale Beziehungen erfolgreich zu gestalten, und zwar zum langfristigen Vorteil ihrer Gene. Gefühle sind also ein Weg, um den Konflikt zwischen einer kurzfristigen Zweckmäßigkeit und langfristiger Klugheit zugunsten letzterer aufzulösen.[10]

Verpflichte dich selbst

Franks allgemeiner Begriff für diese Beobachtung ist ›das Problem der Verbindlichkeit‹. Um auf lange Sicht in den Nutzen der Kooperation zu kommen, kann es erforderlich für Sie sein, kurzfristig auf eine egoistische Versuchung zu verzichten. Doch selbst wenn Sie sich dessen bewußt und entschlossen sind, nur die langfristigen Vorteile ins Auge zu fassen, wie überzeugen Sie andere Menschen, daß Sie sich für ein solches Vorgehen entschieden haben? Der Ökonom Thomas Schelling dramatisierte das Verbindlichkeitsproblem in einer Geschichte, dem sogenannten ›Dilemma des Geiselnehmers‹. Nehmen wir an, ein Entführer bekommt kalte Füße und wünscht, er hätte seine Geisel nicht verschleppt. Er schlägt ihr vor, sie freizulassen, aber nur unter der Bedingung, daß sie einwilligt, nicht gegen ihn auszusagen. Dennoch weiß er: Wenn er sie gehen läßt, wird sie ihm zwar dankbar sein, aber es gibt dann keinen Grund mehr für sie, ihr Versprechen auch zu halten und nicht sofort zur Polizei zu gehen; schließlich befindet sie sich nicht mehr in seiner Gewalt. Wenngleich sie ihm versichert, daß sie etwas Derartiges nicht tun wird, haben ihre Beteuerungen doch keinerlei Überzeugungskraft, denn sie sind keinen Pfennig wert – es kostet sie nichts, ihr Wort zu brechen. Aber das ist ihr Dilemma, nicht seins. Wie kann sie sich selbst verpflichten, ihre Seite der Abmachung einzuhalten? Wie kann sie es einrichten, daß ein Bruch der Vereinbarung sie teuer zu stehen kommt?

Sie kann es nicht. Schelling schlug vor, sie solle sich irgendwie selbst kompromittieren, indem sie dem Geiselnehmer ein schreckliches Verbrechen enthüllt, das sie einmal begangen hat, so daß er als Zeuge gegen sie auftreten könnte; die gegenseitige Abschreckung würde gewährleisten, daß sie sich an die Abmachung hielten. Aber wie viele Opfer von Geiselnehmern haben schon etwas derart Scheußliches zu gestehen wie eine Geiselnahme? Daher ist dieser Vorschlag keine realistische Lösung für das Dilemma, das wegen des Fehlens einer einforderbaren Verpflichtung unlösbar bleibt.

Im wirklichen Leben jedoch ist das Problem der Verpflichtung leichter zu lösen, und zwar aus einem hochinteressanten Grund: Wir setzen unsere Gefühle ein, um uns in glaubwürdiger Weise zu verpflichten. Betrachten wir zwei Beispiele, die Frank für solche Probleme anführt. Im ersten erwägen zwei Freundinnen, ein Restaurant zu eröffnen; die eine macht die Küche, die andere die Buchhaltung. Beide könnten einander leicht betrügen: Die Köchin könnte die Einkaufspreise der Nahrungsmittel zu hoch ausweisen, die Buchhalterin die Geschäftsbücher frisieren. Im zweiten Beispiel muß ein Farmer seinen Nachbarn davon abhalten, das Vieh in seinem Weizen streunen zu lassen; doch die Androhung eines Rechtsstreits ist nicht glaubwürdig, weil die Prozeßkosten den Streitwert übersteigen würden.

Dies sind keine esoterischen oder banalen Probleme, sondern genau die Sorte von Ereignissen, denen wir unser ganzes Leben lang immer wieder begegnen. Doch aus allen diesen Situationen würde sich eine rationale Person nur schlecht herauswinden können. Aus Furcht, betrogen zu werden, würde die rationale Unternehmerin das Restaurant gar nicht erst aufmachen – oder aus Furcht, ihre ebenso rationale Partnerin könnte sie betrügen, betrügt sie selber und ruiniert so ihr Geschäft. Der rationale Farmer könnte seinen rationalen Nachbarn nicht davon abhalten, das Vieh in sein Weizenfeld zu lassen, denn er würde kein Geld verschwenden, um vor Gericht zu gehen.

Solche Probleme mit Verstand anzugehen und anzunehmen, die anderen würden es ebenso halten, hieße, die Gelegenheiten verpassen, die solche Probleme bieten. Rationale Menschen wären unfähig, sich gegenseitig von ihrer Aufrichtigkeit zu überzeugen und würden die Angelegenheiten niemals zu einem guten Ende bringen können. Aber wir gehen solche Probleme nicht mit bloßer Ratio an, sondern bringen, getrieben von unseren Gefühlen, irrationale Verbindlichkeiten ins Spiel. Die Unternehmerin betrügt nicht, aus Furcht vor Scham und Schande, und sie vertraut ihrer Partnerin, weil sie weiß, daß die eine Frau ist, die sich ihrerseits nicht Scham und Schande ausgesetzt sehen möchte – eben eine anständige Person. Der Farmer zäunt sein Vieh ein, weil er weiß, daß seines Nachbarn Wut und Hartnäckigkeit ihn zu einem Rechtsstreit veranlassen wird, selbst wenn das bedeuten würde, daß er sich selbst im Prozeß ruiniert.

So verändern Gefühle im Problem der Verbindlichkeit die Belohnung, indem sie Kosten deutlich machen, die in einer rationalen Kalkulation gar nicht auftauchen würden. Wut schreckt Missetäter ab, Schuldgefühle machen dem Betrüger den Betrug schmerzlich, Neid steht für Eigennutz, die Verachtung verschafft sich Respekt, Schande bestraft, Mitgefühl wird durch Mitgefühl erwidert.

Und Liebe bindet uns an eine Beziehung. Obgleich auch die Liebe möglicherweise einmal ein Ende hat, ist sie doch allein per definitionem dauerhafter als Lust. Ohne Liebe gäbe es eine ständig wechselnde Besetzung der Sexualpartner, von denen keiner jemals eine verbindliche Beziehung eingehen würde. Wenn Sie mir nicht glauben, fragen Sie doch die Schimpansen oder deren enge Verwandte, die Zwergschimpansen, denn deren Sexualleben ist hiermit sehr zutreffend beschrieben.

Vor einigen Jahren machten holländische Forscher bei den Blaumeisen folgende Entdeckung: Wenn ein Männchen dieser kleinen Vögel während der Brutzeit von einem Sperber verwundet wird, sucht sich sein Weibchen prompt ein anderes Männchen, um sich zu paaren. Das ist zwar vernünftig, denn das verwundete Männchen könnte sterben, und so ist das Weibchen mit einem anderen Männchen besser bedient. Um jedoch ein anderes Männchen für die Aufzucht ihrer Brut zu interessieren, muß sie ihm einen Anteil an der Vaterschaft überlassen. Für menschliche Ohren hört sich das Verhalten des Weibchens unglaublich gefühlskalt und herzlos an, wie zweckmäßig es auch sein mag. Auch bemerkte ich bei meinen Untersuchungen an Tieren, wie sehr ihnen im allgemeinen jeder Sinn dafür abgeht, einem anderen etwas nachzutragen. Sie hegen keine Rachegedanken gegenüber jenen, die ihnen ein Leid zugefügt haben; sie setzen einfach ihr Leben fort. Das ist zwar vernünftig, heißt aber auch, daß ein Tier einem anderen schaden kann, ohne irgendwelche Folgen bedenken zu müssen. Ein komplexes Gefühlsleben, so bezeichnend für uns Menschen, hindert uns daran, verwundete Gefährten im Stich zu lassen, aber auch, eine herablassende Bemerkung zu überhören. Langfristig gesehen gereicht uns das zum Vorteil, denn es erlaubt uns, Ehen in schlechten Zeiten aufrecht zu halten oder potentiellen Opportunisten einen Platzverweis zu erteilen. Unsere Gefühle sind, wie Frank es dargelegt hat, die Garanten unserer Verbindlichkeit.[11]

Die Sache mit der Fairneß

In seinem ersten Aufsatz über reziproken Altruismus entwickelte Robert Trivers eine sehr ähnliche Idee: Gefühle sind die Vermittler zwischen unserer inneren Rechenmaschine und unserem äußeren Verhalten. Gefühle rufen in unserer Gattung Wechselseitigkeit hervor und führen uns, wenn es sich langfristig bezahlt macht, zur Selbstlosigkeit. Wir schätzen Menschen, die sich uns gegenüber uneigennützig verhalten, und verhalten uns selbst wiederum uneigennützig gegenüber Menschen, die uns schätzen. Trivers bemerkte, daß moralische Empörung dazu dient, im sozialen Austausch die Fairneß zu kontrollieren – die Menschen scheinen sich unverhältnismäßig über ›unfaires‹ Verhalten aufzuregen. Ebenso sind Dankbarkeit und Sympathie überraschend berechnende Gefühle. Psychologische Experimente haben gezeigt – und auch die Erfahrung bestätigt dies – daß Menschen viel dankbarer eine freundliche Tat annehmen, die dem Urheber große Anstrengungen oder Unbequemlichkeiten bereitet hat, als wenn das Gegenteil der Fall ist, selbst wenn der empfangene Vorteil der gleiche ist. Wir alle kennen das Gefühl von Verstimmung über eine unerbetene Großzügigkeit, deren Absicht nicht ist, uns eine Freundlichkeit zu erweisen, sondern uns das Gefühl zu vermitteln, wir müßten diese notwendigerweise mit einer Gefälligkeit erwidern. Das Schuldgefühl dient nach Trivers dazu, eine Beziehung wiederherzustellen, nachdem der Betrug des Schuldigen offengelegt ist. Aus Schuldgefühl neigen Menschen auch eher zu großzügiger Selbstlosigkeit, wenn ihre Betrügerei anderen kundgeworden sind. Alles in allem sind die menschlichen Gefühle für Trivers so etwas wie der auf Hochglanz polierte Werkzeugkasten eines sozial interagierenden Wesens.[12]

Aber während in Trivers' Variante der Theorie die Wechselseitigkeit unmittelbar eine Belohnung nach sich zieht, glaubt Frank, das Verbindlichkeitsmodell könne den Altruismus aus den Klauen solcher Zyniker befreien. Es versucht nicht, dem Altruismus seinen altruistischen Charakter zu nehmen. Im Gegensatz zu Erklärungsansätzen, die sich auf Wechselseitigkeit und Vetternwirtschaft stützen, gestattet das Verbindlichkeitsmodell, daß sich wahrhafter Altruismus entfalten kann.

»Ein ehrlicher Mensch in dem Verpflichtungsmodell ist jemand, der Vertrauenswürdigkeit um ihrer selbst willen schätzt. Daß er eine materielle Gegenleistung für dieses Verhalten empfangen könnte, interessiert ihn nicht. Und genau wegen dieser Haltung darf man ihm auch in Situationen vertrauen, in denen sein Verhalten nicht überwacht werden kann. Vertrauenswürdigkeit, vorausgesetzt, sie ist erkennbar, schafft wertvolle Gelegenheiten, die auf anderem Wege nicht gegeben wären.«[13]

Darauf könnte ein Zyniker angemessenerweise erwidern, der Ruf der Vertrauenswürdigkeit, ein Verdienst der Ehrlichkeit, sei für sich genommen schon eine Belohnung, die bei weitem die Kosten einer gelegentlichen Selbstlosigkeit ausgleiche. Somit nimmt das Verpflichtungsmodell in gewisser Hinsicht dem Altruismus doch seinen altruistischen Charakter, indem es aus ihm eine Investition macht – eine Investition in ein Kapital, das sich Vertrauenswürdigkeit nennt und das später einmal ganz nette Dividenden in der Form von anderer Leute Großzügigkeit auszahlt. So lautet Trivers' Argument.

Daher ist der kooperative Mensch alles andere als wahrhaft altruistisch; er hat nur stärker sein langfristiges Eigeninteresse im Blick als das kurzzeitige. Der rationale Mensch, den die klassischen Ökonomen so liebten, wird von Frank keineswegs entthront, sondern erhält lediglich realistischere Züge. Amartya Sen hat die Karikatur jener kurzsichtigen, eigensüchtigen Menschen als ›rationale Narren‹ bezeichnet. Denn falls sich herausstellen sollte, daß der rationale Narr

194

nur kurzsichtige Entscheidungen fällt, dann handelt er nicht rational, sondern nur kurzsichtig. Dann ist er tatsächlich ein Narr, der versäumt, die Wirkung seiner Taten auf andere zu berücksichtigen.[14]

Indessen bleibt Franks Einsicht, abgesehen von solchen Spitzfindigkeiten, noch immer bemerkenswert. Ihrem Kern liegt die Vorstellung zugrunde, daß Handlungen aus Güte der Preis sind, den wir für unsere Moral zu zahlen haben – jene Gefühle, die wegen der Möglichkeiten, die sie uns bei anderer Gelegenheit eröffnen, so wertvoll sind. Wenn also eine Frau zur Wahl geht (ein ganz irrationales Verhalten, bedenkt man die Chancen, das Endresultat zu beeinflussen), einem Kellner Trinkgelder gibt, und zwar in einem Restaurant, das sie nie wieder besucht, einer Wohltätigkeitsorganisation eine anonyme Spende zukommen läßt oder nach Ruanda fliegt, um kranke Waisenkinder in einem Flüchtlingslager zu pflegen, dann tut sie das nicht – selbst langfristig nicht – aus selbstsüchtigen oder rationalen Motiven. Sie ist einfach das Opfer von Gefühlen, die sich zu einem anderen Zweck herausgebildet haben, nämlich durch die Demonstration von Selbstlosigkeit in anderen Vertrauen hervorzurufen. Diese Interpretation unterscheidet sich nicht wirklich von derjenigen, die im letzten Kapitel vorgeschlagen wurde – daß Leute gute Taten tun, um sich Prestige zu erwerben, das sie später dank einer mittelbaren Wechselseitigkeit als praktischeres Gut wie ein Zahlungsmittel einsetzen können. Richard Alexander erteilt dem Philosophen Peter Singer eine Lektion, der behauptet hatte, das Vorhandensein nationaler Blutbanken, die auf Freigebigkeit beruhen, beweise, daß die Leute nicht durch Wechselseitigkeit motiviert seien. Es ist zwar richtig, daß Blutspender in Großbritannien nicht erwarten, daß man sie bezahlt oder daß ihnen eine Vorzugsbehandlung zuteil wird, falls sie selber eine Bluttransfusion benötigen. Alles, was sie bekommen, ist eine Tasse dünnen Tees und ein höfliches ›Dankeschön‹. Aber, so Alexander: »Wer von uns wird nicht ein bißchen kleinlaut in der Gegenwart von jemandem, der beiläufig bemerkt, er käme gerade vom Blutspenden?«[15] Die Leute neigen im allgemeinen nicht gerade dazu, ihre Blutspenden zu verheimlichen. Das oder eine Arbeit in Ruanda bringt ihre sozialen Tugenden vorteilhaft zur Geltung und macht die Leute deshalb geneigter, ihnen auch im Gefangengendilemma-Spiel zu vertrauen. ›Sieh her, ich bin ein Altruist‹, verkünden sie, ›vertrau mir!‹

Demnach wäre also der springende Punkt bei den moralischen Gefühlen, daß sie uns befähigen, in einer Situation wie dem ›Dilemma des Gefangenen‹ den richtigen Spielpartner auszuwählen. Das ›Gefangenendilemma‹ ist nämlich nur dann eins, wenn Sie nicht die leiseste Vorstellung haben, ob Sie Ihrem Komplizen trauen dürfen oder nicht. Im wirklichen Leben haben Sie meist eine ziemlich genaue Vorstellung davon, inwieweit Sie jemandem vertrauen können. Stellen Sie sich vor, so fordert uns Frank auf, Sie hätten 1000 Pfund in einem Umschlag mit Ihrem Namen und Ihrer Adresse darauf in einem überfüllten Theater vergessen. Gibt es unter Ihren Bekannten einige, bei denen Sie es für wahrscheinlich halten, daß sie diesen Umschlag zurückgeben würden, wenn Sie ihn fänden? Natürlich gibt es einige. So unterscheiden Sie also Ihre Bekannten danach, wieweit Sie ihnen zutrauen, mit Ihnen zusammenzuarbeiten, selbst in Lebenslagen, aus denen diese herauskommen könnten, ohne daß ihre mangelnde Kooperationsbereitschaft entdeckt würde.

Wie erwähnt, hat Frank in seinen eigenen Experimenten gezeigt, daß Menschen, die gebeten werden, das Gefangenendilemma mit mehreren Fremden zu spielen, und nur dreißig Minuten erhalten, um sich den zukünftigen Partner auszuwählen, tatsächlich bemerkenswert gut vorhersagen können, welcher der Fremden betrügen und welcher kooperieren wird (siehe Kapitel vier). Bedenken Sie beispielsweise, wie wichtig ein Lächeln von jemandem ist, dem Sie zum erstenmal begegnen. Es soll Sie darauf aufmerksam machen, daß diese Person Ihnen vertraut und wünscht, daß Sie ihr vertrauen. Natürlich könnte das auch eine Lüge sein, obwohl eine Menge Leute jede Wette eingehen, sie könnten ein falsches Lächeln von einem ›echten‹ unterscheiden. Noch schwieriger ist es, überzeugend zu lachen, wenn man nicht erheitert ist, und bei vielen Menschen ist das Erröten etwas ganz Unfreiwilliges. So scheinen unsere Gesichter und unsere Handlungen mit entwaffnender Offenheit kundzutun, was in unseren Köpfen vorgeht – eine ziemlich verräterische Angewohnheit. Unaufrichtigkeit ist eine derart körperliche Angelegenheit, daß sie durch eine Maschine entdeckt werden kann: den Lügendetektor. Ärger, Furcht, Schuld, Überraschung, Unwillen, Verachtung, Trauer, Gram und Freude – alle diese Gefühle sind gemeinhin gut abzulesen, nicht nur innerhalb einer Kultur, sondern weltweit.

Diese Tatsache scheint offensichtlich unserer Gattung dergestalt zu nutzen, daß Vertrauen in einer Gesellschaft Platz greifen kann. Aber welchen möglichen Nutzen haben leicht erkennbare Gefühle für den einzelnen? Kehren wir noch einmal zu den Turnieren beim Gefangenendilemma in Kapitel drei zurück und erinnern uns, daß in einer Welt von Betrügern ein ›Wie du mir, so ich dir‹-Spieler nicht Fuß fassen kann, ehe er nicht andere Kooperatoren gefunden hat. In einer Welt von Betrügern, denen es leichtfällt, sich selbst und ihre Gesichtsmuskeln zu täuschen – die also gute Lügner sind – würde, meint Frank, ein schlechter Selbstbetrüger leiden. Könnte er aber einen anderen schlechten Selbstbetrüger finden, würden die beiden miteinander gut auskommen. Sie könnten sowohl einander vertrauen als auch vermeiden, mit anderen Partnern zu spielen. Menschen zu erkennen, die keine Opportunisten sind, ist ein

Vorteil; als Nicht-Opportunist erkannt zu werden ist gleichermaßen ein Vorteil, denn das zieht andere gleichen Charakters an. Ehrlichkeit ist tatsächlich die beste Politik für die Gefühle.

Eines der beeindruckendsten Beispiele, das Frank anführt, ist das Thema der Fairneß. Betrachten wir einmal das sogenannte ›ultimative Handelsspiel‹. Hier erhält Adam 100 Pfund in bar und den Auftrag, sie mit Bob zu teilen. Adam muß sagen, wieviel er Bob zu geben beabsichtigt, und wenn Bob das Angebot ausschlägt, wird keiner von beiden etwas bekommen. Falls Bob hingegen akzeptiert, erhält er das, was Adam ihm anbot. Das logischste für Adam wäre nun – vorausgesetzt, er meint, Bob handele auch rational –, Bob die lächerliche Summe von einem Pfund anzubieten und die verbleibenden 99 Pfund zu behalten. Vernünftigerweise sollte Bob das akzeptieren, denn mit einem Pfund ist er immer noch besser dran als vorher, und schlägt er das Angebot aus, erhält er gar nichts.

Doch nicht nur, daß sehr wenige Leute solch eine bescheidene Summe anbieten, wenn sie gebeten wurden, Adams Rolle zu spielen; noch weniger, die Bobs Rolle übernehmen, akzeptieren solch dürftige Angebote. Bei weitem das häufigste Angebot der Adams liegt bei 50 Pfund. Wie bei so vielen psychologischen Tests besteht der Zweck des ›ultimativen Handelsspiels‹ darin, die Irrationalität menschlichen Verhaltens aufzudecken und sich anschließend über diese Tatsache zu wundern. Aber Franks Theorie bereitet eine Erklärung dieser ›Irrationalität‹ kaum Schwierigkeiten, sie findet sie sogar vernünftig. Die Menschen nehmen Fairneß ebenso wichtig wie ihre eigenen Interessen. Es überrascht sie, daß jemand in Adams Position ihnen eine solch lächerliche Summe anbietet, und sie weisen sie zurück, weil irrationale Sturheit eine gute Methode ist, dies mitzuteilen. Und so unterbreiten sie auch, wenn sie Adams Part übernehmen, das ›faire‹ Angebot von fünfzig zu fünfzig, um zu zeigen, wie fair und vertrauenswürdig sie sind, sollte sich in Zukunft eine Gelegenheit bieten, bei der Vertrauen gefragt ist. Würden Sie etwa Ihren guten Ruf bei Ihren Freunden für lumpige 50 Pfund aufs Spiel setzen?

Aber das wiederum spricht für Reziprozität, nicht für Fairneß. Der Wirtschaftswissenschaftler Vernon Smith hat das ›ultimative Handelsspiel‹ geschickt variiert, um zu demonstrieren, daß es nicht gerade viel über einen angeborenen Sinn für Fairneß aussagt, sondern eher das Argument unterstützt, daß Menschen in ihrem Verhalten von dem Mechanismus der Wechselseitigkeit angetrieben sind. Wenn sich Studenten das Recht, Adam spielen zu dürfen, dadurch erwerben können, daß sie bei einem Test ihres Allgemeinwissens zu den besseren fünfzig Prozent gehören, dann sind die Adams in der Regel weniger großzügig. Werden die Regeln dahingehend geändert, daß Bob das Angebot annehmen muß – Smith nennt dies ›das Diktatorspiel‹ –, dann fallen die Angebote noch weniger großzügig aus. Wird das Experiment nun nicht als ein von Adam gestelltes Ultimatum präsentiert, sondern als ein Handel zwischen einem Käufer und einem Verkäufer, bei dem Bob einen Preis nennen muß, sind die Adams noch knauseriger. Und wenn das Experiment in der Weise ausgelegt wird, daß Adam anonym bleiben kann, dann sind die Adams am geizigsten. Jetzt, da ihre Identität vor dem Versuchsleiter geschützt ist, bieten siebzig Prozent der Adams in dem ›Diktatorspiel‹ ihren Partnern gar nichts an! Es ist, als glaubten die Versuchspersonen, der Versuchsleiter werde sie nicht noch einmal zur Teilnahme auffordern (diese Sitzungen sind recht einträglich), sofern sie nicht ein prosoziales Verhalten an den Tag legten.

Dabei sollten die Menschen doch auch unter veränderten Bedingungen unveränderlich großzügig bleiben, wenn es tatsächlich ein angeborener Sinn für Fairneß ist, der ihr Handeln motiviert. Doch sie bleiben es nicht. Statt dessen legen sie einen ausgeprägten Opportunismus an den Tag. Warum also sind sie im ursprünglichen Spiel großzügig? Weil, so Smith, die Vorstellung der Wechselseitigkeit ganz von ihnen Besitz ergriffen hat. Selbst wenn das Spiel nur einmal gespielt wird, möchten sie ihren guten Ruf wahren und als jemand gelten, dem man vertrauen darf und der sich nicht allzu offensichtlich auf Kosten anderer bereichert.[16]

Smith benutzt das sogenannte ›Tausendfüßlerspiel‹, um die Botschaft deutlich vor Augen zu führen. In diesem Spiel haben Adam und Bob bei jeder Runde die Chance, das Geld entweder anzunehmen oder auszusetzen. Je öfter sie aussetzen, desto mehr Geld ist im Umlauf, aber irgendwann kommt das Spiel zu seinem Abschluß, und Adam erhält den gesamten Einsatz. Daher muß Bob aufpassen, daß er bei seinem letzten Zug nicht gerade aussetzt, und Adam muß daran denken, daß Bob genau dies bedenken wird, und sollte daher bei seinem vorletzten Zug nicht aussetzen und so weiter, bis jeder zu dem Schluß kommt, das Spiel bei erster Gelegenheit zu beenden.

Aber das geschieht nicht. Statt dessen erlauben die Spieler ihren Gegnern regelmäßig, durch ihr eigenes Aussetzen enorme Summen zu gewinnen. Der Grund ist zweifellos der, daß sie sich auf einen Handel einlassen: Sie belohnen ihren Gegner für seine Selbstlosigkeit, in der Hoffnung auf eine umgekehrte Großzügigkeit, wenn die Reihe an ihnen ist. Dabei werden die Rollen jedoch nicht systematisch getauscht.

Robert Franks Verbindlichkeitsmodell ist in mancherlei Hinsicht ziemlich altmodisch. Was er sagt, ist, daß Moral und andere gefühlsmäßige Gewohnheiten sich auszahlen. Je selbstloser und großzügiger Sie sich verhalten, desto stärker werden Sie von den Segnungen der kooperativen Anstrengungen der Gesellschaft profitieren. Sie haben mehr vom Leben, wenn Sie irrationalerweise allem Opportunismus entsagen. Die unterschwellige Botschaft sowohl der neoklassischen Wirtschaftswissenschaften als auch der neodarwinistischen Selektion, daß Rationalität und Eigennutz die Welt regieren und das Verhalten der Menschen erklären, ist unzulänglich und überdies gefährlich. Frank schreibt dazu:

»Dank Adam Smiths Zuckerbrot und Darwins Peitsche ist die Charakterbildung in vielen Industrienationen mittlerweile fast kein Thema mehr.«[17]

Erzählen Sie Ihren Kindern also, sie sollen gut sein, nicht weil das mühsamer und edler sei, sondern weil es sich langfristig bezahlt macht.

Der moralische Sinn

Robert Frank ist zwar ein Ökonom, aber seine Vorstellungen erinnern an die Arbeiten zweier Psychologen und werden in deren Schriften wieder aufgenommen. Jerome Kagan ist ein Kinderpsychologe, dessen Studium der Persönlichkeitsentwicklung ihn dazu gebracht hat, nachdrücklich das Gefühl als Urquell menschlicher Motivation über den Verstand zu stellen. Der Wunsch, Schuldgefühle zu vermeiden, ist nach Kagan etwas allgemein Menschliches, allen Menschen in allen Kulturen vertraut. Welche Ereignisse Schuldgefühle auslösen, mag zwar von Kultur zu Kultur verschieden sein – Unpünktlichkeit beispielsweise hat nur in westlichen Industrienationen diesen Effekt –, aber die Reaktion auf Schuldgefühle ist überall auf der Welt die gleiche. Moralisches Verhalten setzt die angeborene Fähigkeit, Schuldbewußtsein und Empathie zu empfinden, voraus, Eigenschaften, die zwei Jahre alte Kinder deutlich vermissen lassen. Doch wie die meisten angeborenen Fähigkeiten (sagen wir, die Befähigung zur Sprache oder zu guter Laune) kann man Moral durch unterschiedliche

Erziehungsmethoden fördern oder unterdrücken; zu sagen, daß die Gefühle, aus welchen sich moralisches Verhalten speist, angeboren sind, heißt nicht, daß sie unveränderlich sind.

In ihrer Betonung irrationaler Gefühle hat Kagans Theorie daher eine gewisse Ähnlichkeit mit Franks Modell der Verbindlichkeit.

»Die Schaffung einer überzeugenden Basis für moralisches Verhalten ist ein Problem, an dem sich die meisten Philosophen die Zähne ausgebissen haben. Ich glaube, das werden sie auch weiterhin tun, zumindest so lange, bis sie erkennen, was chinesische Philosophen schon seit langem wissen: daß nämlich Gefühle, nicht Logik, das Über-Ich tragen.«[18]

Zufälligerweise scheint den grünen Meerkatzen wie zweijährigen Menschenkindern vollkommen die Fähigkeit zur Empathie abzugehen. Stößt etwa eine grüne Meerkatze einen Warnschrei aus, hört sie noch lange nicht damit auf, bloß weil eine andere bereits brüllt, der Gefahr also schon gewärtig sein muß. Grüne Meerkatzen korrigieren niemals die fehlerhaften Warnschreie ihrer Jungen. Und sie stoßen auch keine Warnschreie aus, wenn sich ein Pavian nähert, der zwar keine ausgewachsenen Meerkatzen frißt, wohl aber die Jungen im Säuglingsalter. Daher ist der Warnschrei einer grünen Meerkatze eine hochgradig egozentrische Angelegenheit. Dorothy Cheney, die die Meerkatzen und Paviane erforschte, bemerkte später einmal: »Der Rufer kann sich kein Bild vom geistigen Zustand seines Hörers machen, daher kann er mit seiner Form der Kommunikation weder die Ängstlichen beschwichtigen noch die Unwissenden informieren.«[19] Grüne Meerkatzen können sich nicht in andere hineinversetzen. Das ist ein solch offensichtlicher Unterschied zu den Menschen und anderen Tieren, daß es sehr schwer fällt, Abstand zu gewinnen und in diesem Verhalten die bloße Veranlagung zu sehen, die es

202

ist. Wir Menschen reißen uns förmlich in Stücke für unseren Ruf, weil uns wichtig ist, was andere Leute, selbst Fremde, über uns denken. Andere Tiere tun das nicht.

Ein Jahrzehnt nach dem Erscheinen von Kagans Buch und sechs Jahre nach dem Erscheinen von Franks Beobachtungen publizierte James Q. Wilson sein Werk *Der moralische Sinn,* das viele dieser Argumente aus der Perspektive des Kriminalisten behandelt. »Am meisten der Erklärung bedurfte nicht der Umstand, so schien mir, daß einige Menschen kriminell sind, sondern der Umstand, daß die meisten es nicht sind.« Wilson tadelt die Philosophen dafür, daß sie die Beobachtung nicht ernst nehmen, daß sittliches Verhalten in unseren Sinnen angesiedelt sein könne als ein zweckdienlicher Satz von Instinkten. Für die meisten von ihnen ist Sittlichkeit nichts weiter als ein Sortiment utilitaristischer und willkürlicher Vorlieben und Konventionen, die dem Menschen von der Gesellschaft auferlegt wurden. Wilson behauptet dagegen, Moral sei ebensowenig eine Konvention wie andere Gefühle, etwa der Lust oder der Trauer. Wenn einen Ungerechtigkeit oder Grausamkeit abstoßen, dann bezieht man dies aus einem Instinkt und wägt nicht etwa rational die Nützlichkeit dieser Gemütsbewegung ab, und schon gar nicht käut man eine Auffassung wieder, die gerade en vogue ist.

Selbst wenn Sie beispielsweise die Mildtätigkeit anderer Menschen als etwas zutiefst Eigennütziges verurteilen und behaupten, ihre Spenden hätten nur den Zweck, ihr Ansehen aufzupolieren, wäre das Problem nicht gelöst. Denn Sie müßten noch immer erklären, warum Ihr Ansehen dadurch steigt. Und warum begrüßen andere Menschen Wohltätigkeit? Wir sind so tief in unsere moralischen Überzeugungen verstrickt, daß es einer gewissen Anstrengung bedarf, sich eine Welt ohne sie vorzustellen. Eine Welt ohne gegenseitige Verpflichtungen, fairen Handel und Vertrauen in andere Menschen ist uns einfach unvorstellbar.[20]

Psychologen neigen daher eher zu Franks wirtschaftlichem Argument, daß Gefühle die mentalen Garanten einer Verbindlichkeit sind. Aber die vielleicht bemerkenswerteste Übereinstimmung kommt aus der Gehirnforschung. Es gibt einen kleinen Teil des Frontallappens des Gehirns, der, wenn er beschädigt wird, aus einem Menschen einen rationalen Narren machen kann. Menschen, die diesen Teil des Gehirns verloren haben, wirken oberflächlich gesehen ganz normal. Sie leiden weder an Lähmungserscheinungen noch Sprachfehlern, weder an Wahrnehmungsstörungen, noch an Gedächtnis- oder Intelligenzverlust. In psychologischen Tests schneiden sie genauso gut oder schlecht ab wie vor ihren Unfällen. Doch ihr Leben bricht zusammen, und zwar aus Gründen, die mehr psychiatrischer denn neurologischer Natur zu sein scheinen. Sie können ihren Arbeitsplatz nicht mehr halten, verlieren jegliche Hemmungen und werden von lähmender Unentschlossenheit geplagt.

Aber das ist noch nicht alles. Sie verlieren buchstäblich auch alle Gefühle. Sie nehmen das größte Pech, die freudigste Nachrichten und die ärgerlichsten Komplikationen mit dem größten Gleichmut hin, und das aus gutem Grund. Emotional gesehen sind sie nämlich die einfachsten Menschen, die man sich vorstellen kann.

Antonio Damasio, der in seinem Buch *Descartes' Irrtum* diese Symptome anhand von zwölf seiner Patienten schilderte, meint, es sei kein Zufall, daß Entschlußkraft und Emotionen zusammenhängen. Seine Patienten werden beim rationalen Abwägen aller ihnen vorgelegten Fakten so kaltblütig, daß sie keine Entscheidung mehr treffen können. »Emotionale Beschränktheit könnte eine äußerst bedeutende Quelle irrationalen Verhaltens sein«, mutmaßt er.[21]

Kurz, wenn Ihnen alle Gefühle abgehen, sind Sie ein rationaler Narr. Damasio kam zu dieser Schlußfolgerung, offensichtlich ohne zu wissen, daß Ökonomen wie Robert Frank, Biologen wie Robert Trivers und Psychologen wie

Jerome Kagan zu demselben Ergebnis gekommen waren, und das aufgrund von ganz unterschiedlichem Beweismaterial – eine bemerkenswerte Übereinstimmung.

Geduld ist eine Tugend, Tugend ist eine Gnade, und die Gnade ist ein kleines Mädchen, das sein Gesicht nicht waschen will. Dieser alberne amerikanische Kinderreim scheint eine kostbare Erkenntnis zu bergen, die die wesentliche Entdeckung des Verbindlichkeitsmodells zusammenfaßt. Tugend ist tatsächlich eine Gnade – oder ein Instinkt, wie wir in unseren profanen Tagen, die weniger als frühere von der Lehre St. Augustins bestimmt sind, formulieren können. Es ist etwas, das wir als selbstverständlich voraussetzen dürfen, auf das wir zurückgreifen können und das wir in Ehren halten sollten. Es ist nicht etwas, das wir uns erst erkämpfen müßten, weil es der menschlichen Natur gegen den Strich ginge – wie es der Fall wäre, wenn wir Tauben wären oder Ratten und keine soziale Maschinerie ölen müßten. Es ist vielmehr ein instinktives und nützliches Schmiermittel, und es ist ein Bestandteil unserer Natur. Anstatt also zu versuchen, die sozialen Institutionen in einer Weise zu gestalten, die dem Egoismus der Menschen entgegenwirkt, sollten wir sie vielleicht so einrichten, daß die menschliche Tugend zum Vorschein kommt.

Laß andere Altruisten sein

Die landläufige Ansicht über Egoismus enthält ein Paradoxon. Im allgemeinen haben die Menschen etwas gegen ihn: Sie verurteilen die Gewinnsucht und warnen sich gegenseitig vor denjenigen, die in dem Ruf stehen, allzusehr ihre eigenen Interessen im Blick zu haben. Und so bewundert man auch die uneigennützigen Altruisten, und die Geschichten über die Selbstlosigkeit solcher Menschen werden rasch zur Legende. Es ist also unbestritten, daß sich alle auf moralischer Ebene einig darin sind, daß Selbstlosigkeit etwas Gutes, Selbstsucht dagegen etwas Schlechtes ist.

Aber warum gibt es dann nicht viel mehr Altruisten? Die Ausnahmen, wie Mutter Theresa und andere Heilige, sind fast schon per definitionem eine bemerkenswerte Rarität. Wie viele Altruisten kennen Sie, Menschen, die immer nur an andere denken, nie an sich selbst? Es sind wohl doch nur recht wenige. Und was würden Sie sagen, wenn jemand, der Ihnen sehr nahesteht – sagen wir, Ihr Kind oder ein enger Freund – wahrhaft selbstlos ist – also immer die andere Wange hinhält, auf der Arbeit all die kleinen Aufgaben erledigt, die eigentlich andere hätten verrichten sollen, freiwillig in der Notaufnahme eines Krankenhauses arbeitet oder seinen gesamten Wochenlohn einer Wohlfahrtsorganisation spendet? Täte er oder sie das gelegentlich, würden Sie ihn oder sie sicherlich loben. Wenn das aber Woche um Woche, jahraus, jahrein so fortginge, würde Sie das allmählich beunruhigen. Auf die freundlichste Art und Weise würden Sie ihm oder ihr zu verstehen geben, er oder sie solle sich ein bißchen mehr um sich selbst kümmern und eine Spur egoistischer sein.

Während wir also im allgemeinen selbstloses Verhalten bewundern und rühmen, wollen wir doch nicht, daß es unser eigenes Leben oder das unserer engen Freunde bestimmt. Wir praktizieren somit nicht das, was wir predigen. Das ist natürlich vollkommen vernünftig. Je mehr andere Leute sich altruistisch verhalten, desto besser für uns. Um so besser für uns aber auch, je mehr wir und unsere Angehörigen unsere eigenen Interessen verfolgen. Auch das ist übrigens ein Gefangenendilemma. Und um so besser für uns, je mehr wir die Werbetrommel für die Selbstlosigkeit rühren.

Ich glaube, das erklärt das allgemeine Mißtrauen, das man den Wirtschaftswissenschaften und der Biologie des egoistischen Gens entgegenbringt. Beide Wissenschafts-

206

disziplinen weisen immer wieder ziemlich erfolglos darauf hin, daß sie mißverstanden werden: Sie würden niemandem empfehlen, sich egoistisch zu verhalten, sondern lediglich der Tatsache Rechnung tragen, daß es so etwas wie Egoismus gibt. Es sei, meinen die Wirtschaftswissenschaftler, nur realistisch, daß Menschen auf Anreize immer auch im Hinblick auf ihre eigenen Interessen reagieren; dies sei nicht gut oder schlecht, sondern einfach nur wirklichkeitsgetreu. Genauso plausibel finden es Biologen, daß Gene im Laufe der Evolution Fähigkeiten herausgebildet haben, Dinge zu tun, die die Chancen auf ihre Replikation vergrößern. Doch wir Menschen finden es offenbar ein wenig ungehörig, einen solchen Standpunkt zu vertreten, irgendwie wäre das nicht politisch korrekt. Richard Dawkins, der die eingängige Formel vom ›egoistischen Gen‹ prägte, meint, er habe nicht deshalb die Aufmerksamkeit auf die den Genen innewohnende Eigennützigkeit gelenkt, um diese Tatsache zu rechtfertigen, ganz im Gegenteil: Er habe die Menschen davor warnen wollen, damit sie sich der Notwendigkeit bewußt würden, dieses Faktum zu überwinden. Er fordert uns auf, »gegen die Tyrannei der egoistischen Replikatoren zu rebellieren«.[22]

Wenn das Verbindlichkeitsmodell stimmt, haben die Kritiker der Verfechter des Egoismus allerdings ihre Berechtigung, weil so alles und jedes zur Norm erhoben würde. Wenn Menschen nicht die rationalen Maximierer eigener Interessen sind, hieße die Tatsache, sie zu lehren, ein solches Verhalten sei logisch, gleichzeitig auch, sie zu korrumpieren. Genau das konnten Robert Frank und viele andere bereits feststellen: Studenten, die man die Patentrezepte der neoklassischen Wirtschaftswissenschaften gelehrt hatte, sind viel eher bereit, im ›Gefangenendilemma‹ zu betrügen, als beispielsweise Studenten der Astronomie.

Die Tugenden der Toleranz, des Mitgefühls und der Gerechtigkeit sind keine politischen Ziele, um die wir uns, im

Wissen um die Schwierigkeiten des Weges, bemühen, sondern Verbindlichkeiten, die wir eingehen und von denen
wir erwarten, daß auch andere sie eingehen – Gottheiten,
die wir anbeten. Allen, die uns dabei Steine in den Weg legen, wie die Ökonomen, die behaupten, unsere Hauptan-
triebskraft sei der Eigennutz, darf man hinsichtlich ihrer
Motivation, der Gottheit der Tugend die Gefolgschaft zu
verweigern, mißtrauen. Ihr Tun läßt vermuten, daß sie gar
keine Gläubigen sind. Gewissermaßen äußern sie dafür ein
zu ungesundes Interesse am Selbstinteresse.

Über die moralische Gesinnung

Franks »Theorie der moralischen Gesinnung« verleiht
Adam Smiths Theorie, die dieser 1759 zuerst in seinem
gleichnamigen Buch entwickelt hatte, Substanz. Sie schlägt
darüber hinaus eine Brücke zwischen Smiths offensichtlich
irrationaler Annahme, daß Menschen von moralischen
Gefühlen angetrieben würden, und seinem Glauben an den
rationalen Eigennutz als Born einer jeden erfolgreichen
Wirtschaft – also zwischen seinem ersten und seinem zweiten Buch.

In seinem ersten Buch argumentierte Adam Smith, daß
der einzelne, der ein ausreichendes Interesse am Allgemeinwohl hätte, sich mit Gleichgesinnten verbünden
würde, um den Aktivitäten von Mitgliedern entgegenzu-
wirken, die dem Wohlergehen der Gruppe zuwiderliefen.
Zuschauer würden eingreifen, um antisoziale Handlungen
zu bestrafen. Aber in seinem zweiten Buch scheint Smith
dieses Argument zu untergraben, indem er behauptet, die
Gesellschaft sei kein öffentliches Gut, das sorgfältig von
Individuen geschützt werde, sondern eine nahezu unver-
meidliche Nebenwirkung von Individuen, die ihre eigenen,
persönlichen Interessen verfolgten.

208

»Die Deutschen, die in ihrer methodischen Art beides lasen: die *Theorie der moralischen Gefühle* und den *Reichtum der Nationen*, haben einen ganz treffenden Begriff geprägt, *Das Adam-Smith-Problem**, um das Scheitern des Verständnisses beider Werke zu benennen, ein Scheitern, das auf den Versuch zurückzuführen ist, das eine durch das andere zu interpretieren.«[23]

Franks Theorie der moralischen Gefühle löst dieses Paradoxon und schlägt abermals eine Brücke – eine modernere diesmal –, nämlich eine zwischen der Gegenseitigkeit und der Gruppenbildung. Indem er nachdrücklich betont, daß die Herausforderung im Gefangenendilemma-Spiel darin besteht, den richtigen Partner zu umwerben, zeigt er, wie Reziprokatoren sich allmählich von der Gesellschaft lösen und die egoistischen Rationalisten ihrem Schicksal überlassen. Die Tugendhaften sind nur tugendhaft, weil es sie befähigt, ihre Kräfte mit anderen Tugendhaften zum gegenseitigen Vorteil zu bündeln. Und wenn sich erst einmal die Kooperatoren vom Rest der Gesellschaft abgekoppelt haben, kann eine ganz neue Kraft der Evolution zum Zug kommen: eine Kraft, die nun nicht mehr Individuen gegeneinander aufbietet, sondern Gruppen.

KAPITEL 8

Der Stamm der Primaten

Warum Tiere kooperieren, um zu konkurrieren

Tierische Kreaturen werden von unterschiedlichen Instinkten und Neigungen durchdrungen und angetrieben; so auch wir [...] Somit scheint die Tatsache in uns angelegt, Unaufrichtigkeit, grundlose Gewalt und Ungerechtigkeit zu verdammen und einigen vor anderen Wohltätigkeit zu erweisen.

Bischof Joseph Butler: *Von der Natur der Tugend*, 1737

Stellen Sie sich vor, Sie wären ein männlicher Pavian in einer Ebene im östlichen Afrika. Dieses Unterfangen wird Ihnen nicht ganz leichtfallen, denn die Paviangesellschaft ist schon recht seltsam, und das in vielerlei Hinsicht. Aber um Ihnen bei der Einarbeitung ein bißchen behilflich zu sein, möchte ich Ihnen einen wichtigen Tip geben und Ihnen verraten, was Ihre ›Mitpaviane‹ so alles im Schilde führen. Sie verbünden sich nämlich zu dem Zwecke, anderen Männchen ihre Weibchen abspenstig zu machen. Sollten Sie sich also in der glücklichen Lage befinden, Seite an Seite mit einer brünstigen Pavianin zu sitzen und ruhige Flitterwochen mit ihr zu verbringen, seien Sie auf der Hut, wenn Sie einen anderen männlichen Pavian erblicken, der mit einer bestimmten Geste, einer Art Kopfwackeln, auf seinen Freund zugeht. Der Kopfwackler sagt dann nämlich gerade zu seinem Freund: »Wie wär's, wenn du mir dabei hilfst, den Kerl dort anzugreifen und ihm seine Braut zu entführen?« Zwei gegen einen – das Ende ist absehbar, und schnell werden Sie mit einem wunden Hintern durch die Savanne um Ihr Leben rennen.

211

Denn das Liebesleben in der Paviangesellschaft gestaltet sich wie folgt: Die jungen Männchen rotten sich gegen die alten zusammen und vertreiben sie von ihren Weibchen. Doch nur einer der zwei Bündnispartner kommt dabei zum Zuge; der andere beteiligt sich an dem Angriff, ohne etwas zu gewinnen. Warum macht er da mit? Ist er etwa ein Altruist? Die erste Antwort auf diese Frage, die der Zoologe Craig Packer im Jahre 1977 vorbrachte, lautete folgendermaßen: Der Pavian beteilige sich an dem Angriff in der Erwartung, er werde von dem Tier, dem er gerade geholfen hat, mit einem ähnlichen Gefallen entschädigt. Es sei also der bittstellende Pavian, der Kopfwackler, der das Weibchen schließlich bekomme, doch verpflichte er sich, ganz wie Wilkinsons Vampirfledermäuse, sich zu einem späteren Zeitpunkt zu revanchieren.[1]

In der Tat verfaßte Robert Trivers seine fruchtbare Theorie des reziproken Altruismus nach einer Afrikareise, auf der er Paviane beobachtet hatte, und um die Triversche Theorie zu prüfen, machte Packer einige Jahre später auch einige Untersuchungen. Paviane, so scheint es, sind die echten Archetypen reziproker Altruisten – die typischen ›Wie du mir, so ich dir‹-Spieler.

Das einzige Problem dabei ist, daß Packer irrte. Nachdem andere Wissenschaftler Paviane länger beobachteten, fanden sie heraus, daß es keineswegs ausgemacht ist, wer das Weibchen bekommt. Tatsächlich findet unter den Bündnispartnern ein Ringen um das Weibchen statt, sobald deren vormaliger Begleiter erst einmal ausgestochen ist. Das Ganze hat also ganz und gar nichts Altruistisches an sich, sondern etwas höchst Egoistisches. Die einzige Hoffnung für Pavian A, ein Weibchen zu begatten, ist, seine Kräfte mit B zu vereinen, sodann C anzugreifen, um ihm das Weibchen zu rauben und anschließend zu hoffen, daß er selbst schneller ist als B. A und B ziehen einen unmittelbaren Nutzen aus der Kooperation, nämlich eine fünfzigprozentige Chance auf Sex.

Wie dem auch sei, die Situation des Pavians ist auch deshalb kein ›Dilemma des Gefangenen‹, weil es keine Versuchung des Betrugs gibt. Würden sich A und B einer Koalition verweigern, würde keiner der beiden stärker profitieren – beide hätten zu leiden, denn keiner bekäme die Chance, ein Weibchen zu erobern.[2]

Nichtsdestotrotz kooperieren die Paviane und entdecken auf diese Weise die Vorzüge der Zusammenarbeit – mögen sie nun ›Wie du mir, so ich dir‹ spielen oder nicht. Um ein Ziel zu erreichen, bündeln sie ihre Kräfte. Zwei schwache Individuen vermögen durch Kooperation einen Stärkeren zu schlagen. Entscheidend ist nicht Stärke, sondern soziale Geschicklichkeit, und rohe Gewalt wird von Tugend gebändigt. Nur wer gute Beziehungen hat, wird die Welt beerben.

Haben wir hier den ersten, primitiven Schritt auf der Leiter des primateneigenen Kooperationsverhaltens vor uns, der bis in die menschliche Gesellschaft führte? Wenn ja, hätte dies dem Fürsten Kropotkin wohl kaum gefallen, ist doch der Zweck dieses Bündnisses keineswegs ein edler, gemeinschaftlicher – also das Wohl der Paviangesellschaft –, sondern ein strikt eigennütziger – nämlich ein sexuelles Monopol – ohne Rücksichtnahme auf die Befindlichkeiten des betroffenen Weibchens, geschweige denn auf die des vormaligen Gefährten. Kooperation wurde zunächst nicht aus tugendhaften Überlegungen heraus praktiziert, sondern als Mittel benutzt, um die eigenen, egoistischen Ziele zu erreichen. Und wenn wir die ungewöhnlich kooperative Natur unserer Gesellschaft preisen, müssen wir doch als erstes akzeptieren, aus welch unedlem Metall sie gegossen ist.

Die Paviane sind dabei kein Einzelfall. Bei allen Affenarten steht kooperatives Verhalten beinahe immer im Kontext von Wettbewerb und Gewalt. Für die Affenmännchen ist es nichts weiter als eine Taktik, um einen Kampf zu gewinnen. Wer Affen einmal dabei beobachten möchte, wie sie koalieren und sich verbünden, hat die besten Aussichten, wenn er sie beim Kämpfen überrascht. Stummelaffen rauben sich gegenseitig ganze Harems von Weibchen, indem sie die Harembesitzer mit Hilfe befreundeter Männchen angreifen.[3]

Aus der Geschichte der Paviane läßt sich zumindest eine einfache Lehre ziehen, die Ihnen nützlich sein könnte, sollten Sie einmal als Pavian wiedergeboren werden. Bündnisse dienen dem Zwecke sexueller Entführungen. Aber nehmen wir an, Sie kehren nicht als Pavian wieder, sondern als Haubenmakake: Der am Boden lebende und für seine Art ziemlich kräftige und wilde Affe lebt – ganz ähnlich wie der Pavian – in großen, hierarchischen Gesellschaften.

In einer Hinsicht aber unterscheidet sich das Leben eines Haubenmakaken von dem eines Pavians ganz gewaltig: Bei Pavianen gibt es nur wenige, dafür aber dauerhafte Bündnisse. A und B sind die dicksten Freunde, und nur äußerst vereinzelt tun sie sich zusammen, um Weibchen zu rauben, die anderen Pavianen gehören. Paviankämpfe sind meist Zweikämpfe. Die Männchen der Haubenmakaken dagegen bekämpfen sich regelmäßig, wobei die meisten Kämpfe zwischen Teams von je zwei Tieren stattfinden, nicht Mann gegen Mann. Bei den Makaken sind Koalitionen üblich; statistisch gesehen wird eine solche alle neununddreißig Minuten gebildet. Jedes Männchen in der Horde wird einmal in seinem Leben ein Bündnis mit jedem anderen Männchen geschlossen haben. Diese Bündnisse unter den Männchen sind dabei nicht auf den seltsamen kopfwackelnden Vorboten eines Kampfes beschränkt; sie sind das tägliche Brot. Die Männchen putzen sich gegenseitig, spielen miteinander, kauern sich in einem großen Haufen aneinander, machen Arm in Arm ein Nickerchen, streunen paarweise durch die Gegend und verwenden überhaupt viel Mühe darauf, untereinander vorübergehende Freundschaften zu schließen und zu pflegen. Anlaß für diese

Bündnisse ist für gewöhnlich ein Kampf, und sie entstehen meist so, daß einige Affen dem Tier, das den Kampf begonnen hat, zu Hilfe eilen. Doch einige Stunden später kann der Anstifter durchaus seinem ehemaligen Verbündeten gegenüberstehen, der sich jetzt im Bunde mit einigen anderen Männchen befindet. Das Ganze ist ziemlich verwirrend.

Allerdings ist es nicht willkürlich. In der Regel unterstützen die Männchen nämlich jene Tiere, von denen sie selbst in der Vergangenheit Unterstützung erhielten oder geputzt wurden, und in der Regel spielt auch der Rang eine große Rolle: Meist sind es die älteren Männchen, die den jüngeren zu Hilfe eilen. Die jüngeren Tiere revanchieren sich dann, indem sie ihre älteren Verbündeten putzen. Anders als bei den Pavianen funktionieren diese Bündnisse sowohl im positiven wie negativen Sinne: Männliche Haubenmakaken rächen sich an denen, die ihren Feinden geholfen haben, und eilen umgekehrt denen zu Hilfe, von denen sie selbst Hilfe erhalten haben.

Mit anderen Worten: Die Welt der männlichen Haubenmakaken besteht also aus wechselnden, andauernden und häufig wiederholten Freundschaften, erwiderten Gefälligkeiten, Allianzen und Loyalitäten – was eine Menge ihrer Zeit in Anspruch nimmt. Was hat es nun mit all dem aber auf sich?

Joan Silk, die diese Affenart mittlerweile seit vielen Jahren anhand einer in Kalifornien gehaltenen Horde erforscht, hat nicht die leiseste Ahnung. Bündnisse helfen den Männchen nicht, Weibchen zu erobern, wie das bei den Pavianen der Fall ist; sie ändern nicht die Hackordnung, wie es bei den Schimpansen geschieht. Sie scheinen den Männchen zwar zu helfen, Kämpfe untereinander zu gewinnen, doch wenn ehemalige Freunde zu Feinden werden können, ist jeder Vorteil nur von kurzer Dauer. Nach wie vor steht Silk vor einem Rätsel.[4]

Affen mit Haltung

Silk und ihre Kollegen beschäftigen sich mit den Affen nicht nur, weil Affen an und für sich ein interessanter Forschungsgegenstand sind, sondern deshalb, weil sie mit uns, den Menschen, verwandt sind – wenn auch entfernter als die Menschenaffen. Der plötzliche Boom der Primatenforschung in den siebziger und achtziger Jahren dieses Jahrhunderts förderte Erkenntnisse über einen Reichtum an hochentwickelten sozialen Strukturen der ganzen Familie, der auch die Menschheit angehört, zutage. Jeder, der glaubt, die Primatenforschung sei ohne Belang für die Erforschung menschlichen Daseins, irrt gewaltig. Wir sind und bleiben Primaten, und wir können durchaus etwas über unsere Wurzeln erfahren, indem wir unsere Verwandten erforschen.

Diese Prämisse kann allerdings schnell zu zwei Trugschlüssen verleiten. Der erste Trugschluß ist der, Primatenforscher würden behaupten, Menschen seien in jeder Hinsicht und bis ins letzte Detail den Affen gleich. Das ist ganz offensichtlich Unsinn. Jede Affen- und Menschenaffenart hat ihr eigenes artspezifisches soziales System, und doch gibt es einen gemeinsamen roten Faden. Jede Affenart sieht anders aus, doch kann man noch immer sagen, daß alle Affenarten sich im Vergleich mit sagen wir Rotwild ziemlich ähneln. Desgleichen benehmen sich alle Primatenarten verschieden, doch sind ihre Verhaltensweisen als primatenhaft erkennbar.

Der zweite Trugschluß besteht darin, anzunehmen, Affen wären in sozialer Hinsicht irgendwie primitiver als Menschen. Affen sind sowenig unsere Vorfahren wie wir die ihrigen. Wir haben einen Vorfahren mit allen Affen gemeinsam, aber körperliche Konstitution und soziale Gewohnheiten dieses Vorfahren haben wir in gattungsspezifischer Art und Weise verändert. Das gilt auch für jede andere Affenart.

216

Lehren aus der Natur zu ziehen kommt einem Kunststück gleich. Man muß sein Schiff zwischen Scylla und Charybdis hindurchmanövrieren. Auf der einen Seite dräut die Gefahr, nach direkten Parallelen zu den Tieren zu suchen, also Merkmalen, in denen wir genau unseren Vettern gleichen. In diese Richtung hatte Kropotkin argumentiert: Da Ameisen freundlich zueinander sind, müsse auch der Mensch instinktiv tugendhaft sein. Und so hatte auch Spencer behauptet: Da die Natur Schauplatz eines gnadenlosen Kampfes sei, müßten gnadenlose Kämpfe selbst eine Tugend sein. Doch wir sind nicht in jeder Hinsicht wie Tiere. Wir sind einzigartig, wir sind anders, so wie jede Art einzigartig ist und sich von jeder anderen unterscheidet. Die Biologie ist eine Wissenschaft der Ausnahmen, nicht der Regeln; eine Wissenschaft der Verschiedenheit, nicht großer vereinheitlichender Theorien. Die Tatsache, daß Ameisen die Gemeinschaft bevorzugen, sagt nichts darüber, ob der Mensch tugendhaft ist. Daß natürliche Selektion grausam ist, heißt noch lange nicht, daß Grausamkeit moralisch ist.

Man hüte sich aber davor, das Schiff zu weit auf die andere Seite zu lotsen. Denn von dort lockt die Versuchung, die menschliche Einzigartigkeit herauszustreichen. Nichts, sagt sie, kann der Mensch aus der Natur lernen. Der Mensch ist ein Mensch, Abbild seines Gottes oder seiner Kultur (was letztendlich eine Frage des Geschmackes ist). Wir haben sexuelle Triebe, weil man uns lehrte, sie zu haben, nicht aufgrund von Instinkten. Wir sprechen Sprachen, weil wir uns das Sprechen gegenseitig beibringen. Wir verfügen über Bewußtsein, Verstand und einen freien Willen, ganz anders als diese minderwertigen Wesen, die man Tiere nennt. Praktisch jeder Hohepriester der Geisteswissenschaft, der Anthropologie und der Psychologie stimmt dasselbe alte Lied zur Verteidigung menschlicher Einzigartigkeit an, an das sich die Theologen so klammerten, als Darwin erstmals ihren Glauben erschütterte. Während Richard Owen noch verzweifelt in der Hardware des menschlichen Gehirns nach einem Objekt suchte, das die Einzigartigkeit der Menschheit bewies – und glaubte, er hätte es in dem *Hippocampus minor* gefunden, einer seltsamen kleinen Beule am Gehirn –, behaupten die Anthropologen heute, daß Kultur, Vernunft oder Sprache uns von aller Biologie befreie.

Die letzte Bastion dieses Argumentes lautet, daß man sich selbst dann, wenn sich die menschliche Natur im Laufe der Evolution entwickelt haben sollte, nie sicher sein kann, ob man es bei einer Handlung gerade mit einem Instinkt zu tun hat oder mit einer bewußten oder kulturellen Entscheidung. So ziehen viele wohlhabende Menschen ihre Söhne ihren Töchtern vor, wie dies auch viele Primaten tun, die einen hohen sozialen Rang für sich in Anspruch nehmen. Doch dies muß kein gemeinsamer Instinkt von Menschen und Affen sein. Es könnte auch zutreffen, daß Logik die Menschen zu ein- und derselben Schlußfolgerung veranlaßt hat, daß nämlich Reichtum für Söhne eine Eintrittskarte zu größerem Fortpflanzungserfolg ist als für Töchter. Für die Menschen läßt sich die Kultur-Hypothese niemals gänzlich zurückweisen. Wie Dan Dennett in seinem Buch *Darwins gefährliche Vorstellung* formulierte: »Wenn ein Trick derart gut ist, dann wird er vernünftigerweise von jeder Kultur wiederentdeckt werden, ohne daß es dazu einer genetischen Abstammung bedürfte.«[5]

Nun ist dieses Argument ein zweischneidiges Schwert und fügt den orthodoxen Anhängern der Umwelt-Deterministen eine heftigere Wunde zu, als ihnen bewußt ist. Jedesmal, wenn man beobachtet, daß Menschen sich anpassen, könnte man meinen, man habe es mit bewußten oder kulturell bedingten Entscheidungen zu tun. Man könnte darin aber auch herausgebildete Instinkte sehen. Sprache, zum Beispiel, scheint ein kulturelles Artefakt zu sein –

schließlich variiert sie zwischen den einzelnen Kulturen. Aber mit Eloquenz, ausgefeilter Grammatik und großem Wortschatz zu sprechen ist vor allem ein Instinkt unserer Gattung, der nicht gelehrt, nur gelernt werden kann.[6]

Die Erforschung von Tieren läßt profunde Implikationen für unser Verständnis des menschlichen Verstandes zu – und umgekehrt. Wie Helena Cronin es beschrieb, »eine biologische Apartheid zwischen uns und ihnen einzuführen, hieße, uns von einer potentiell nützlichen Quelle aufschluß- reicher Prinzipien abschneiden [...] Zugegeben, wir sind einzigartig. Doch ist nichts Einzigartiges dabei, einzigartig zu sein. Jede Spezies ist es auf ihre Weise.«[7] Daß wir heute wissen, wie die komplexen Gesellschaften der Menschen- affen und der entwicklungsgeschichtlich älteren Arten funktionieren, ist ungeheuer relevant für das Verständnis unserer eigenen Gesellschaft. Die evolutionsbezogene Perspektive blieb Hobbes und Rousseau notwendigerweise verborgen. Weniger verzeihlich ist hingegen, daß sie eini- gen ihrer intellektuellen Nachfahren immer noch entgeht. Der Philosoph John Rawls fordert uns auf, uns einmal vor- zustellen, daß rationale Wesen zusammenkämen und eine Gesellschaft aus dem Nichts heraus schüfen, ganz so, wie Rousseau sich den zurückgezogenen und selbstgenügsa- men Urmenschen dachte. All dies sind nur Gedanken- spiele, doch sie erinnern uns daran, daß es niemals ein ›Vorher‹ vor der Gesellschaft gab. Die menschliche Gesell- schaft stammt von der Gesellschaft des *Homo erectus* ab, die wiederum von der Gesellschaft des *Australopithecus*, die ih- rerseits von der Gesellschaft eines lange ausgestorbenen fehlenden Bindegliedes zwischen Menschen und Schim- pansen abstammt. Letztere wiederum stammte von der Gesellschaft des fehlenden Bindegliedes zwischen Men- schenaffen und übrigen Affen ab und so weiter. Die Kette reicht zurück bis zu einem eventuellen Anfang von einer Art eines zänkischen Tieres, das vielleicht ursprünglich tatsächlich in rousseauischer Einsamkeit lebte. Natürlich können wir nicht in der Geschichte zurückgehen und die Gesellschaft des *Australopithecus* untersuchen, doch können wir einige kenntnisreiche Mutmaßungen anstellen, basierend auf Anatomie und Parallelen zu unserer Zeit.

Zunächst können wir festhalten, daß unsere Vorfahren soziale Wesen waren. Alle Primaten sind das, sogar die semi-solitären Orang-Utans. Zweitens können wir sagen, daß es innerhalb jeder Gruppe eine Hierarchie gab, eine Hackordnung, und daß diese Hierarchie unter den männlichen Primaten deutlicher ausgeprägt war als unter den weiblichen – auch das gilt für alle Primaten. Doch kommen wir nun zu einer interessanteren, wenn auch weniger gesicherten Erkenntnis: Die Hierarchien unserer Vorfahren waren gleichheitlicher und weniger streng als jene unserer entwicklungsgeschichtlich älteren Verwandten. Dies hängt damit zusammen, daß wir Menschenaffen sind und vor allem Vettern der Schimpansen.

Bei den übrigen Affen belegen schwache und jüngere Männchen, trotz der Errungenschaft der Kooperation, immer noch niedrigere Ränge und paaren sich mit weniger Weibchen, als dies stärkere und ältere tun. Rohe Gewalt mag zwar kein so zuverlässiges Machtmittel mehr sein, wie sie es noch bei Schafen und Seelefanten ist, doch kommt ihr noch immer eine hohe Bedeutung zu. In der Gesellschaft der Schimpansen nun spielt körperliche Tüchtigkeit eine deutlich geringere Rolle. Der oberste männliche Schimpanse in einer Horde ist nicht notwendigerweise auch der Stärkste; im Gegenteil, meistens ist es der, der soziale Koalitionen am besten zu seinem Vorteil steuern kann.

Im Mahale-Gebirge in Tansania lebt ein mächtiges Schimpansen-Alpha-Männchen namens Ntogi, das regelmäßig Affen und Antilopen reißt. Er teilt sich das Fleisch mit seiner Mutter und seinen jeweiligen Freundinnen, wie das bei Schimpansen so üblich ist (siehe auch Kapitel fünf), aber mit Bedacht versorgt er auch einige andere Männchen mit Futter. So teilt er seine Beute mit Männchen mittleren Ranges und älteren Männchen. Dagegen tritt er niemals Fleisch an junge oder dominante Männchen ab. Mit anderen Worten, wie ein guter Parteigänger Machiavellis pflegt er seine beste Wählerschaft, nämlich die Männchen des Mittelstandes, auf die er angewiesen ist, wenn es heißt, sich gegen die ehrgeizigen Jungen und seine unmittelbaren Rivalen zu verbünden. Das Fleisch ist dabei die Währung, in der er seine Alliierten bezahlt, damit sie ihn an der Macht lassen.[8]

Anders als Paviane, die sich speziell zu dem Zweck verbünden, die Weibchen der Männchen zu stehlen, die in der Hierarchie einen höheren Rang einnehmen als sie selbst, machen Schimpansen von Bündnissen Gebrauch, um einen Wechsel in der sozialen Hierarchie selbst herbeizuführen. Das konnte bei wilden Schimpansen in Tansania beobachtet werden. Der bestdokumentierte Fall stammt jedoch von einer Schimpansenhorde, die auf einer kleinen Insel in einem See im Arnhem-Zoo leben und die Frans de Waal in den 1970er und 80er Jahren sehr genau studieren konnte.

Im Jahre 1976 wurde ein mächtiger Schimpanse namens Luit das dominante Alpha-Männchen der Gruppe, indem er das frühere Alpha-Männchen Yeroen unterwarf. Bis es soweit war, pflegte Luit andere Männchen, die gerade Kämpfe gewonnen hatten, zu hofieren, indem er beim Sturm auf die Verlierer regelmäßig mitmischte. Sobald er aber Alpha-Männchen war, ging er dazu über, die Verlierer zu unterstützen, sich auf die Seite der Unterdrückten zu stellen und Kämpfe auf diese Weise zu beenden. Diesem Verhalten lag nichts Selbstloses zugrunde, glaubt de Waal, nur die vorsichtige Äußerung von Eigeninteresse. Luit widmete sich seinen Unterstützern an der Basis und behauptete sich gegen alle potentiellen Rivalen in genau der Weise, wie es ein mittelalterlicher Fürst oder ein römischer Kaiser getan hätte. Besonders gut hielt Luit es mit den Weibchen, auf die er sich, wenn es hart auf hart kam, am besten verlassen konnte.

Wie dem auch sei, Luit wurde bald durch eine Verschwörung seines Vorgängers und Nachfolgers aus seiner Führungsposition vertrieben. Yeroen, das ältere Männchen, das Luit gestürzt hatte, verbündete sich mit Nikkie, einem ehrgeizigen jungen Schimpansen, der es allein mit Luit nicht aufnehmen konnte. Die beiden griffen Luit an, und nach einem wilden Kampf setzten sie ihn ab. Nikkie wurde Alpha-Männchen, wenn er dabei auch in jedem Kampf auf Yeroens Hilfe angewiesen blieb, besonders dann, wenn Luit mit von der Partie war. Das sieht ganz danach aus, als habe Nikkie ein Bündnis zu seinen Gunsten ausgenutzt.

Doch erwies sich Yeroen als der Gerissenste der drei. Er machte sich daran, seine neue Position als die Macht hinter dem Thron in sexuellen Erfolg umzumünzen, und wurde bald zum sexuell aktivsten Männchen in der Gruppe, das beinahe vierzig Prozent aller Paarungen verrichtete. Dazu spielte er den Umstand aus, daß Nikkie auf seine Hilfe angewiesen war. Im Gegenzug für seine Unterstützung von Nikkie forderte er diesen auf, ihm bei der Zurückdrängung von Luit behilflich zu sein, wenn Luit sich zu sehr für ein fruchtbares Weibchen interessierte, und paarte sich anschließend selbst mit diesem Weibchen. De Waal zufolge bestand in diesem Pakt die Abmachung zwischen Nikkie und Yeroen: Nikkie erhält die Macht, Yeroen dafür eine führende Rolle im Geschlechtsleben.

Als dann Nikkie begann, die Abmachung zu unterlaufen, kam Yeroen in Schwierigkeiten. Nikkie fing an, sich vermehrt selbst zu paaren, so daß Yeroen schließlich nur noch halb so oft kopulierte wie zuvor. Das erreichte Nikkie dadurch, daß er in den Kämpfen gegen Luit nicht mehr einschritt und Yeroen im Stich ließ. Nikkie benutzte fortan im Wechsel Yeroen oder Luit als Hilfe, um seine Ziele bei den

Wettstreitigkeiten mit anderen Menschenaffen durchzusetzen. In zunehmendem Selbstvertrauen wußte er zu teilen und zu herrschen. Eines Tages, im Jahre 1980, ging er gleichwohl zu weit. Nikkie und Luit drängten Yeroen gemeinsam wiederholt von einem Weibchen ab, und Nikkie reagierte noch nicht einmal mehr auf Yeroens Rufe, er möge Luit, der gerade einem fruchtbaren Weibchen auf einen Baum nachstieg, aufhalten – woraufhin ein erzürnter Yeroen Nikkie angriff. Yeroen, schien es, hatte genug von Nikkies Herrschaft. Wenige Tage später, nach einem heftigen nächtlichen Kampf, der sowohl Yeroen wie auch Nikkie verwundet zurückließ, hatte Nikkie die Position des Alpha-Männchens verloren. Nun war Luit wieder an der Macht.[9]

Kurz nachdem ich die Geschichte der Arnhem-Schimpansen das erste Mal gelesen hatte, fiel mir eine Darstellung der Rosenkriege in die Hände. Etwas stieß sich an einer dunklen Erinnerung. Die Geschichte war merkwürdig vertraut, so als hätte ich sie gerade nur in anderer Form gelesen. Dann dämmerte es mir. Margarethe von Anjou, die Königin von England, war Luit. Eduard IV., der usurpierende Sohn des Herzogs von York, war Nikkie, und der reiche Graf, bekannt als Warwick der Königsmacher, war Yeroen. Man erinnere sich: Mit Warwicks Hilfe stürzte der Herzog von York einst den unfähigen und weichlichen Heinrich VI. Nach der Ermordung Yorks wurde zwar sein Sohn als Eduard IV. König, doch beunruhigt über Warwicks Macht, gestattete er der Familie seiner Frau, eine rivalisierende Fraktion am Hofe zu bilden, um Warwicks Position zu unterminieren. Ein zunehmend ernüchterter Warwick verbündete sich mit der Frau Heinrichs VI., Margarethe von Anjou, schickte Eduard ins Exil und riß erneut den Thron an sich – diesmal für seine neue Marionette, den verwirrten Heinrich VI. Doch Eduard stachelte erfolgreich eine Rebellion gegen Warwick an, tötete ihn im Gefecht, nahm London ein und ließ Heinrich VI. ermorden. Es ist fast die gleiche Geschichte wie bei Luit, Nikkie und Yeroen. In Arnhem wurde auch Luit schließlich umgebracht – von Yeroen.

Das Beispiel Arnhemscher Schimpansen-Politik macht zwei zentrale Aspekte im Leben der Schimpansen deutlich. Der erste ist der, daß die Bündnisse reziproker Natur zu sein scheinen. Anders als bei den entwicklungsgeschichtlich älteren Affen ist ein Bündnis ein streng symmetrisches Verhältnis. Wenn A zugunsten von B eingreift, sei es zur Verteidigung, sei es zur Unterstützung bei einem Angriff, muß B später das gleiche zugunsten von A tun, oder das Bündnis zerbricht. Die Arnhem-Schimpansen spielen also ganz offensichtlich ›Wie du mir, so ich dir‹.

Der zweite Aspekt lautet, daß Macht und sexueller Erfolg erreicht werden können, wenn schwächere Individuen sich gegen stärkere verbünden – ein Procedere, das bei den Menschen in noch höherem Maße Anwendung finden sollte, als Politik nämlich bei Jägern und Sammlern manchmal in nicht viel mehr besteht als in der Formierung von nachgeordneten Bündnissen, um der übermäßigen Machtentfaltung durch dominierende Individuen vorzubeugen. Das Thema von Königen und Häuptlingen, die gebremst und unter die Herrschaft von Bündnissen individuell schwächerer Untergebener geraten, durchzieht die gesamte Geschichte – von Frazers *Der goldene Zweig* über das Konsulat der Römischen Republik bis zur amerikanischen Verfassung. Um die Macht eines Alpha-Männchens zu neutralisieren, bedarf es eines großen Bündnisses, eines größeren, als für Schimpansen gewöhnlich möglich ist.[10]

Die dunkle Seite des Delphins

Es ist kein Zufall, daß Paviane Bündnisse eingehen und ein relativ großes Gehirn besitzen und Schimpansen in noch höherem Maße auf Bündnisse zurückgreifen, während sie für ihre Körpergröße über ein noch größeres Gehirn verfügen. Um Kooperation als Waffe in sozialen Beziehungen zu benutzen, verlangt es Individuen, die im Kopf behalten, wer ein Freund und wer ein Feind ist und wer wem einen Gefallen schuldet – und je mehr Gedächtnis- und Gehirnkapazität zur Verfügung stehen, desto besser kann kalkuliert werden. Es wird dem Leser nicht entgangen sein, daß es noch einen anderen Menschenaffen mit relativ großem Gehirnvolumen gibt. Doch ist der Mensch nicht die einzige Spezies auf Erden, deren Gehirnmasse im Verhältnis zur Körpergröße die des Schimpansen übersteigt. Es gibt noch eine weitere kopflastige Spezies: den Flaschennasendelphin.

Flaschennasendelphine sind weitaus intelligenter als andere Delphine und Wale, in etwa demselben Maße, wie der Mensch intelligenter ist als andere Menschenaffen. Wenn also die Intelligenz der Befähigung zur Kooperation Grenzen setzt beziehungsweise sich aus dieser Befähigung ableitet, dann sind es die Flaschennasendelphine, bei denen wir erwarten dürfen, noch mehr Kooperation zu finden. Die Delphin-Soziologie steckt zwar noch in den Kinderschuhen, gleichwohl sind die ersten Ergebnisse aufregend, denn sie offenbaren einerseits einige ursprüngliche Ähnlichkeiten mit Menschenaffen, andererseits manchen gesunden Unterschied.

Der besterforschte Schwarm von Flaschennasendelphinen ist ein Schwarm aus mehreren hundert Exemplaren, der in einer klaren, seichten Bucht mit dem Namen Shark Bay vor der Küste Westaustraliens lebt. Seit den sechziger Jahren schwimmen die Delphine bis an den Strand heran, um sich von den dortigen Touristen mit Fisch füttern zu lassen, was es leicht macht, sie aufzuspüren und zu beobachten. Richard Connor und seine Kollegen haben sie mittlerweile über einen Zeitraum von zehn Jahren studiert und sind dabei auf erstaunliche Ergebnisse gestoßen. Wer an dem Glauben festhalten will, bei Delphinen handele es sich um mystische, vollkommene, friedfertige und ganzheitliche Wesen, sollte besser nicht weiterlesen, wenn er nicht seine geschätzten Vorurteile verlieren will.

Die Shark-Bay-Delphine leben in einer ›Fission-Fusions-Gesellschaft‹, die auf den ersten Blick ganz derjenigen der Spinnenaffen oder der Schimpansen zu ähneln scheint. Das heißt nichts anderes, als daß nur sehr selten oder nie alle Mitglieder der sozialen Gruppe gleichzeitig zusammen sind; Bekanntschaften überschneiden sich, und Freundschaften sind fließend. Eine Ausnahme besteht aber bei dieser flexiblen Regel: Erwachsene Delphinmännchen sind zu zweit oder zu dritt unterwegs, und jedes Duo oder Trio ist dabei ein enger Bund von zwei beziehungsweise drei festen Freunden. Connor und seine Kollegen, die drei Duos und fünf Trios folgten, konnten sich den Zweck dieser Bünde zusammenreimen.

Wenn ein Delphinweibchen in die Paarungszeit kommt, wird es häufig von einem Männerbund für einige Tage aus dem Schwarm, in dem es lebt, ›entführt‹. Die Männchen schwimmen dann mit ihr davon, eines auf jeder Seite, der ›Dritte im Bunde‹ hält sich irgendwo in der Nähe auf. Manchmal versucht das Weibchen zu entkommen, was ihm gelegentlich sogar gelingt, indem es einfach durchs Wasser davonjagt. Höflich sind die Freier nicht gerade zu ihm. Sie jagen es, wenn es versucht zu entkommen, sie schlagen es mit ihren Schwänzen, fallen es an, beißen es und rammen ihre Körper gegen den ihren, um es auf dem von ihnen festgelegten Kurs zu halten. Sie frönen obendrein einem spektakulären Schauspiel synchronen Springens, Tauchens und Schwimmens – so, wie es dressierte Delphine in Gefangenschaft machen. Und sie paaren sich mit dem Weibchen, wobei sie sich offensichtlich abwechseln oder sogar probieren, es gleichzeitig zu tun.

Es gibt wenig Zweifel, daß die Männchen sehr wohl versuchen, allein über ein fruchtbares Weibchen zu verfügen,

226

um dessen nächste Nachkommenschaft zu zeugen, und daß sie nur zu zweit oder zu dritt vorgehen, weil ein einzelner Delphin weder die Bewegungen eines Weibchens zu kontrollieren vermag noch verhindern könnte, daß es von einem anderen Männchen oder einem Zweierbund gestohlen würde. Da Vaterschaft unteilbar ist, ist es desgleichen sinnvoll, die Obergrenze für das Bündnis bei Drei anzusetzen. Größere Bündnisse würden nur die Vaterschaftsvorteile verringern, selbst wenn die Delphinmännchen dabei mehr Weibchen zusammentreiben könnten.

Connors Team entdeckte bald, daß die Männerbünde sich darüber hinaus gegenseitig die Weibchen entführen, was sie dadurch bewerkstelligen, daß sie ›nachgeordnete‹ Bündnisse mit anderen verbündeten Männchen eingehen. Diese Bündnispartner werden speziell für die Gelegenheit der Entführung rekrutiert. Connors Team bemerkte beispielsweise einmal einen Dreierbund namens B, der auf dem Wege zum Fütterungsstrand einen anderen Dreierbund, H, mit einem Weibchen im Schlepptau, beobachtete. B entfernte sich, schwamm eine Meile in nördlicher Richtung und kehrte mit einem Zweierbund, A, zurück. Die fünf Delphine griffen nun H an und raubten ihm das Weibchen, woraufhin A sich zurückzog und B die Kontrolle über das Weibchen überließ. Eine Woche später revanchierte sich B, indem er jetzt A half, ein Weibchen von H zu rauben. A und B helfen sich auf diese Art und Weise ebenso häufig wie H, G und D. Das heißt, mehrere Koalitionen gehen miteinander ›Super-Koalitionen‹ ein.[11]

Auf genau dieselbe Weise benutzen Paviane ihre Verbündeten – X rekrutiert Y, um ein Weibchen von Z zu rauben –, abgesehen von zwei Unterschieden. Bei den Delphinen handelt es sich bei X, Y und Z nicht um Individuen, sondern um Teams von Freunden; es stellt sich bei ihnen auch nicht die Frage, wer vom Raub der Weibchen profitiert: Das Bündnis ist nur dazu da, selbstlos Unterstützung zu gewähren. In der Tat hat der unterstützende Bund manchmal bereits ein Weibchen im Schlepptau (das ihm im Eifer des Gefechts durchaus abhanden kommen könnte), wenn er seinem Verbündeten Diebstahlbeihilfe leistet, und das, obwohl er nie mehr als ein Weibchen auf einmal zu kontrollieren vermag. Weit davon entfernt, den Dieben aus Eigeninteresse beizustehen, sind die Delphine von unvermittelter Großzügigkeit. Connor und seine Kollegen glauben nun, obwohl sie es noch nicht beweisen konnten, daß die Beziehung zwischen befreundeten Bündnissen eine gegenseitige ist. Denn die Delphine tun etwas, was bis auf den Menschen kein anderer Primat tut: Sie bilden nachgeordnete Allianzen, sprich Koalitionen von Koalitionen. Bei Pavianen und Schimpansen sind Beziehungen zwischen Koalitionen ausschließlich konkurrierender, nicht kooperativer Natur.

Dies hat für die Delphinforschung höchst interessante Konsequenzen. Bis jetzt gibt es keine gesicherte Erkenntnisse darüber, ob Delphine in geschlossenen Gesellschaften leben. Das soll heißen, daß sich Delphine anscheinend nicht territorial aufspalten in Horden, Stämme oder Sippen. Bei den meisten Primaten ist aber genau das der Fall. Ein Schimpanse kann zwar in einer losen und fluktuierenden Gruppe leben und nur gelegentlich einige seiner Landsleute zu Gesicht bekommen, doch er bleibt innerhalb des Territoriums dieser Gruppe, und alle Nichtmitglieder dieser Gruppe sind für ihn Feinde. Handelt es sich um ein Männchen, wird es wahrscheinlich niemals die Gruppe verlassen, in die es geboren wurde, wohingegen Weibchen ziemlich häufig ihre angestammte Gruppe verlassen und zu einer anderen stoßen. Bei Pavianen ist das gerade umgekehrt. Hier verlassen die Männchen, so sie erst voll entwickelt sind, die Horde ihrer Geburt und drängen in eine andere, für gewöhnlich an die Spitze der Hackordnung. Diese Migration zwischen den Gruppen beugt Inzucht vor.

Warum sind es bei den Pavianen die Männchen und bei den Schimpansen die Weibchen, die fortgehen? Der Grund könnte in der den Schimpansenmännchen eigenen aggressiv fremdenfeindlichen Verhaltensweise liegen, die selbst eine Folge der Neigung von Schimpansenmännchen sein könnte, sich mit anderen zu verbünden. Ein Schimpansenmännchen, das sich allein in das Territorium einer benachbarten Horde vorwagt, ist mit größter Sicherheit dem Tode geweiht. Wo immer man sie auch erforschte, überall fand man ostafrikanische Schimpansen, die sich in etwas übten, was zwar nicht menschlicher Kriegsführung entpricht, aber gewisse Parallelen zu Raubzügen aufweist. Eine Gruppe von Schimpansenmännchen macht sich leise und zielstrebig in Richtung des Nachbarterritoriums auf. Begegnen sie einem starken Kontingent gegnerischer Männchen, räumen sie das Feld. Begegnen sie einem Weibchen, versuchen sie möglicherweise, es ins eigene Territorium zu verschleppen. Begegnen sie einem einzelnen Männchen, greifen sie es unter Umständen an und töten es. Eine Horde in Gombe, die von Jane Goodall erforscht wurde, rottete auf diese Weise alle Männchen einer kleinen benachbarten Horde aus und beanspruchte deren Weibchen für sich. Eine andere Horde in den Mahale-Bergen erreichte dasselbe Resultat.

Gebietsansprüche, selbst heftige Gewaltausbrüche zwischen rivalisierenden Männchen sind im Königreich der Tiere nichts Befremdliches. Was ungewöhnlich an den Schimpansen ist (wenn auch nicht einzigartig – Wölfe sind dafür ein anderes Beispiel), ist die Tatsache, daß das Territorium von einer Gruppe verteidigt wird, nicht von einem Individuum. Tatsächlich ist die Territorialverteidigung durch Gruppen nichts weiter als eine Erweiterung der Bündnisstruktur, wie wir sie zwischen Individuen wie Nikkie und Yeroen bereits kennengelernt haben. Vergegenwärtigen wir uns, daß Luit, als es Alpha-Männchen wurde, die Verlierer gegen ihre Verfolger unterstützte. Alpha-Männchen greifen auch ein, um Kämpfe abzuwenden. Sie spielen eine wichtige befriedende Rolle. Der Grund dafür liegt vielleicht darin, daß auf diese Weise das Auseinanderbrechen der Gruppe verhindert werden kann, was wiederum von Bedeutung ist für die Tatsache, daß sich größere Gruppen eher der Raubüberfälle durch ihre Nachbarn erwehren können. Wenn eine Gruppe von Männchen einen Überfall unternimmt, verhält sich das Alpha-Männchen, als müsse es sich erst der Rückendeckung durch seine Bündnispartner versichern, bevor es einen Angriff lancieren kann. Bei einer solchen in Gombe gefilmten Situation konnte das Alpha-Männchen Goblin offensichtlich nicht die Zustimmung einiger älterer Kollegen gewinnen, einen Angriff gegen einige Feinde zu starten, und die Horde setzte sich ab.

Bei Schimpansen ist deshalb das allerwichtigste Bündnis jenes zwischen allen erwachsenen Männchen derselben Horde gegen alle erwachsenen Männchen der gegnerischen Horde. Dieses ›Makro-Bündnis‹ kommt aber lediglich dann ins Spiel, wenn Gefahr von ›außerhalb‹ droht beziehungsweise wenn beabsichtigt wird, selbst ›außerhalb‹ Gefahr zu verbreiten. Schimpansenmännchen meiden die Grenzen ihres Territoriums, außer wenn sie sich in ziemlich großen Gruppen befinden; Weibchen halten sich von solcherlei Gefahrenzonen ganz fern.

Wenn es stimmt, daß Flaschennasendelphine nicht in geschlossenen, territorial geordneten Gesellschaften leben, dann haben ihre Bündnisse von Koalitionen einen vollkommenen Sinn. Eine Gruppe von Männchen oder auch Weibchen ist ganz offensichtlich nicht in der Lage, ein Meeresgebiet gegen eine andere Gruppe zu verteidigen, Fremdenfeindlichkeit hat also wenig Sinn. Selbst in klarem Wasser kann ein Delphin sich auf eine Entfernung von nur einer Meile vor einem anderen Delphin verbergen, vor al-

lem, wenn er sich leise verhält – Sichtverhältnisse sind an
Land in der Regel weitaus besser. So haben bei den
Delphinen Bündnisse nicht den Sinn, eine Gruppe von
Weibchen oder ein Territorium zu verteidigen, sondern dienen der gelegentlichen und vorübergehenden Erfolgsstei-
gerung beim Zusammentreiben einzelner Weibchen und
beim Raub ebendieser Weibchen von anderen Bündnissen.[12]

Das Stammeszeitalter

Todbringende Gewalt innerhalb von Gruppen ist wahrscheinlich ein Charakteristikum, das wir mit Schimpansen
teilen, wie Richard Wrangham schloß. Doch haben wir dem
etwas Eigenes hinzugefügt, nämlich Waffen. Einmal ausgestattet mit einer Schußwaffe, sei es ein Speer oder auch nur
ein zielsicher geworfener Stein, ist ein Mensch in der Lage,
einen anderen Menschen ungestraft anzugreifen. Er
braucht sich nicht der Gefahr eigener Verwundung auszusetzen, wenn er den Überraschungseffekt auf seiner Seite
hat und der Gegner unbewaffnet ist. Wie anders ist das
Risiko der Schimpansen, die einen Gegner angreifen, selbst
wenn sie sich dabei in einer Gruppe befinden. Leicht könnten die Angreifer aus so einer Aktion mit gebrochenen
Knochen, blutenden Wunden oder einem fehlenden Auge
herausgehen. Im Durchschnitt benötigen drei oder vier
Schimpansen zwanzig Minuten, um einen Artgenossen zu
töten. Dank der Erfindung von Waffen vermag es ein
Mensch, einen anderen mit einem Schlag zu töten – und das
aus sicherer Entfernung.
    Schußwaffen sind vermutlich ursprünglich für die Jagd
erfunden worden, aber wenn dem so ist, hat es mit ihnen
etwas Merkwürdiges auf sich. Da sie nach und nach die
Entfernung vergrößerten, aus der ein Mensch ein Tier erle-

gen kann, hätte dies theoretisch die Notwendigkeit für die Menschen, in großen Gruppen zu jagen, verringert und nicht vergrößert. Ein mit Pfeil und Bogen ausgerüsteter Mensch kann sich allein an seine Beute heranpirschen, während er, mit Steinen und Knüppeln bewaffnet, höchstens darauf hoffen kann, daß seine Verbündeten das Wild in einen Hinterhalt locken.

Die eigentliche Bedeutung der Erfindung geschleuderter Waffen besteht darin, daß sie das Kriegsgeschäft einträglicher und weniger riskant machten. Dies hätte den Vorteil, sich in einem großen Bündnis zusammenzutun, aufgrund besserer Verteidigungs- und Angriffsmöglichkeit erhöht. Vielleicht ist es ja kein Zufall, daß der *Homo erectus*, der erste unserer Gattung, der relativ hochwertige Steinwerkzeuge in großen Mengen herzustellen wußte, sehr bald eine größere Statur und einen dickeren Schädel herausbildete: Er hat regelmäßig eins auf den Kopf bekommen. Das Verhältnis von Waffen und Bündnissen war schon immer symbiotisch. Die Anthropologen wissen seit Jahren, daß Waffen aus der Herrschaft ein riskantes Spiel machen und insofern einem Führer mehr Überzeugungsvermögen abverlangen als Zwangsmaßnahmen. Bei dem !Kung-Volk Südafrikas ist folgende Redensart üblich: »Keiner von uns ist groß oder klein; wir alle sind Männer und können kämpfen. Ich gehe meine Pfeile holen.« In seinen New Yorker Geschichten über die Zeit der Prohibition ist Damon Runyons Slang-Ausdruck für Revolver ›Gleichmacher‹.[13]

Es sind die Waffen, die uns von Schimpansen und Flaschennasendelphinen unterscheiden. Die Verfassung der menschlichen Gesellschaft verbindet Merkmale der Schimpansen und auch solche der Delphine. Wie Schimpansen sind wir Menschen fremdenfeindlich. Sämtliche vorschriftsprachlichen menschlichen Gesellschaften, ebenso alle modernen, neigen dazu, sich einen ›Feind‹ zu erschaffen, eine Idee von ›sie‹ und ›wir‹. Besonders ausgeprägt ist dies bei Stammesgesellschaften, die aus den Sippen miteinander verwandter Männer, ihrer Frauen und Angehörigen bestehen – eine gewöhnliche Form des Tribalismus, die man auch Bruderinteressengruppe nennt. Mit anderen Worten, je mehr Männer in ihrer angestammten Gruppe bleiben, während Frauen sie verlassen, desto größer ist der Antagonismus zwischen den Gruppen. Matrilineare und matrilokale Gesellschaften sind etwas weniger anfällig für Fehden und Kriege, so wie auch die matrilineare und matrilokale Gesellschaft der Paviane kaum Aggressionen zwischen den Gruppen zeigt.

Wenn auf der anderen Seite eine Gruppe nah verwandter Männer als soziale Einheit zusammenlebt, wie eben die Schimpansen, sind Fehden und Überfälle zwischen den einzelnen Gruppen an der Tagesordnung. Bei den Yanomamo-Indianern in Venezuela zum Beispiel gehören Krieg und Überfälle bei Dörfern beinahe zum Alltag. Bei den schottischen Clans haßten sich die McDonalds und Campbells, lange bevor ihnen das Massaker von Glencoe einen Grund lieferte. Ihre Nachfahren in den Vororten Glasgows drücken gegenüber den Fußballklubs der Rangers oder Celtics noch immer dieselbe Stammesloyalität aus. Nach dem Zweiten Weltkrieg war es keine logische Notwendigkeit, daß Russen und Amerikaner sich plötzlich als Feinde gegenüberstanden, aber es war wohl eine menschliche Notwendigkeit. Montagues und Capulets, Franzosen und Engländer, Whigs und Tories, Airbus und Boeing, Pepsi und Coca-Cola, Serben und Bosnier, Christen und Sarazenen – wir sind unheilbare Stammeswesen. Die benachbarte oder rivalisierende Gruppe, wie auch immer sie sich bestimmt, ist automatisch ein Feind. Argentinier und Chilenen hassen einander, weil niemand anderes in der Nähe ist, den man hassen könnte.

Tatsächlich ist die menschliche Gepflogenheit des ›Wir gegen sie‹ in der Wirkung so stark, daß Männer sich einen

Prestigegewinn versprechen, wenn sie an Kämpfen zwischen Gruppen teilnehmen, während Schimpansenmännchen durch Kämpfe innerhalb der Gruppe an Prestige gewinnen. Gruppenkonflikte bei Schimpansen münden nicht in Krieg, weil sich die Patrouillen rivalisierender Schimpansen gegenseitig nicht angreifen; statt dessen versuchen sie, einzelne Männchen ausfindig zu machen und anzugreifen. Es handelt sich um vereinzelte Ausfälle, nicht um Schlachten. Menschen, Männer dagegen suchen Ruhm in Schlachten gegen den Feind, von Achilles bis Napoleon.[14]

Blau gegen Grün

Wenn die Polarisierung im Sport tatsächlich ein Ersatz für die Bündnisse rivalisierender Männchen der Gattung der Menschenaffen darstellt, dann werden Ekstase und Agonie des modernen Fußballfans etwas verständlicher. Das gegnerische Team und seine Parteigänger stellen für einen Fußballfan eine beinahe ebenso schreckliche und herausfordernde Gefahr dar wie eine Gruppe blutrünstiger Krieger für einen Yanomamo. In den alten römischen Wagenrennen im Circus maximus wurden die gegeneinander antretenden Streitwagen anhand der Trikotfarben der Wagenlenker unterschieden. Zunächst hatte man nur die beiden Farben Weiß und Rot, doch wurden diese später um zwei weitere Farben, nämlich Grün und Hellblau, ergänzt und schließlich ganz von ihnen verdrängt. Dieser kleine Kunstgriff, urspünglich in der Absicht verwirklicht, die Streitwagen leichter voneinander zu unterscheiden, führte plötzlich zur Polarisierung der gegnerischen Anhängerschaft innerhalb der Stadt. Nach Caligula unterstützte selbst der jeweilige Kaiser die eine oder andere Fraktion.

Diese Sitte griff bald auf Konstantinopel über, wo in der riesigen Arena des Hippodroms Wagenrennen veranstaltet

234

wurden; die Spaltung der Stadt in ein grünes und ein blaues Lager ließ nicht lange auf sich warten. Dies war bereits allerhand, aber im sechsten Jahrhundert n. Chr. sollte sich noch Schlimmeres ereignen. Sport, Religion und Politik prallten aufeinander und explodierten in einem wütenden Gemetzel. Der schwache, doch verständige Kaiser Anastasius verfiel einer seinerzeit verbreiteten Irrlehre und brach mit dem Papst. So wurde sein Sportteam, die Grünen, mit der Ketzerei in Verbindung gebracht. Gegen Ende seiner Herrschaft massakrierten die Grünen bei einem religiösen Fest dreitausend Anhänger der blauen Fraktion und läuteten damit eine Periode größerer Gewalt zwischen den Fraktionen ein als üblich. Als Anastasius starb, folgte ihm der ehrgeizige Soldat Justin auf den Thron, dem wiederum Justinian, sein noch ehrgeizigerer Neffe, nachfolgte. Er hatte eine allerdings noch ehrgeizigere Ex-prostituierte namens Theodora geheiratet, die in ihrer aktiven Zeit durch die Hand der Grünen zu Schaden gekommen war. Justinian und Theodora führten rücksichtslos die religiöse Orthodoxie wieder ein und gestanden den Blauen besondere Vergünstigungen zu. Die Grünen schlossen sich als Reaktion darauf den Andersgläubigen und dem politischen Widerstand gegen die neue Herrschaft an. Die Blauen terrorisierten nun die Stadt mit ihrer Verfolgung der Grünen und Häretiker. Im Jahre 532 n. Chr. brach im Hippodrom ein Aufstand aus, den Justinian durch die Exekution von Rädelsführern auf beiden Seiten zu stoppen versuchte; dies brachte jedoch lediglich beide Fraktionen gegen ihn auf, und der sogenannte Nika-Aufstand nahm seinen Lauf. Weite Teile der Stadt gingen in Flammen auf, darunter auch die Hagia Sophia, ein Neffe des Anastasius aber wurde gegen seinen Willen von der Menge im Hippodrom zum Kaiser ›gekrönt‹. Fünf Tage lang war die Stadt in den Händen der Fraktionen, deren Losungswort ›Nika‹ war, was ›Bezwinger‹ heißt. Justinian war bereits im

Begriff, aus dem umkämpften Palast zu fliehen, als seine gefürchtete Gattin die Situation in letzter Minute rettete. Sie überzeugte die Blauen, das Hippodrom zu verlassen, und beauftragte anschließend zwei Generäle, es zu stürmen. Dreißigtausend Grüne kamen dabei ums Leben.[15]

Das Beispiel von der Urahnin aller Hooligans macht deutlich, daß fremdenfeindliche Gruppenloyalität bei Menschen genauso wirkungsvoll ist wie bei Schimpansen. Im übrigen gesellt sich zu unserer Fremdenfeindlichkeit ein Merkmal der Delphin-Gesellschaft, und das ist die Bildung nachgeordneter Koalitionen. Tatsächlich stellt man als Wesensmerkmal vieler menschlicher Gesellschaften, zu deren eindrucksvollsten die westliche gehört, in der auch ich lebe, fest, daß sie segmentiert sind. Wir leben in kleinen Clans, die sich zu Stämmen zusammenschließen, die sich wiederum zu Bündnissen zusammenfinden und so weiter. Auch Clans können sich zwar streiten und bekriegen, doch eine externe Bedrohung läßt sie die Reihen wieder schließen. Zu diesem Verhalten finden sich Parallelen bei Primaten, wenn auch nicht bei unseren nahen Verwandten, den Menschenaffen. Hamadryas-Paviane beispielsweise leben in Harems, die aus einem Männchen nebst einigen Weibchen und ein paar jugendlichen männlichen Mitläufern bestehen. Während der Nacht nun finden sich die Harems zu Clans zusammen, wobei jeder Clan aus zwei bis drei eng miteinander verbundenen Harems besteht. Einige dieser Clans bilden eine Horde, die sich ein Territorium teilt. Was gleichwohl einzig den Flaschennasendelphinen und den Menschen vorbehalten ist, sind die Allianzen zwischen zwei Gruppen, um eine dritte Gruppen zu bekämpfen. So wie zwei Delphin-Koalitionen sich miteinander verbünden, um einer dritten Koalition das Weibchen zu rauben, so ist die Idee der strategischen Allianz unter menschlichen Stämmen seit Anbeginn der Geschichte vertraut: Meines Feindes Feind sei mein Freund.

Yanomamo-Indianer schließen regelmäßig Verträge zwischen Dörfern, die gemeinsame Feinde haben. Der Molotow-Ribbentrop-Pakt, in dem Nazi-Deutschland und das stalinistische Rußland übereinkamen, einander nicht anzugreifen, und somit Deutschland die Möglichkeit eröffneten, ungehindert gegen Polen und Frankreich zu marschieren, war in formaler Hinsicht identisch mit dem Nichtangriffspakt, den Luit und Yeroen (bei den Schimpansen Frans de Waals) schlossen, um Nikkie zu stürzen, oder den A und B (bei den Delphinen Connors) gegen H schlossen – nur daß es hier um Stämme ging, nicht um Individuen oder Dreierbünde. Es handelt sich um jene Art instinktiver Taktik der Bündnisbildung menschlichen Tribalismusses, welche in der Tradition der Primaten steht, die auf eine Aggression hin kooperieren.

Können wir Außenpolitik jetzt auf der Basis von Instinkten erklären? Im Detail nicht. Wir hoffen, daß unsere Diplomaten Verträge schließen, die in unserem Interesse sind und nicht auf den genetischen Erinnerungen an die Feindseligkeiten der Menschenaffengruppen der Savanne beruhen. Doch die Diplomatie nimmt gewisse Aspekte in der menschlichen Natur als gegeben hin, die man nicht hinzunehmen bräuchte, im besonderen nicht unseren Tribalismus. Mein Ziel ist es, Sie zu überzeugen, einmal aus Ihrer Haut zu schlüpfen und einen Blick zurück auf unsere Gattung zu werfen, mit all ihren kleinen Schwächen. Dann werden wir erkennen, daß unsere Politik nicht so zu sein bräuchte, wie sie ist, denn wir müssen keineswegs tribalistisch sein. Wären wir tatsächlich wie die Delphine und lebten in einer offenen Gesellschaft, gäbe es zwar noch immer Aggression, Gewalt, Parteien und Politik, aber die Menschheit würde das Bild eines Aquarells, nicht eines Mosaiks der Völker bieten. Es gäbe keinen Nationalismus, keine Grenzen, keine Ingroups und Outgroups, keinen Krieg. Das nämlich sind die Folgen tribalistischen Denkens, das selbst ein Erbe der Evolution der bündnisbildenden, in Horden lebenden Menschenaffen ist. Kurioserweise sind es die Elefanten, die ebenfalls nicht in geschlossenen Gesellschaften leben. Die Weibchen finden sich zwar zu Gruppen zusammen, doch liegen die Gruppen nicht miteinander im Wettstreit, sind weder feindselig noch territorialistisch, noch gebunden in der Teilnehmerschaft: Jeder kann von Gruppe zu Gruppe wandern. Daß wir so sein könnten, ist eine fesselnde, phantastische Vorstellung. Frauen freilich sind bereits so.

KAPITEL 9

Die Quelle des Krieges

Warum die Menschen soziale Vorurteile haben

Es läßt sich nicht zweifeln, daß ein Stamm, welcher viele Glieder umfaßt, die in einem hohen Grade den Geist des Patriotismus, der Treue, des Gehorsams, Muts und der Sympathie besitzen und daher stets bereit sind, einander zu helfen und sich für das allgemeine Beste zu opfern, über die meisten anderen Stämme den Sieg davontragen wird; und dies würde natürliche Zuchtwahl sein.

Charles Darwin: *Die Abstammung des Menschen,* 1871*

In Death Valley, diesem unwirtlichen Backofen im Osten der kalifornischen Wüste, ist das am häufigsten vorkommende Tier eine Art der Getreideameise mit dem Namen *Messor pergandei.* Diese Ameisen leben in riesigen Kolonien zu Zehntausenden zusammen, in unterirdischen Nestern, die mehrere Meter tief in die Erde hineinreichen. Zur Morgen- und Abenddämmerung kriechen sie aus ihren Bauten hervor und schwärmen in dichten Kolonnen in die Wüste aus. In allen Himmelsrichtungen sammeln sie Samen, die sie in unterirdischen Vorratskammern lagern. Von diesen Lagern können sie während einer Dürreperiode jahrelang zehren. Jede Kolonie wird von einer einzigen Königin beherrscht, aus deren Eiern ein kontinuierlicher Strom von Arbeitern schlüpft.

An all dem ist nichts Besonderes. Nur wenn die *Messor*-Ameisen ein neues Nest gründen, geschieht etwas recht Merkwürdiges: Einige neue Königinnen tun sich zusammen und heben gemeinschaftlich das neue Nest aus. Sie brauchen keine Schwestern zu sein – in der Tat sind sie oft gerade nicht miteinander verwandt – und doch hilft die eine eifrig der anderen bei diesem neuen Gemeinschaftsunternehmen, und alle beginnen gleichzeitig damit, ihre Eier zu legen. Plötzlich aber – einige Wochen später – kommt es zu einem schlagartigen Wandel in ihrem Verhalten. Bürgerkrieg bricht in der Kolonie aus, blutrünstig fallen die Königinnen übereinander her. Wie in der letzten Szene des *Hamlet* folgt Königsmord auf Königsmord (wenn auch in unserem Beispiel eine Königin überlebt). Was ist passiert?

Die Erklärung für diese seltsame Geschichte liegt darin, daß die Samenernteameisen fanatische Territorialisten sind. Jedes Fleckchen Wüste befindet sich im exklusiven Besitz einer Kolonie. Da aber alle Kolonien zur gleichen Zeit neue, beflügelte Königinnen hervorbringen, gibt es für kurze Zeit eine große Anzahl neuer Nester in jedem vakanten Territorium. Zwischen den neuen Kolonien herrscht nun offener Kriegszustand, wobei eine jede Partei Streiftrupps aussendet, um die Eier und Larven ihrer Nachbarn zu rauben. Die gestohlene Brut wird nach Hause gebracht und dort zu ›Sklaven‹ aufgezogen, was die Stärke der Kolonie noch ausbaut. Die bestohlene Kolonie, geschwächt durch den Verlust an Arbeitskraft, stirbt ab. Übrig bleibt am Ende nur eine siegreiche Kolonie.

Dieser Krieg erklärt die seltsam befristete Kooperation der Gründerköniginnen. Je mehr Königinnen nämlich ein neues Nest bevölkern, desto mehr Arbeiterinnen bringen sie anfänglich hervor. Und je mehr Arbeiterinnen es gibt, desto größer die Chance, die eigene Brut zu verteidigen und die der Feindinnen stehlen zu können. Insofern lohnt es sich für die königlichen Baumeisterinnen zu kooperieren, um zunächst einer erfolgreichen Kolonie anzugehören. Unter den Kolonien ist die Konkurrenz verbissener als zwischen den einzelnen Ameisen. Erst wenn kein feindliches Volk mehr existiert, macht die einzelne Königin ihre eigenen Interessen gegen ihre Mit-Königinnen geltend.[1]

Um es in der Sprache der Menschen auszudrücken: Ein äußerer Feind stärkt den Gruppenzusammenhalt. Dies ist eine uns zutiefst vertraute Vorstellung. Während der ›Luftschlacht um England‹ waren Differenzen und Widersprüche bekanntlich vergessen: Die deutschen Bomben stifteten eiserne Loyalität zwischen den Briten. Als der Krieg vorüber war, zerfiel die Gesellschaft erneut, und der Triumph der gemeinsamen Sache der Kriegsjahre wich der kleinlichen Selbstsucht des Friedens, die sozialistische Verheißung wurde nach und nach zunichte gemacht. Um ein vertrauteres Beispiel zu nennen: Londoner Taxifahrer sind berüchtigt für ihre Feindseligkeit gegenüber anderen motorisierten Verkehrsteilnehmern und für ihre unverhohlene Bevorzugung anderer Taxis. Der typische Taxifahrer macht zwar eine Vollbremsung, um ein anderes Taxi in die Spur zu lassen, ob er den Fahrer nun persönlich kennt oder nicht, gibt aber Gas, um ein Auto zu schneiden, das ebenfalls in die Spur will, droht mit der Faust und schimpft auf seinen Fahrgast ein. Die Welt eines Taxifahrers teilt sich in zwei Lager: in ›die‹ und ›wir‹. Und so ist er nett zu ›uns‹ und gemein zu ›denen‹.

Dasselbe gilt für die Rivalität zwischen Macintosh-Jüngern und PC-Benutzern. Es ist erstaunlich, wie viel Verachtung erstere, die glauben, ihre Software sei die von Natur aus überlegenere, für letztere übrig haben. Dabei ist es im wesentlichen Stammesdenken, was sie dazu treibt.

Die egoistische Herde

Ein gänzlich neuer Erklärungsansatz rückt damit ins Blickfeld. Möglicherweise ist Kooperation weder aus Gründen enger Verwandtschaft noch aus Reziprozität noch aufgrund moralischer Erziehung ein Grundmuster unserer Gesellschaft, sondern vielmehr aus Gründen der ›Gruppenselektion‹: Kooperative Gruppen können sich im Konkurrenzkampf behaupten, egoistische nicht. Deshalb verdrängen kooperative Gruppen die anderen Gesellschaften. Die natürliche Auslese vollzog sich nicht auf der Stufe des Individuums, sondern auf der Stufe der Gruppe oder des Stammes.

Den meisten Anthropologen ist diese Überlegung alles andere als neu. Es gilt in der Anthropologie als Gemeinplatz, daß ein Großteil des kulturellen Erbes des Menschen einen unmittelbaren Zweck hat – nämlich die Einheit einer Gruppe, eines Stamms oder einer Gesellschaft aufrechtzuerhalten und zu fördern. Anthropologen interpretieren Rituale oder Bräuche in der Regel im Hinblick darauf, welchen Nutzen sie für die Gruppe haben, nicht für den einzelnen. Dabei ignorieren sie munter die Tatsache, daß die Biologen die gesamte Theorie der Gruppenselektion gründlich untergraben haben. Übrig blieb ein Gebäude ohne Fundament. Wie die Anthropologen redeten noch Mitte der sechziger Jahre die meisten Biologen leichtfertig darüber, wie Charakterzüge, die der Gattung nützlich sind, sich auf dem Wege der natürliche Auslese herausgebildet haben. Was aber passiert, wenn etwas zwar durchaus nützlich für die Gattung, doch schädlich für den einzelnen ist? Was geschieht, mit anderen Worten, in einem Gefangenendilemma? Wir wissen, was passiert. Das Interesse des einzelnen geht vor, denn die Selbstlosigkeit einer Gruppe würde beständig vom Egoismus ihrer Mitglieder untergraben.

Vergegenwärtigen wir uns eine Krähenkolonie. In ganz Eurasien ernähren sich diese krächzenden, in großen Schwärmen lebenden Tiere von Larven, die sie in Wiesen und Weiden aufspüren. Zum Brüten finden sie sich im Frühjahr zu Kolonien zusammen und bauen ihre Nester, die sie in hohen Bäumen aus Zweigen errichten. Sie sind ungeheuer gesellig. Von morgens bis abends krächzt und ruft es in der Kolonie, derweil die Vögel sich kabbeln, mit-

242

einander spielen oder poussieren. Der beständige Lärm, den ein Krähenschwarm veranstalten kann, ist so enervierend, daß man sie schon als Krähenparlament titulierte. In den sechziger Jahren unternahm ein Biologe den Versuch, Krähenhorste und andere Ansammlungen von Vögeln als Gesellschaften zu bezeichnen, das heißt als eine Gesamtheit, die größer ist als die Summe ihrer Teile. Saatkrähen, meinte Vero Wynne-Edwards, versammeln sich, um Aufschluß über ihre Populationsdichte zu erhalten und so ihre Brutleistung für das Jahr zu regulieren und auf diese Weise sicherzustellen, daß es zu keiner Überbevölkerung kommt. Sind sie sehr zahlreich, legt jede Krähe nur wenig Eier, um das Malthussche Verhungern für alle abzuwenden. »Die Interessen des einzelnen sind von den Interessen der Gemeinschaft als Ganzem überlagert beziehungsweise ihnen untergeordnet.« So konkurrieren zwar Krähenschwärme miteinander, nicht aber die einzelnen Vögel.[2]

Empirisch gesehen war Wynne-Edwards' Annahme wohl zutreffend. Ist die Population groß, fällt das Gelege klein aus. Nur ist diese Korrelation das eine, Wynne-Edwards' Schlußfolgerung daraus das andere. Vielleicht, widersprach der Ornithologe David Lack, wird bei hoher Populationsdichte das Futter knapp, worauf die Vögel mit einer geringeren Anzahl von Eiern reagieren. Überhaupt ist zu fragen, wie und warum sich eine Krähe entwickeln konnte, die das Interesse der Population über das eigene stellt? Denn selbst wenn sich eine jede Krähe in Selbstgenügsamkeit übte, ließe eine Verräterin mehr Nachkommen zurück als die anderen; ihre selbstsüchtigen Nachfahren wären den Altruisten zahlenmäßig bald überlegen, mit der Folge, daß die vormalige Selbstbeschränkung aufgegeben würde.[3]

Lack behielt recht. Vögel beschränken ihren Fortpflanzungstrieb nicht zum Wohle der Population. Die Biologen stellten plötzlich fest, daß es überhaupt nur sehr wenige Tiere gibt, die die Interessen des Individuums denen der Gruppe oder der Gattung unterordnen würden. Im übrigen setzen diejenigen, die es doch tun, ausnahmslos die Familie an die erste Stelle, nicht die Gattung. Ameisenkolonien und nackte Maulwurfsrattenvölker sind nämlich nichts weiter als große Familien. Das gleiche gilt auch für ein Wolfsrudel, eine Schar Zwergmungos oder die Nistgemeinschaften von Wiedehopfen und allen anderen Vögeln, bei denen der Nachwuchs des Vorjahres den Eltern bei der Aufzucht der nächsten Brut hilft. Wenn sie nicht von einem Parasiten getäuscht oder, wie im Fall der Ameisen, von einer anderen Art versklavt werden, ist der einzige Gruppenzusammenhang, den Tiere jemals über das Einzelwesen stellen würden, die Familie.

Gleichwohl bilden viele Tiere Schwärme, Herden, Rudel, Rotten und Meuten, die aus weit mehr als nur großen Familien bestehen. Der Grund dafür ist schlichter Eigennutz. Jedes Einzelwesen ist in der Herde besser aufgehoben als außerhalb ihrer, aus dem triftigen Grund, daß die Herde für einen Räuber alternative Opfer schafft. Die Menge bietet Schutz. Der Grund dafür, daß Heringe und Stare in Schwärmen leben, ist einfach der, daß sich so die Wahrscheinlichkeit, zur Beute zu werden, für das Individuum verringern. Die Wirkung der Ansammlung ist dabei zunächst einmal eine negative: Die Schwarmbildung der Heringe macht sie zur Lieblingsbeute der Buckel- und Killerwale, die sich niemals bequemen würden, einzelne Fische zu jagen. Doch aus der Warte des einzelnen ist es immer günstiger, sich hinter einem anderen Fisch verstecken zu können. So gesehen sind Schwärme und Rudel das Ergebnis von Eigennutz, nicht von Gruppenorientiertheit.

Bei der Krähenkolonie mag der Grund etwas anders gelagert sein: die gemeinsame Verteidigung oder die Möglichkeit, wohlgenährten Einzeltieren dahin zu folgen, wo sie ihr Futter gefunden haben. Das Prinzip bleibt jedoch das

244

gleiche. Einen Schwarm zu bilden ist eine eigennützige Entscheidung, kein sozialer Akt. Mit einem Wort, das gesellige und soziale Verhalten von Tieren hat, außer bei großen Familien, ganz und gar nichts Altruistisches an sich.

›Die egoistische Herde‹ nannte William Hamilton dieses Phänomen und stellte es anhand einer fiktiven Gruppe von Fröschen unter Beweis, die der Aufmerksamkeit einer Schlange in einem Teich dadurch entgingen, daß sie sich am Ufer aneinanderdrängten. Von nichts anderem als dem Wunsch getrieben, sich zwischen zwei andere Frösche zu zwängen, damit diese womöglich eher gefressen werden, fanden sich die imaginären Frösche schließlich in einem großen Haufen wieder. In der Natur stellen alle Ansammlungen, die keine Familien sind, egoistische Herden dar. Selbst Schimpansenhorden dürften sich aus diesem Grunde gebildet haben, nur sind die Räuber in diesem Fall die eigenen Artgenossen. Der Hauptnutzen für Schimpansen, in großen Horden zu leben, liegt darin, daß sie auf diese Weise das Risiko des erfolgreichen Angriffs einer rivalisierenden Horde auf das eigene Territorium vermindern.

Bist du in Rom ...

Zum Beweis für die Tatsache, daß sich Gruppenselektion nur selten gegen eine individuelle Selektion behaupten kann, sei darauf hingewiesen, daß das Geschlechterverhältnis praktisch aller Tiere bei der Empfängnis ausgewogen ist. Warum das? Man stelle sich eine Kaninchenart vor, bei der auf ein Männchen zehn Weibchen kämen. Da Kaninchen polygame Tiere sind und die Männchen die Jungen weder füttern noch beschützen müssen, könnte sich diese Art doppelt so schnell vermehren wie normale Kaninchen, die bald aussterben würden. Ein unausgewogenes Geschlechterverhältnis würde der Art also nützen.

Nun betrachte man das Ganze aber aus der Perspektive eines einzelnen Kaninchenweibchens dieser neuen Art. Man stelle sich vor, es läge in der Macht des Weibchens, das Geschlechterverhältnis ihres Wurfes zu beeinflussen. Brächte es lediglich männlichen Nachwuchs hervor, hätte jedes dieser Männchen zehn Gefährtinnen und die Mutter zehnmal so viele Enkel wie ihre Rivalinnen. Bald würde ihr söhnegebärendes Geschlecht auf die ganze Art übergreifen, Männchen würden häufiger und häufiger, und schließlich würde sich das Geschlechterverhältnis wieder auf den Ausgangszustand einpendeln. Das ist der Grund, weshalb – abgesehen von seltenen Ausnahmen, die die Regel nur bestätigen – immer etwa so viele männliche wie weibliche Nachfahren geboren werden. Eine Abweichung würde automatisch nur die belohnen, die das Geschlechterverhältnis ungünstig beeinflussen, womit man schließlich wieder bei einem ausgeglichenen Zustand angelangt wäre.

Fast dasselbe Argument gilt auch für das menschliche Verhalten. Angenommen, hundert Indianerfamilien lebten in einem südamerikanischen Wald und äßen nur eine Art Nahrung – das aus dem Stamm einer Palme gewonnene Mark. Dieser Gedanke ist gar nicht so abwegig, denn für einige Völker ist Palmenmark tatsächlich das Grundnahrungsmittel. Angenommen, Palmen würden nur sehr langsam wachsen, und jede Familie hätte es sich zur Regel gemacht, für das Mark nur die ausgewachsenen Bäume anzuschneiden. Um einer Hungersnot vorzubeugen, unterwürfe sich jede Familie einer strengen Familienpolitik, derzufolge ein Ehepaar nur zwei Kinder zur Welt bringen dürfte. Jedes weitere Kind würde getötet. Damit wäre sichergestellt, daß sich alle Menschen von reifen Palmen ausreichend ernähren könnten. Alles wäre zum besten bestellt in dem von uns erdachten, leicht totalitären Garten Eden. Für die Art wäre gesorgt, wenn auch auf Kosten etwaiger individueller Ambitionen, und sie könnte sich vermehren.

246

Nehmen wir nun einmal an, viele Jahren später weigere sich eine Familie, aus welchen Gründen auch immer, das zu tun, was man ihr sagt, und zieht zehn Kinder auf. Um die zu ernähren, fällt sie die Jungpflanzen. Andere verfahren genauso, und der ganze Stamm steckt bald in Schwierigkeiten. Dabei befinden sich die gesetzestreuen Indianer in denselben Nöten wie die Rechtsbrecher. Tatsächlich haben letztere, weil ihrer jetzt so viele sind, bei der kommenden Hungersnot sogar bessere Überlebenschancen als eine einzelne gehorsame Familie. Das Leid wird auf alle verteilt und sogar zu einem unverhältnismäßig großen Teil von den Unschuldigen getragen. Der Art nützt das wenig, dem einzelnen hingegen sehr. Ein potentieller Gesetzesbrecher mag zwar argumentieren, daß er auf lange Sicht besser fährt, wenn er der Versuchung widersteht, vielleicht spornt ihn auch Gemeinschaftssinn an. Doch kann er sicher sein, daß die anderen zu demselben Schluß kommen werden? Kann er, im Sinne des Gefangenendilemmas, darauf vertrauen, daß sie nicht betrügen? Und kann er, was das betrifft, überhaupt darauf vertrauen, daß man ihm vertraut? Denn wenn auch nur einer betrügt oder glaubt, ein anderer könne betrügen, oder glaubt, der andere könne glauben, er könne betrügen, dann bricht der Gemeinschaftsgeist in sich zusammen, und die Logik führt direkt in ein allgemeines Hauen und Stechen.

Man erinnere sich an die traurige Lektion, die uns die Chromosomen, der Embryo und die Ameisenkolonie erteilten. Selbst in diesen engverwandten Gruppen bleibt egoistische Unterwanderung eine ständige Bedrohung, die nur durch ausgefeilte Mechanismen unterdrückt zu werden vermag, etwa dem, eine Lotterie unter den Chromosomen zu veranstalten, eine Keimzelllinie beim Embryo zu isolieren und die Arbeitsameisen zu sterilisieren. Um wieviel schwieriger ist es, derlei Meutereien zu unterdrücken, wenn die Individuen nicht miteinander verwandt sind, frei

247

zwischen den Gruppen wandern können und fähig sind, sich selbst fortzupflanzen?

Überlegungen wie diese waren es, die bloßlegten, auf welch verhängnisvoll tönernen Füßen die Vorstellung von Gruppenselektion stand. Nur wenn die Generationsdauer einer Gruppe so kurz ist wie die ihrer Mitglieder, nur wenn bei ihnen eine gehörige Portion Inzucht betrieben wird, nur wenn es eine relativ geringe Wanderungsbewegung zwischen den verschiedenen Gruppen gibt und nur wenn für die gesamte Gruppe die Chance des Aussterbens genauso hoch ist wie für den einzelnen – nur wenn all diese Bedingungen erfüllt sind, wird Gruppenselektion die Wirkung der individuellen Selektion überlagern können. Andernfalls breitet sich der Egoismus wie eine Infektionskrankheit auf alle Arten oder Gruppen aus, die sich zugunsten einer größeren Gruppe in Selbstbeschränkung üben. Individuelle Bestrebungen setzen sich immer gegen kollektive Beschränkungen durch. Und bis auf den heutigen Tag hat man noch kein überzeugendes Beispiel für ein Tier oder eine Pflanze finden können, die Gruppenselektion praktiziert – abgesehen von geklonten oder engverwandten Familien –, außer dem vorübergehenden Zustand während der Bildung neuer Kolonien bei den Samenernteameisen. Bienen setzten bei der Verteidigung ihres Bienenstockes ihr Leben nicht aufs Spiel, weil sie sicherstellen wollen, daß der Bienenstock selbst überlebt, sondern weil sie wollen, daß die Gene überleben, die sie mit so vielen Schwestern teilen. Ihre Tapferkeit ist nichts weiter als genetischer Egoismus.[5]

In den letzten Jahren haben allerdings skeptische Töne die Selbstsicherheit unterwandert, mit der einige Biologen dieses Argument vorbringen. Sie bezweifeln zwar nicht die Kernaussagen, doch glauben sie, möglicherweise eine Ausnahme gefunden zu haben, eine Gattung, bei der genau die ungewöhnlichen Bedingungen vorliegen, die es einer kooperativen Gruppe ermöglichen könnten, einen derart großen Vorteil gegenüber den Gruppen selbstsüchtiger Individuen zu haben, daß sie diese verdrängen könnten, ohne vorher von ihnen angesteckt worden zu sein.

Diese Ausnahme ist natürlich der Mensch. Was den Menschen vor allen anderen Lebewesen auszeichnet, ist seine Kultur. Da der Mensch seine Sitten und Gebräuche, seine Erkenntnisse und Überzeugungen gewissermaßen auf dem Wege der Tröpfcheninfektion weiterzugeben pflegt, findet bei ihm eine völlig neue Form der Evolution statt – nun konkurrieren nicht mehr genetisch verschiedene Individuen oder Gruppen, sondern kulturell verschiedene. Ein Mensch kann sich auf Kosten eines anderen nicht aufgrund von geeigneteren Genen entwickeln, sondern weil er etwas weiß oder glaubt, das einen praktischen Wert hat.

Rob Boyd ist einer der Vertreter dieser neuen Einsicht, und wie üblich gewann man sie aus der Spieltheorie. Boyd, der zuerst Physik und im Anschluß daran Ökologie studiert hatte, argumentierte mit mathematischer Strenge, wo Biologen meist großzügiger vorgehen. In den 1980ern arbeitete er mit Peter Richerson zusammen, einem Ökologen und Planktonexperten, um die Gruppenauslese zu erforschen. Sein Interesse erwuchs aus einem Paradoxon: Gefangenendilemma-Spiele führen zwar am Ende auf die Strategie ›Wie du mir, so ich dir‹, aber wie man es auch dreht und wendet, im allgemeinen stiftet reziprokes Verhalten nur in sehr kleinen Populationen Kooperation. Bei Vampirfledermäusen oder Schimpansen funktioniert Kooperation noch ganz gut, da sich hier der einzelne nur den Großmut zweier oder dreier Artgenossen merken muß. Menschen dagegen, selbst wenn sie in Stammesgesellschaften leben, interagieren mit Dutzenden, ja mit Hunderten und Tausenden von anderen Menschen. Gleichwohl kooperieren sie selbst in diesen großen, diffusen Zusammenhängen zuverlässig. Wir vertrauen Fremden, geben

Kellnern, die wir nie wieder zu Gesicht bekommen, großzügige Trinkgelder, spenden Blut, halten uns an gewisse Regeln und arbeiten für gewöhnlich auch mit Leuten zusammen, von denen wir kaum eine Gegenleistung erwarten dürfen. Egoistisches Trittbrettfahrertum ist eine so vernünftige und erfolgreiche Strategie in einer großen Gruppe wechselseitiger Kooperatoren (wie Robert Maxwell gelegentlich beweist), daß es eigentlich im höchsten Maße befremdet, daß nicht mehr Menschen diese Wahl treffen.

Deshalb, so schließen Boyd und Richerson, sollten wir auf die Vorstellung einer Reziprozität ganz verzichten und nach anderen Erklärungen für das Phänomen menschlicher Kooperation suchen. Nehmen wir an, in der Evolutionsgeschichte der Menschheit wären kooperative Gruppen erfolgreicher gewesen als jene, die sich aus egoistischen Individuen zusammensetzten, und erstere hätten letztere mit wütender und wiederholter Anstrengung ausgerottet. Dies hätte bedeutet, daß es wichtiger war, einer Gruppe selbstloser Individuen anzugehören, als sich selbst egoistisch zu verhalten. Funktioniert hätte das Ganze aber nur so lange, wie die Unterschiede zwischen den Gruppen bestehenblieben. Verhängnisvoll hätte sich dagegen ausgewirkt, wenn egoistisches Gedankengut – durch Mischehen etwa – von den egoistischen Gruppen auf die kooperativen Gruppen übergegriffen hätte. Diese Schlußfolgerung gilt auch dann, wenn das betroffene Wesen die meisten seiner Eigenschaften kulturell erwirbt, nicht instinktmäßig.

Boyd und Richerson aber entdeckten bei ihren mathematischen Simulationen, daß es eine Form des kulturellen Lernens gibt, die kooperatives Verhalten wahrscheinlicher werden läßt – der Konformismus. Wenn Kinder nicht von ihren Eltern oder durch Versuch und Irrtum lernen, sondern immer nur die jeweils gängige Tradition oder Mode ihrer erwachsenen Vorbilder nachahmen, die ihrerseits immer nur die jeweils herrschenden Verhaltensmuster der Gesellschaft übernehmen – mit einem Wort, wenn wir uns in kultureller Hinsicht wie Schafe verhalten, dann kann Kooperation in sehr großen Gruppen dauerhaft existieren. Im Ergebnis können dabei die Unterschiede zwischen kooperativen und egoistischen Gruppen lange genug bestehenbleiben, so daß letztere im Konkurrenzkampf mit ersteren unterliegen. Die Selektion kann also zwischen Gruppen eine ebenso große Bedeutung erlangen wie zwischen Individuen.[6]

Erscheint uns Konformität vertraut? Ich denke, ja. Menschen kann man ungeheuer leicht dazu überreden, noch den absurdesten und gefährlichsten Weg mitzugehen, aus keinem besseren Grund als dem, daß alle so handeln. In Nazi-Deutschland suspendierte praktisch jeder sein Urteilsvermögen, um einem Psychopathen zu folgen. Im maoistischen China reichten ein paar simple Erklärungen eines sadistischen Führers aus, um eine gewaltige Zahl an Menschen zu veranlassen, solch lächerliche Dinge zu tun, wie etwa alle Lehrer zu denunzieren und zu attackieren, alle Kochtöpfe einzuschmelzen, um Stahl zu gewinnen, oder alle Spatzen zu töten. Dies mögen extreme Beispiele sein, aber trösten Sie sich nicht damit, daß Ihre eigene Gesellschaft gegen derartige Marotten gefeit sei. Imperialistischer Chauvinismus, McCarthyismus, Beatle-Manie, Schlaghosen, sogar die Absurditäten der ›politischen Korrektheit‹ – dies alles sind beredte Beispiele dafür, wie leicht wir gehorsam der gängigen Mode erliegen können aus keinem anderen Grund als dem, daß es sich um den aktuellen Trend handelt.

Boyd und Richerson fragten daraufhin, warum sich Konformität überhaupt herausbilden sollte. Welchen Vorteil bringt es den Menschen, derart konformistisch zu sein? Sie behaupten, daß in einer Gattung, in der die Einzelwesen auf viele verschiedene Arten und Weisen leben, die Übernahme einer alten Weisheit sinnvoll ist: »Bist du in Rom, verhalte dich wie die dortigen Römer.«

Um das zu verstehen, denke man an Killerwale. Die meisten Tiere fressen in ihrem gesamten Verbreitungsgebiet dasselbe wie alle ihre Artgenossen. Ein Fuchs beispielsweise ernährt sich von Aas, Würmern, Mäusen, Jungvögeln und Insekten, ob er nun in Kansas lebt oder in Leicestershire. Bei Killerwalen aber verhält es sich anders. Jede lokale Population bedient sich bei der Jagd auf ihre jeweilige Beute einer ausgeklügelten Strategie, die immer eine andere ist: In den Fjorden Norwegens sind Killerwale darauf spezialisiert, mit findigen Tricks kooperativer Jagd Heringsschwärme zusammenzutreiben. Vor der Küste von Britisch-Kolumbien gehen sie wiederum ganz anders vor, um Lachs zu fangen. Auf den subantarktischen Inseln ernähren sie sich hauptsächlich von Pinguinen, die sie sehr geschickt im Seetang überraschen. Vor der patagonischen Küste haben sie eine ganz besondere Fertigkeit entwickelt, die die Jungen erst erlernen müssen: Sie werfen sich auf den Strand, um einen Seelöwen zu erlegen. Das entscheidende ist, daß jede Population etwas anders vorgeht, und ein norwegischer Killerwal würde in patagonischen Gefilden schlicht verhungern, wenn er sich nicht an die örtlichen Gepflogenheiten anpaßte.

Ähnlich waren Menschen wahrscheinlich von dem Zeitpunkt an in ihren Gewohnheiten örtlich geprägt, als sie sich vor etwa fünf Millionen Jahren aus ihrer genetischen Gemeinschaft mit den Vorfahren der Schimpansen lösten. Schließlich zeigen selbst Schimpansen stark lokal geprägte Ernährungsgewohnheiten, je nach dem, was in ihrem jeweiligen Lebensraum am sinnvollsten ist – fast so wie die Killerwale. So knackt eine Gruppe von Schimpansen im Westen Afrikas Nüsse mit Steinen, während eine andere im Osten Termiten frißt, die sie mit Hilfe eines Stockes aus dem Innern eines Termitennestes ›herausangelt‹. Konformistische Aneignung von Kultur ist eine Methode, sicherzugehen, daß man das den örtlichen Gegebenheiten ent-

252

sprechend Sinnvollste unternimmt – man erbt die Disposition, die Nachbarn zu kopieren. Eine *Homo erectus*-Frau aus der Serengeti, die westwärts wanderte und sich einer Gruppe anschloß, die am Rande eines Bergwaldes lebte, hätte gut daran getan, die neuen Nachbarn darin zu kopieren, wie sie Früchte suchen, anstatt beharrlich nach einer Knolle zu graben, die in ihrer neuen Heimat gar nicht vorkommt.

Weiter bemerkt Boyd, daß Imitation sich um so günstiger auswirkt, je mehr Menschen sich daran halten. Wäre man nämlich der einzig Imitierende, würde man nur das lernen, was ein anderer sich mühselig selbst erarbeitet hat, nicht etwas, das bereits von hundert anderen erfolgreich erprobt worden ist. Damit stellt sich die Frage, wie ein konformistisches System überhaupt entstehen konnte.[7]

In der Entwicklungsgeschichte des Menschen bildeten sich die Gewohnheiten zu lokaler Spezialisierung, kulturellem Konformismus, heftigen Gegensätzen zwischen Gruppen, kooperativer Gruppenverteidigung und der Neigung zur Gruppenbildung Hand in Hand heraus. Die Gruppen, in denen kooperative Verhaltensweisen sich entfalteten, waren diejenigen, die aufblühten. Schritt für Schritt verankerte sich die menschliche Angewohnheit zur Kooperation tief in der menschlichen Psyche. Mit den Worten Boyds und Richersons ausgedrückt: »Konformistische Übermittlung liefert wenigstens eine theoretisch zwingende und empirisch plausible Begründung dafür, warum der Mensch im Unterschied zu allen anderen Tieren kooperiert, entgegen seiner eigenen Interessenlage und mit Menschen, mit denen er nicht nah verwandt ist.«[8]

Eine Million Menschen kann sich nicht irren

Parallel mit der Entdeckung der Konformität in der Evolution sind auch Psychologen und Ökonomen auf sie gestoßen. In den 1950ern hat der amerikanische Psychologe Salomon Asch eine Versuchsreihe durchgeführt, um die menschliche Bereitschaft zu testen, sich bis zur Konformität einschüchtern zu lassen. Die Versuchsperson wurde in einen Raum geführt, in dem sich neun in einem Halbkreis angeordnete Stühle befanden, und an das eine Ende gesetzt. Acht weitere Personen kamen nacheinander hinzu und besetzten die übrigen Stühle. Bis auf die Versuchsperson handelte es sich um Strohmänner – Eingeweihte des Versuchsleiters. Asch zeigte nun der Gruppe nacheinander zwei Karten. Auf der ersten sah man eine einzelne Linie, auf der zweiten drei Linien verschiedener Länge. Jede Person wurde nun gefragt, welche der drei Linien genauso lang sei wie die, die sie zuerst gesehen hatten. Der Test war nicht schwierig; die Antwort lag auf der Hand, denn die Linien waren alle zweieinhalb Zoll länger oder kürzer.

Doch die Versuchsperson kam als letzte an die Reihe, also nachdem acht andere ihre Meinung bereits geäußert hatten. Zum Erstaunen der Versuchsperson entschieden sich die acht anderen nun nicht nur für eine andere Linie als sie, sondern noch dazu alle für die gleiche. Die sinnliche Wahrnehmung der Versuchsperson widersprach der einhelligen Meinung acht anderer Personen. Wem sollte sie also vertrauen? In zwölf von achtzehn Fällen entschied sich die Testperson dafür, sich der Menge anzuschließen und die falsche Linie zu benennen. Hinterher befragt, ob sie sich von der Antwort der anderen hätten beeinflussen lassen, verneinten das die meisten! Sie paßten sich also nicht nur an, sie gaben sogar ihre Überzeugung auf.[9]

Diese Spur griffen David Hirshleifer, Sushil Bikhchandani und Ivo Welch auf, alle drei Wirtschaftsmathematiker.

Sie teilen die hier vertretene Auffassung von Konformismus und bemühten sich, die Gründe für das Phänomen zu verstehen. Warum richten sich, die Leute gleichzeitig und überall nach derselben Mode? Rocklängen, Restaurants, Fruchtsorten, Popsänger, Nachrichtenmeldungen, Speisen, Sportarten, Umweltängste, Bankanstürme, tiefenpsychologische Ausreden und alles andere – warum ist dies alles zu einer Zeit und an einem Ort so grausam gleich? Weiche Drogen*, satanischer Kindesmißbrauch, Aerobics, erfolgreiche Sportmannschaften – woher kommen diese Manien? Warum funktioniert das Vorwahlsystem der Vereinigten Staaten, bei dem davon ausgegangen wird, daß die Leute für den Kandidaten stimmen werden, der nach dem Urteil des winzigen Bundesstaates New Hampshire zu gewinnen scheint? Warum sind die Leute solche Schafe?

Mindestens fünf Erklärungsversuche für dieses Phänomen wurden in den letzten Jahren angeboten, von denen keiner so richtig überzeugt. Erstens: Diejenigen, die der Mode nicht folgen, werden irgendwie bestraft – was einfach nicht den Tatsachen entspricht. Zweitens: Wer mit der Mode geht, wird unmittelbar belohnt, vergleichbar mit dem Fahren auf der richtigen Straßenseite. Wiederum in der Regel falsch. Drittens: Die Leute ziehen es irrationalerweise einfach vor, das zu tun, was die anderen machen, so wie es Heringe bevorzugen, im Schwarm zu bleiben. Nun, vielleicht ist dem so, damit ist aber die Frage noch nicht hinreichend beantwortet. Viertens: Jeder kommt unabhängig für sich zu demselben Ergebnis wie alle anderen. Und fünftens: Diejenigen, die zuerst entscheiden, sagen den anderen dann, was sie zu denken haben. Keiner dieser Erklärungsversuche vermag das Gros der Fälle von Konformität auch nur ansatzweise zu erklären.

Anstelle dieser Hypothesen schlagen Hirshleifer und seine Kollgen einen Ansatz vor, den sie ›Informationswasserfall‹ nennen. Jede Person, die eine Entscheidung fällt

– zum Beispiel, wie lang der Rock ist, den sie sich kauft, oder welchen Film sie sich ansieht –, kann sich auf zwei verschiedene Informationsquellen stützen. Die eine ist das eigene, unabhängige Urteilsvermögen, die andere ist die Entscheidung anderer Leute. Wenn andere eine einhellige Wahl getroffen haben, mag die Person ihre eigene Meinung hintanstellen. Das ist weder charakterschwach noch dumm. Schließlich ist das Verhalten der anderen eine nützliche Quelle angesammelter Informationen. Warum sollte man der eigenen fehlbaren Urteilskraft trauen, wenn man auf zigtausend andere Ansichten zurückgreifen kann? Eine Million Zuschauer kann schließlich nicht in ihrem Urteil über einen Film irren, wie lausig die Handlung sich auch immer anhören mag.

Darüber hinaus gibt es einige Moden, bei Kleidern etwa, wo sich die richtige Wahl gerade durch die Wahl bestimmt, die andere treffen. Wenn eine Frau ein Kleid aussucht, fragt sie nicht nur, ob es schön, sondern auch ob es ›modern‹ ist. Die Parallele zu den Marotten bestimmter Tiere ist erstaunlich. Die Männchen des Steppenhuhns, eines Vogels der amerikanischen Hochebenen, versammeln sich in großen Scharen, um miteinander um die Gunst der Weibchen zu wetteifern. Sie tanzen, stolzieren umher und präsentieren ihren aufgeblasenen Brustkorb. Am Ende sind es ein oder zwei Männchen – zumeist diejenigen, die in der Nähe des Zentrums des Schwarms werben – die bei weitem am erfolgreichsten sind. Zehn Prozent der Männchen können neunzig Prozent der Paarungen vornehmen. Einer der Gründe dafür ist, daß die Weibchen große gegenseitige Nachahmer sind. Ein Männchen ist für ein Weibchen nur dann attraktiv, wenn es bereits andere Weibchen um sich geschart hat – wie Versuche mit Attrappen von weiblichen Tieren leicht demonstrieren konnten. Für die Weibchen bedeutet diese Marotte, daß die Wahl eines Männchens ziemlich willkürlich ausfallen kann, aber nichtsdestotrotz ist es lebenswichtig, daß sie diese Mode mitmachen. Ein Weibchen nämlich, das aus der Reihe tanzt und sich ein einsames Männchen aussucht, wird aller Wahrscheinlichkeit nach männliche Nachkommen haben, die die väterliche Unfähigkeit, eine Traube von Weibchen anzuziehen, erben. Beliebtheit beim Paarungsspiel ist deshalb seine eigene Belohnung.[10]

Aber zurück zu den Menschen. Das Problem mit dem ›Informationswasserfall‹ ist, daß der Blinde letztlich den Blinden führen kann. Wenn die meisten Leute sich in ihren Urteilen von denen anderer leiten lassen, kann eine Million Menschen sich tatsächlich irren. Das Argument, eine religiöse Idee müsse stimmen, weil andere Menschen seit tausend Jahren von ihr überzeugt sind, ist trügerisch: Die meisten dieser Leute haben sich von dem Umstand leiten lassen, daß ihre Vorfahren sich von diesem Umstand haben leiten lassen und so weiter. In der Tat ist ein Wesenszug der menschlichen Marotten, welchen nur die Hirshleifersche Theorie zu erklären vermag, daß sie genauso flüchtig wie spektakulär sind. Die kleinste neue Information genügt, und jeder gibt die alte Mode zugunsten einer neuen auf. Unsere Marotten erscheinen also als ein recht törichtes Charakteristikum, das uns von einer Verrücktheit in die nächste fallen läßt, ganz nach der Laune der auf uns hereinstürzenden Informationen.

Gleichwohl mag es in einer kleinen Schar von Jägern und Sammlern nützlich gewesen sein, sich nach einer Mode zu richten. Bis zu einem hohen Grade ist die menschliche Gesellschaft keine Gesellschaft von Einzelwesen, wie etwa die Gesellschaft der Leoparden oder sogar der Löwen – wenngleich einzelne Löwen sich zusammenrotten. Die menschliche Gesellschaft besteht aus Gruppen, Superorganismen. Der Gruppenzusammenhalt, den Konformität zu stiften vermag, ist eine wertvolle Waffe in einer Welt, in der Gruppen gemeinsam handeln müssen, um mit anderen Gruppen konkurrieren zu können. Daß Entscheidungen willkürlich sein mögen, ist weniger wichtig, als daß sie ein-mütig sind.[11]

Beinahe den gleichen Gedanke hatte der Informatiker Herbert Simon. Er behauptete, daß sich unsere Vorfahren zu diesem Stadium hin entwickelten, daß sie mit der Zeit sozial ›fügsam‹ wurden, womit er meinte, daß sie empfäng-lich wurden für soziale Einflüsse. Man bedenke, wie sehr wir uns permanent gegenseitig zur Tugend der Selbst-losigkeit ermahnen. Wenn wir durch natürliche Auslese für diese Indoktrination empfänglich geworden sind, dann ist es bei unserer altruistischen Voreingenommenheit um so wahrscheinlicher, daß wir uns am Ende in einer erfolgrei-chen Gruppe wiederfinden. Es ist weniger aufwendig und meist auch sinnvoller, so Simon, das zu tun, was andere Leute sagen, als es für sich selbst herauszufinden.[12]

Liebe deinen Nachbarn, aber hasse jeden anderen?

Wenn Menschen sich an die Traditionen ihrer angestamm-ten Gruppe anpassen, wird es in jeder Gruppe von Men-schen automatisch Tendenzen geben, sich kulturell von an-deren abzugrenzen. Gilt in der einen Gruppe der Verzehr von Schweinefleisch als tabu und in der anderen der Verzehr von Rindfleisch, dann wird die Konformität dafür sorgen, daß dieser Unterschied zwischen Gruppen beste-henbleibt. Die Gruppenmitglieder werden sich an die je-weiligen Tabus halten, und so kann es leicht zu stark diver-gierenden, konkurrierenden Praktiken kommen, die eine jeweilige Gruppe repräsentieren. Wenn darüber hinaus eine hohe Wahrscheinlichkeit besteht, daß Gruppen im Konkur-renzkampf aussterben, und wenn sich neue Gruppen eher durch Teilung alter Gruppen formieren als aus Mitgliedern vieler verschiedener Gruppen, dann sehen die Bedingun-gen für Gruppenauslese vielversprechend aus.

Joseph Soltis, ein Kollege Boyds und Richersons, machte sich daran, diese These am Beispiel der Geschichte der Stammeskriege in Neuguinea zu überprüfen. Neuguinea ist ein ungewöhnlicher Fall, denn die meisten einheimischen Stämme kamen erst in diesem oder dem letzten Jahrhundert mit der westlichen Zivilisation in Berührung. Auch lebten sie in einem von westlichen Gütern, Praktiken und Vorstellungen noch unberührten Zustand, als die ersten Anthropologen auf sie stießen. Insofern kann man hier nur schwer argumentieren, die gängige Praxis der Stammeskriege sei ein Kunstprodukt, das aus dem Kontakt mit dem Westen herrühre. Die meisten Neuguineaner lebten in einem recht hobbesianischen Zustand: Gewalt war eine allgegenwärtige Bedrohung.

Soltis erforschte die Geschichte Hunderter von Konflikten, die sich in einem Zeitraum von etwa fünfzig Jahren in zahlreichen Teilen der Insel abspielten. In beinahe allen Fällen war es evident, daß sich neue Gruppen bildeten, indem sich eine alte Gruppe spaltete, und daß Stammeskriege regelmäßig zur Auslöschung ganzer Gruppen führten. Bei dem Mae-Enga-Volk des mittleren westlichen Hochlandes zum Beispiel hatten neunundzwanzig Auseinandersetzungen unter vierzehn Clans in einem Zeitraum von fünfzig Jahren zur Folge, daß fünf dieser Clans verschwanden. Nicht, daß alle Clanmitglieder gestorben wären, vielmehr wurden sie nach der Niederlage versprengt und schlossen sich anderen, siegreichen Clans an, die sie schnell assimilierten. Dies ist übrigens ein Grund, warum genetische Gruppenselektion nicht funktioniert – die Gene der besiegten Individuen überleben; insofern konnten auch in der Antike, als Frauen im Krieg nach der Brandschatzung einer Stadt gefangen und von den Siegern zu Ehefrauen gemacht wurden, die Gene der besiegten Individuen sich wahrscheinlich vermehren und die siegreiche Gruppe infiltrieren. Doch weil die besiegten Individuen ihre Kultur aufgeben und die der Sieger annehmen, kann eine kulturelle Gruppenselektion funktionieren. Alles in allem errechnete Soltis, daß neuguineische Clans alle fünfundzwanzig Jahre mit einer Quote zwischen zwei und dreißig Prozent ausstarben.

Diese Aussterbequote von Gruppen brächte bloß eine sehr sanfte Form der kulturellen Gruppenselektion hervor. Die Auslöschung untauglicher Gruppen durch solche mit tauglicheren Bräuchen kann zwar Entwicklungen über fünfhundert oder tausend Jahre erklären, nicht aber kurzfristigere Veränderungen. Doch bei den Menschen vollzieht sich der kulturelle Wandel im großen und ganzen wesentlich schneller. Die Einführung der Süßkartoffel in die Landwirtschaft von Neuguinea ging beispielsweise viel zu schnell vonstatten, als daß der Selektionsvorteil jener Gruppen, die die Kartoffel annahmen, gegenüber denen, die sie nicht verwendeten, dafür verantwortlich gemacht werden könnte. Die Kartoffeln verbreiteten sich zweifellos, indem sie von Stamm zu Stamm weitergegeben wurden.[13]

Eine weitere Schwierigkeit zeigt sich am Schema der Gruppenselektion in der Geschichte der Menschheit. Wie Craig Palmer anführt, sind menschliche Gruppen weitgehend mythisch geprägt. Menschen denken zweifellos in Gruppenkategorien: Stämme, Clans, Gesellschaften, Nationen. Gleichwohl leben sie eigentlich nicht in isolierten Gruppen. Sie vermischen sich beständig mit Mitgliedern anderer Gruppen. Auch der von den Anthropologen so geliebte Clan ist häufig nur eine Abstraktion – die Menschen kennen zwar ihre Sippe, leben aber nicht ausschließlich in ihr. In patrilinearen Gesellschaften wohnen die Menschen zwar mit den Verwandten ihres Vaters zusammen, aber gewiß nehmen sie doch auch etwas von der Kultur ihrer Mütter an. Menschliche Gemeinschaften sind fließend und unbeständig. Menschen, sagt Palmer, leben eigentlich gar nicht in Gruppen, sie nehmen die Welt lediglich in Gruppen wahr und teilen die Menschheit unbarmherzig in ›Wir‹ und ›Die‹ ein. Dies ist allerdings eine zwiespältige Entdeckung. Wenn wir die Welt in Gruppenkategorien wahrnehmen – wie fälschlich das auch sei – sagt uns das jedenfalls etwas über die Verfassung des menschlichen Bewußtseins, denn viele soziale Spuren hinterläßt die Evolution im Innern unserer Schädel.[14]

Das entscheidende Argument gegen die Theorie von der menschlichen Gruppenselektion kommt jedoch aus einer anderen Richtung. Zu behaupten, die Menschen seien konformistische Wesen und demzufolge sei ihr Schicksal eben das der Gruppe, ist nicht schwer. In den meisten der von mir besprochenen Beispielen handelte es sich um Fälle, bei denen Individuen kooperierten, um ihre eigenen Interessen zu fördern. Das aber ist keine Gruppenselektion, sondern individuelle Selektion, die durch Gruppenbildung vermittelt wird. Um Gruppenselektion handelt es sich dann, wenn Individuen gegen ihre Interessenlage im Interesse der Gruppe kooperieren – indem sie sich etwa in ihrer Fortpflanzung beschränken. Aus allem, was wir hier an menschlichem Verhalten genannt haben, ergab sich eine deutliche Tendenz, daß Gruppenorientierung der Verfolgung individueller Ziele dient, und nicht der Beweis, daß Gruppen im Bewußtsein des einzelnen den Vorrang hatten. Ein Verstand, der auf dem Wege der natürlichen Auslese die Vorteile des Zusammenlebens zu nutzen lernte (Konformität ist ein Beispiel dafür), ist nicht dasselbe wie ein Verstand, der sich aus Gruppenselektion entwickelt hätte. Gruppenbildung kann zwar die individuelle Selektion befördern – Gruppenselektion jedoch ist das nicht.

Nach John Hartung entsteht dieses Problem, weil wir instinktiv so gruppenorientiert sind, daß wir es vorziehen, so zu tun – und vielleicht sogar glauben –, wir seien aus der Gruppenselektion entstanden. Mit anderen Worten, die Menschen behaupten, sie würden ihre eigenen Interessen denen der Gruppe unterordnen, nur um besser den Umstand verbergen zu können, daß sie lediglich dann mit der Gruppe konform gehen, wenn es ihnen paßt. Wer ihnen das deutlich vor Augen führt, macht sich unbeliebt, was jeder Hobbesianer spätestens seit Hobbes weiß.

Die Tatsache, daß die Menschen emotionale Bindungen zu Gruppen aufbauen, die mitunter recht willkürlich sind, wie etwa zu einer zufällig auserkorenen Schulmannschaft, ist kein Beweis für Gruppenselektion, sondern für das Gegenteil. Es beweist, daß die Menschen ein sehr sensibles Bewußtsein dafür haben, wo ihre individuellen Interessen liegen – das heißt bei welcher Gruppe. Wir sind eine extrem gruppenorientierte Gattung, aber keine, die durch Gruppenselektion entstanden ist. Wir sind nicht dazu veranlagt, uns für die Gruppe zu opfern, sondern die Gruppe für uns auszunutzen.[15]

Suche dir deine Gefährten

Sie können jeden beliebigen Bildband der Anthropologie aufschlagen, und Sie werden Bilder von Tanz, Magie, Ritual und Religion vor sich sehen. Vergeblich werden Sie aber nach Einzelheiten suchen darüber, was ein bestimmter Stamm während der Mahlzeiten genau tut, wie die Männer den Frauen den Hof machen oder wie die Kinder erzogen werden. Das ist kein Zufall, denn Traditionen wie diese unterscheiden sich zwischen den Stämmen und Gesellschaften der ganzen Welt nur geringfügig. Schöpfungsmythen hingegen, Körperbemalungen, Kopfschmuck, magische Beschwörungen und Tänze zeigen allesamt ausgeprägte kulturelle Besonderheiten. Diese Dinge sind es, die ein Volk von einem anderen unterscheiden, und sie sind für das Leben der Menschen alles andere als nebensächlich. Ungeheure Mengen an Zeit, Energie und Prestige werden für diese

Dinge aufgewandt – sie sind das, wofür die Menschen leben. Und alle Völker verfügen darüber. Es wäre genauso sonderbar, auf einen Stamm in Neuguinea zu stoßen, dem Begriffe wie ›Tanz‹, ›Mythos‹ oder ›Zeremonie‹ (freilich in der passenden Übersetzung) nichts sagen, wie auf einen Stamm, der die Bedeutung von ›Hunger‹, ›Liebe‹ und ›Familie‹ nicht kennt. Rituale sind ein universelles Phänomen; ihre Einzelheiten sind indessen besonders ausgeprägt.

Ich bin geneigt, das Ritual als ein Mittel zu begreifen, das kulturelle Konformität in einer Gattung verstärkt, die ganz im Zeichen von Gruppenbildung und Konkurrenz zwischen den einzelnen Gruppen steht. Ich gehe einmal davon aus, daß die Menschheit sich immer in feindliche und konkurrierende Stämme aufgesplittert hat, wobei jene, die es fertigbrachten, kulturelle Konformität in die Köpfe ihrer Mitglieder einzurichten, in der Regel besser abschnitten als jene, denen das mißlang.

Der Anthropologe Lyle Steadman argumentiert dahingehend, daß das Ritual mehr als nur das öffentliche Bekenntnis zur Tradition bedeute; es sei vor allem auch Ermutigung zur Kooperation und Selbstaufopferung. Wer an einem Ball teilnimmt, an einer religiösen Zeremonie oder an einer Bürofeier, der bringt damit seine Bereitschaft zum Ausdruck, mit anderen Menschen zu kooperieren. Ein Sportler singt die Nationalhymne, bevor er das Spielfeld betritt; ein Elternteil unterzieht sich zu Halloween* den erniedrigenden Kinderspielen; ein Hausbesitzer öffnet am Dreikönigstag den Sternsingern seine Tür; ein Medizinprofessor lacht mit zusammengebissenen Zähnen ob der Witzchen, die seine Studenten während einer Aufführung zu Semesterende über ihn reißen; ein Kirchgänger stimmt während des Gottesdienstes gemeinsam mit seinem Banknachbarn in ein Kirchenlied ein; Zuschauer machen während eines Fußballspiels die mexikanische Welle – jedesmal ist die alles andere als nebensächliche Botschaft für alle deutlich erkennbar. Sie lautet: Wir stehen alle auf derselben Seite; wir gehören zusammen.[16]

Nichts verdeutlicht dies so klar wie der Tanz, der nicht mehr und nicht weniger darstellt, als daß Menschen, vom Rhythmus der Musik unterstützt, sich zusammen bewegen. Der Historiker William McNeill führt an, daß die andernfalls ganz unerklärliche menschliche Begeisterung für den Tanz damit zu tun haben müsse, den Gemeinschaftssinn zu erweisen, die Menschen emotional aneinander zu binden und die Gruppenidentität zu erproben. In vorschriftsprachlichen Gesellschaften Afrikas, Asiens und Südamerikas spielt Tanzen kaum eine Rolle für das Hofieren oder die sexuelle Darbietung. Vielmehr handelt es sich um einen rituellen Akt, bei dem der Gruppengeist betont wird. Insofern kommt eine südafrikanische Menschenmenge, die sich während einer politischen Demonstration im Rhythmus der Musik wiegt, dem Ursprung und Zweck des Tanzes wesentlich näher als die Wiener, die in einem Ballsaal eine ganze Nacht durchtanzen.[17]

Nahezu dieselbe Erklärung wurde für den Ursprung von Musik herangezogen, so von dem Philosophen Anthony Storr. Musik ruft in allgemein vorhersehbarer Weise Gefühle hervor, weshalb sie auch in Filmen eingesetzt wird, um die Wirkung einer Szene zu steigern. »Rhythmus und Harmonie nehmen den Weg ins Seeleninnere«, meinte Sokrates. Dem beipflichtend fügte Augustinus hinzu, es sei eine schwere Sünde, den Kirchengesang bewegender zu finden als die Wahrheit, die er vermittle. Der große Dirigent Herbert von Karajan wurde während einer Konzertreise einmal an ein Gerät angeschlossen, das seinen Pulsschlag aufzeichnete. Dieser orientierte sich stärker am Charakter der Musik als an der zum Dirigieren aufgewendeten Kraft. Als von Karajan einmal am Steuerknüppel eines Düsenflugzeugs saß und dieses sicher landete, brachte dies seinen Puls weniger in Wallung als das Dirigieren.

Musik wühlt also die Gefühle auf. Der evolutionäre Nutzen von Musik als etwas, das Gefühle aufwallen läßt, mag darin liegen, die emotionale Verfaßtheit einer Gruppe von Individuen in dem Moment in Einklang und Harmonie bringen zu können, wenn sie gefordert ist, im Interesse der Gruppe zu handeln, und besser noch, ihre eigenen Interessen zu fördern. Die pythagoreischen Philosophen nannten Musik die Versöhnung der widerstreitenden Elemente. Es ist vermutlich kein Zufall, daß Musik mehr noch als der Tanz in so enger Verbindung mit der Zurschaustellung von Gruppenloyalität steht. Seien es Kirchenlieder, Fußballchöre, Nationalhymnen, Militärmärsche – wahrscheinlich dienten Musik und Gesang gruppenbestimmten Ritualen, lange bevor sie andere Aufgaben erfüllten. Es mag sogar Tiere geben, die ähnlich auf Rhythmus und Melodie reagieren. Die Gelada-Affen, auch ›Affen des blutenden Herzens‹ genannt, leben in großen Horden im Wiesenhochland Äthiopiens, wo sie sich von Gras ernähren. Auf den melodischen Gesang einzelner Mitglieder der Gruppe antworten sie mit Zusammenhalt und Gemeinschaftssinn. In ähnlicher Weise zeigt sich dieses Phänomen auch bei menschlichen Wesen. »Eine kulturell bedingte Übereinstimmung von Rhythmus und Melodie, ein Lied beispielsweise, das gemeinsam gesungen wird, schafft eine gemeinsame emotionale Erfahrung, die zumindest für die Dauer des Liedes die Hörer derart mit sich reißt, daß ihre Körper in einer sehr ähnlichen Gefühlsäußerung reagieren.«[18]

Was die Religion anbelangt, so hat der Universalismus der heutigen christlichen Lehre wohl offensichtlich eine entscheidende Tatsache verschleiert: die religiöse Erziehung. Diese hat beinahe immer den Unterschied zwischen einer In-group und Out-group betont: ›wir‹ gegen ›sie‹, Israelit und Philister, Jude und Nicht-Jude, Erlöster und Verdammter, Gläubiger und Heide, Arianer und Athanasianer, Katholik und Orthodoxer, Protestant und Katholik,

Hindu und Moslem, Sunnit und Schiit. Die Religion lehrt ihre Anhänger, sie gehörten einer auserwählten Rasse an und ihre unmittelbaren Gegner seien unwissende Toren oder gar minderwertige Menschen. Daran ist auch gar nichts Erstaunliches, zieht man in Betracht, daß die meisten Religionen ursprünglich aus den verfeindeten Kulten stammesmäßig entzweiter und gewalttätiger Gesellschaften entstanden. Edward Gibbon bemerkte, daß ein entscheidender Teil der militärischen Erfolge Roms auf Religion zurückzuführen sei: »Die Verbundenheit der römischen Truppen mit ihren Standarten wurde durch den vereinten Einfluß von Religion und Ehre angespornt. Der goldene Adler, der an der Spitze der Legion leuchtete, war Gegenstand ihrer tiefsten Verehrung. Es galt als ebenso gottlos wie schändlich, die heilige Fahne in den Stunden der Gefahr zu verlassen.«[19]

Der Anthropologe John Hartung, der in seiner Freizeit seine Fortbildung zum Historiker verfolgt, hat sich den sehr beliebten jüdisch-christlichen Satz ›Liebe deinen Nächsten wie dich selbst‹ vorgenommen und ihn einer genaueren Untersuchung unterzogen. Gemäß der biblischen Überlieferung der Thora (dem Alten Testament) wurde dieser Satz in der Zeit ersonnen, als die Israeliten in der Wüste umherzogen, durch Zwietracht in ihren eigenen Reihen gespalten und durch mörderische Gewalt verheert waren; gerade erst waren dreitausend Menschen ums Leben gekommen. Moses, besorgt um die Einheit des Stammes, brachte den prägnanten Aphorismus über die Nächstenliebe auf, aber in welchem Kontext er zu verstehen ist, liegt auf der Hand. Er bezieht sich unmittelbar auf die »Kinder deines Volkes« und predigt keineswegs allgemeine Wohltätigkeit. »Eine beschränkte Perspektive ist das Wesensmerkmal der meisten Religionen«, sagt Hartung, »denn die meisten Religionen wurden von Gruppen erschaffen, deren Überleben vom Wettstreit mit anderen Gruppen abhing. Derartige

Religionen und die von ihnen gepflegte innere Gruppen-
moral überdauern in der Regel den Wettstreit, der sie erst
hervorgerufen hat.«

Hartung geht aber noch einen Schritt weiter: Die Zehn
Gebote, so legt er bloß, gelten für Israeliten, nicht aber für
heidnische Menschen; das wird zum wiederholten Male
auch von den Königen und Propheten der Thora bestätigt,
auch immer wieder im Talmud, ebenso von späteren Ge-
lehrten wie etwa Maimonides. Moderne Übertragungen,
sei es mittels Fußnoten und wohlüberlegter Edition, sei es
durch eine falsche Übersetzung, verwischen zumeist diese
Tatsache. Als Josua an einem einzigen Tag zwölftausend
Heiden tötete und dem Herrn hinterher Dank sagte, indem
er die Zehn Gebote in Stein meißelte, einschließlich des
Satzes »Du sollst nicht töten«, war er durchaus nicht
scheinheilig. Wie alle Meister der Gruppenauslese war der
jüdische Gott ebenso streng zu der Außengruppe, wie er
der Binnengruppe gegenüber moralisch war.

Das soll nun nicht gegen die Juden gerichtet sein. Keine
Geringere als Margaret Mead behauptete, daß das aus-
drückliche Verbot, Menschen zu töten, allgemein in der
Weise ausgelegt wird, daß nur die eigenen Stammes-
mitglieder als Menschen, Mitglieder anderer Stämme hin-
gegen als Untermenschen gelten. Um es mit Richard
Alexander zu formulieren: »Die Gesetze der Moral und des
Rechts sind offensichtlich nicht ausdrücklich dafür ge-
dacht, den Menschen ein harmonisches Leben innerhalb ei-
ner Gesellschaft zu ermöglichen, sondern um die innere
Einheit einer Gesellschaft zu stärken, damit diese ihre
Feinde wirksamer abzuschrecken vermag.«[20]

Das Christentum, das ist wahr, lehrt zwar die Liebe zu allen Menschen, nicht bloß zu anderen Christen. Diese Lehre
scheint aber weitgehend auf Apostel Paulus zurückzuge-
hen, denn in den Evangelien pflegte Jesus scharf zwischen
Juden und Nicht-Juden zu unterscheiden, nicht ohne klar-

zustellen, daß seine Lehre den Juden galt. Apostel Paulus, der im Exil unter Nicht-Juden lebte, kam nun auf die Idee, die Heiden zu bekehren, anstatt sie auszurotten. Nur zeigte sich in der Praxis das Christentum noch weniger zur Öffnung bereit als in der Theorie. Die Kreuzzüge, die Inquisition, der Dreißigjährige Krieg und die sektiererischen Kämpfe, die immer noch Gemeinwesen wie Nordirland und Bosnien verheeren, bezeugen die fortdauernde Tendenz von Christen, nur jene Nächsten zu lieben, die den eigenen Glauben teilen. Das Christentum hat ethnische und nationale Konflikte nicht nennenswert verringert. Er scheint sie vielmehr angeheizt zu haben.

Diese Ausführungen sollen nicht die Religion als den alleinigen Grund oder Anlaß von Stammeskonflikten überführen. Schließlich war es, wie Sir Arthur Keith bemerkte, gerade Hitler, der die Doppelmoral einer nach innen gerichteten Tugend und nach außen gerichteter Grausamkeit vervollkommnete, indem er seine Bewegung Nationalsozialismus nannte. ›Sozialismus‹ stand für den Kommunitarismus innerhalb des Stammes, ›Nationalismus‹ für sein bösartiges Äußeres. Hitler brauchte keinen religiösen Ansporn. Doch vorausgesetzt, die Menschheit hat einen Instinkt für Stammesdenken, den Millionen Jahre Gruppenverhaltens genährt haben – die Religionen sind in dem Maße gediehen, in dem sie die Gemeinschaft der Bekehrten betonten und die Bösartigkeit der Heiden. Hartung schließt seinen Essay mit einer düsteren Bemerkung: Er bezweifelt, daß Religionen, die in derartigen Traditionen wurzeln, universelle Moral lehren können beziehungsweise daß sie überhaupt erlangt werden kann, solange nicht ein Krieg mit einer anderen Welt den gesamten Planeten vereinigt.[21]

Wenn Menschen nur auf der Basis einer ihnen innewohnenden Fremdenfeindlichkeit, die sie in Jahrtausenden tödlicher Gewalt zwischen Gruppen erlernt haben, freundlich zueinander sind, bleibt Moralisten wenig Trost. Auch ist das nicht gerade eine Ermutigung für all jene, die uns drängen, etwas für die Menschheit zu tun oder für unseren Planeten. Wie George Williams verdeutlicht hat, heißt, die Moral der Gruppenauslese gegenüber der Unbarmherzigkeit des individuellen Kampfes zu preferieren, nichts weiter, als den Völkermord dem einfachem Mord vorzuziehen. Ameisen und Termiten haben gerade nicht, wie Kropotkin es formulierte, dem Hobbesschen Krieg abgeschworen – sie tragen ihn lediglich zwischen Armeen aus, nicht zwischen den einzelnen Tieren. Nackte Maulwurfsratten, so harmonisch und umgänglich sie innerhalb einer Kolonie auch auftreten mögen, sind von berüchtigter Aggressivität gegenüber den Maulwurfsratten anderer Kolonien. Die Sperlinge hingegen haben nichts gegen andere Schwärme. Es ist ein Evolutionsgesetz, ein Gesetz, dem gegenüber wir alles andere als immun sind, daß, je kooperativer Gesellschaften sind, desto gewalttätiger fallen die Kämpfe zwischen ihnen aus. Wir mögen zwar zu den hilfsbereitesten und sozialsten Geschöpfen auf dieser Welt zählen, wir sind aber gleichzeitig auch die kriegslüsternsten.

Das ist die dunkle Seite des Gruppenverhaltens von Menschen. Es gibt aber auch eine lichte Seite. Ihr Name lautet Handel.

KAPITEL 10

Die Vorteile des Handels

Warum zwei plus zwei fünf ist

Jedes Tier ist noch immer gezwungen, sich einzeln und unabhängig von anderen zu ernähren und zu verteidigen; es gewinnt keinerlei Vorteil aus der Vielfalt von Fähigkeiten, mit denen die Natur seine Artgenossen ausgestattet hat. Bei den Menschen sind im Gegensatz dazu die unterschiedlichsten Begabungen von gegenseitigem Nutzen. Die verschiedenen Erzeugnisse
ihrer jeweiligen Fähigkeiten werden durch die allgemeine Neigung zum Tausch, Tauschhandel und Austausch sozusagen in einen gemeinsamen Vorrat zusammengebracht, aus dem jedermann kaufen mag, für welchen Teil der Erzeugnisse der Fähigkeiten anderer Menschen er auch immer Verwendung hat.
Adam Smith: *Der Reichtum der Nationen*, 1776

Die Yir-Yoront-Aborigines sind an der Mündung des Colemanflusses auf der Halbinsel York im nordöstlichen Australien zu Hause. Bis vor kurzem lebten sie noch buchstäblich in der Steinzeit: Sie besaßen keinerlei Gegenstände aus Metall. Darüber hinaus waren sie echte Jäger und Sammler, die davon lebten, Wild zu jagen, Fische zu fangen und Wurzeln, Beeren und Früchte im Walde zu sammeln. Sie kannten keinerlei Kulturpflanzen und nur ein einziges Haustier, den Hund. Sie lebten in keinem Regierungssystem und hörten auf nichts, was man ›das Gesetz‹ nennen könnte. Daher kannten sie auch keine der großen Erfindungen, denen wir den Ursprung unserer Zivilisation zuschreiben: kein Eisen, keinen Staat, keine Landwirtschaft, kein Rechtssystem, keine Schrift, keine Wissenschaft.

271

Aber sie betrieben etwas, das wir als modern betrachten würden, etwas, von dem wir gewöhnlich annehmen, es könne nicht ohne einen Staat, ohne ein Rechtssystem und ohne Geschriebenes funktionieren: ein hochentwickeltes Handelssystem.

Die Yir Yoront benutzten polierte Steinäxte, die sorgfältig in hölzerne Schäfte eingepaßt waren. Sie waren hochgeschätzt und nahezu ständig im Gebrauch. Die Frauen nahmen sie, um Holz für das Lagerfeuer zu beschaffen, die Hütten für die Regenzeit herzurichten und auszubessern, um Wurzeln auszugraben und Bäume um ihrer Früchte und Fasern willen zu fällen. Die Männer verwandten sie zum Jagen und Fischen, hackten mit ihnen wilden Honig aus hohlen Baumstämmen heraus und fertigten Kultgegenstände für religiöse Zeremonien. Die Äxte gehörten den Männern und wurden von den Frauen ausgeborgt.

Indessen lebten die Yir Yoront an einer flachen Alluvialküste. Die nächsten Steinbrüche, aus denen man geeignete Steine für die Axtherstellung gewinnen konnte, lagen vierhundert Meilen landeinwärts gen Süden, und zwischen den Yir Yoront und den Steinbrüchen lebten viele andere Stämme. Nun wäre es zwar vorstellbar, daß die Yir Yoront alle paar Jahre einmal südwärts gewandert wären, um sich neue Steine zur Axtfertigung zu besorgen, aber das hätte ein großes Risiko für sie bedeutet und wäre reine Zeitverschwendung gewesen. Glücklicherweise bestand dazu keine Notwendigkeit.

Eine Fülle von Steinäxten erreichte sie von den Stämmen, die um die Steinbrüche herum lebten, denn es gab eine lange Reihe von Handelspartnern, durch deren Hände sie weitergereicht wurden – im Austausch gegen andere Güter, die durch dieselben Hände südwärts liefen. Tatsächlich standen die Yir Yoront nicht einmal am Ende dieser Kette: Ihre nördlichen Nachbarn wiederum waren auf sie angewiesen, um an Steinäxte heranzukommen. Unterdessen machten sich Speere, die mit Rochenstacheln verziert waren, in entgegengesetzter Richtung auf die Reise.

Der Handel ging von Mann zu Mann, das heißt, jeder Mann hatte im benachbarten Stamm einen Handelspartner. Das Ganze funktionierte nun nicht, weil die Yir Yoront planmäßig ihre Speere mit Rochenstacheln geschmückt hätten, um diese dann gegen Äxte einzutauschen; ausschlaggebend war vielmehr ein bestimmtes Preis-Leistungs-Verhältnis. Während ein Yir Yoront nämlich bei seinen Nachbarn im Süden für eine Steinaxt zwölf Speere bekam, bot man ihm im Norden dafür mehr als ein Dutzend. Er konnte in diesem Tauschgeschäft also Gewinne machen und war so eher geneigt, seine Äxte im Norden feilzubieten. Der Wert eines Speeres hingegen steigerte sich, je weiter man in Richtung Süden kam, umgekehrt proportional zu dem einer Axt. Hundertfünfzig Meilen weiter im Inland kostete er bereits einen Axtkopf, und am Steinbruch war er vermutlich ein Dutzend Axtköpfe wert (genau ist das niemals festgehalten worden). Die meisten Menschen, durch deren Hände diese Waren liefen, stellten selbst nun weder Steinklingen noch Speere her. Aber man kann leicht nachvollziehen, daß sie ganz hübsche Profite einstreichen konnten, indem sie als Zwischenhändler auftraten (also einige Steinbeile und Speere für sich behielten). Sie hatten die Arbitrage für sich entdeckt: Kaufe dort, wo es billig ist, verkaufe dort, wo es teuer ist.

Gegen Ende des neunzehnten Jahrhunderts waren die Yir Yoront, von einigen blutigen Scharmützeln mit weißen Siedlern einmal abgesehen, noch immer weitgehend von der modernen Zivilisation unberührt geblieben. Aber immerhin besaßen sie nun Äxte aus Stahl, die von den Stationen, wo Missionare sie an die Eingeborenen verteilten, ihre Reise nach Norden antraten. Diese Stahläxte waren den steinernen Exemplaren so hoch überlegen, daß sie weitaus teurer waren. Die Yir Yoront, die ganz versessen darauf waren, sich solche Äxte zu beschaffen, mußten zu drastischen Maßnahmen greifen, um die nötigen Mittel aufzubringen. Die Stammesversammlungen der Trockenzeit, während derer die Männer in der Vergangenheit einen ganzen Jahresvorrat an Steinäxten von ihren Handelspartnern zu erwerben pflegten, wurden nun zu einer tristen Angelegenheit: Um an das Metallwerkzeug heranzukommen, mußte ein Yir Yoront einem Fremden nun sogar eine Nacht mit seiner eigenen Frau anbieten.[1]

Handelskriege

Das Handelssystem der Yir Yoront ist keineswegs unüblich für steinzeitliche Kulturen. Aber es zeigt zwei Dinge, die von herausragender Bedeutung sind: Zum ersten ist der Handel ein Ausdruck von Arbeitsteilung. Während es für die Yir Yoront ein Leichtes war, Stachelrochen zu fangen, konnten die Stämme, die rund um den Steinbruch lebten, mühelos Steine beschaffen. Tat nun jeder Stamm genau das, was er gut beherrschte, und tauschte das Ergebnis aus, standen beide Seiten besser da als zuvor. Das gleiche galt auch für die Zwischenhändler. In ganz ähnlicher Weise profitieren bei den Ameisen auch Arbeiterin und Königin von der Tatsache, daß sie sich jeweils auf eine Tätigkeit spezialisieren. Und auch der menschliche Körper ist leistungsfähiger, weil der Magen sich ganz auf eine Funktion konzentriert und das Ergebnis seiner Tätigkeit den anderen Körperteilen zur Verfügung stellt. Wie bereits gesagt, ist das Leben kein Nullsummenspiel – das heißt, einem Gewinner muß nicht immer ein Verlierer gegenüberstehen.

Das zweite, was wir aus der Geschichte der Yir Yoront lernen können, ist die Einsicht, daß der Handel alles andere als ein neuzeitliches Phänomen ist. Allen Einwänden von Karl Marx und Max Weber zum Trotz liegt die einfache Idee

274

von Handelsvorteilen sowohl der modernen als auch der alten Ökonomie zugrunde, nicht die Macht des Kapitals. Wohlstand ist nichts weiter als Arbeitsteilung durch Handel. Diese Wahrheit hatten die Menschen schon Jahrtausende vor der Geburt von Adam Smith und David Ricardo entdeckt und sich zunutze gemacht. Die Yir Yoront lebten, worin Rousseau und Hobbes wohl übereingestimmt hätten, in einem ›Naturzustand‹. Und doch hatte weder ein despotischer Herrscher ihnen einen Gesellschaftsvertrag aufgezwungen, wie Hobbes es für notwendig hielt, noch lebten sie in einem gesellschaftslosen Glückszustand, wie Rousseau es sich ausmalte. Im Gegenteil: Handel, Spezialisierung, Arbeitsteilung und eine hochentwickelte Tauschwirtschaft waren Bestandteile des Lebens dieser Jäger und Sammler; all das vermutlich seit vielen Jahrhunderttausenden, möglicherweise Millionen von Jahren. Es liegt durchaus im Bereich des Möglichen, daß der *Homo erectus* bereits vor knapp anderthalb Millionen Jahren in eigens für diesen Zweck eingerichteten Steinbrüchen Werkzeuge herstellte, die vermutlich sogar für den Export bestimmt waren.

Der Mensch als Jäger und Sammler, der Mensch als Savannenaffe, der Mensch als Monogamist – und der Mensch als Händler. Handel zum gegenseitigen Vorteil ist mindestens ebensolange ein Bestandteil des Menschseins wie der *Homo sapiens* eine Gattung ist.* Das Wirtschaftsleben ist keine Erfindung der Moderne.

Und doch sucht man in der anthropologischen Literatur vergeblich nach dem Zugeständnis, daß in vorindustriellen Gesellschaften der Handel ein uraltes und gängiges Phänomen war. Dafür gibt es einen ganz einfachen Grund, wie das Beispiel der Yir Yoront sehr schön veranschaulicht. Wenn ein Anthropologe nämlich auf dem Schauplatz des Geschehens auftaucht, haben sich die wirtschaftlichen Strukturen durch die Einführung westlicher Güter längst verändert. Die Yir Yoront kamen in den Besitz der ersten

Stahläxte, noch bevor sie regelmäßigen Kontakt mit dem weißen Mann hatten. Das Phänomen des Handels ist also von all jenen, die sich mit der Lebensweise unserer jagenden und sammelnden Vorfahren befassen, systematisch unterschätzt worden.[2]

Handel ist die wohltätige Seite menschlicher Gruppenbildung. Ich habe behauptet, daß Menschen wie Schimpansen Ausnahmen darstellen, was ihre Vorliebe für kollektive Territorialität und interkollektive Konfliktmuster betrifft. Der Mensch splittert sich in territoriale Gruppen auf, und das Schicksal, das er mit den anderen Gruppenmitgliedern teilt, treibt ihn in eine Mischung aus Fremdenhaß und kultureller Gleichschaltung, eine instinktive Unterordnung unter ein größeres Ganzes, die teilweise eine Erklärung für seine Kooperationsbereitschaft bietet.

Aber diese territoriale Aufspaltung erlaubt es den einzelnen Gruppen auch, Handel miteinander zu treiben. Schimpansenhorden sind geschlossene Gesellschaften: Zwischen den einzelnen Horden gibt es – abgesehen von gewalttätigen Übergriffen und Abwanderungsbewegungen – keine Kontakte. Menschliche Gesellschaften sind dagegen nicht geschlossen, und sie sind es auch niemals gewesen – sie sind durchlässig.[3] Die Menschen verschiedener Gruppen treffen sich nicht nur, um Krieg zu führen, sondern auch, um Waren, Informationen und Nahrungsmittel auszutauschen. Bei den Waren handelt es sich meist um Güter, die entweder selten vorkommen oder deren Vorkommen nur schwer vorherzusagen ist. Es scheint aber so zu sein, daß in einigen Fällen ein Bedarf an wechselseitigem Austausch erst geschaffen wird, um den Handel zu fördern. Eines der aufschlußreichsten Beispiele dafür bieten die im venezolanischen Regenwald beheimateten Yanomamo, die von Napoleon Chagnon erforscht wurden.

Chagnon behauptet, die Yanomamo würden in ständiger Fehde mit ihren Nachbarn leben. Viele Männer sterben nicht selten eines gewaltsamen Todes, und Frauen werden oft entführt. Es handelt sich hier aber nicht um einen Krieg nach Art der Schimpansen, einen Hobbesschen Krieg jeder Gruppe gegen alle anderen Gruppen. Der Fall liegt viel komplizierter. Der Schlüssel zum Erfolg für ein Yanomamo-Dorf liegt nämlich in dem Bündnis, das es mit einem anderen Yanomamo-Dorf eingeht. Ein komplexes Netzwerk unterschiedlich enger Allianzen schließt die einzelnen Dörfer zu konkurrierenden Bündnissen zusammen. So wie für Schimpansen und Delphine eine erfolgreiche Strategie darin besteht, daß sie sich mit einigen Artgenossen verbünden, so sind menschliche Gruppen erfolgreich, wenn sie sich mit anderen Gruppen zusammentun.

Der Kitt, der diese Bündnisse zusammenhält, ist die Wirtschaft. Chagnon meint, daß die Yanomamo-Dörfer ganz bewußt untereinander eine Arbeitsteilung eingeführt haben, um einen Handel zu rechtfertigen, der dann das politische Bündnis besiegelt.

»Jedes Dorf verfügt über ein oder mehrere Spezialprodukte, mit denen es die Verbündeten versorgt. Dazu gehören unter anderem Hunde, Rauschmittel (die sowohl gezüchtet als auch gesammelt werden), Pfeilspitzen, Pfeilschäfte, Bögen, Baumwollgarn, rohe Baumwolle, Hängematten, diverse Körbe, irdene Töpfe und im Fall des untersuchten Dorfes auch Stahlwerkzeuge, Angelhaken, Angelruten und Aluminiumtöpfe.«[4]

Dabei ist es nicht etwa so, daß ein Dorf besseren Zugang zu bestimmten Rohstoffen hätte als ein anderes. Grundsätzlich könnte jedes Dorf seine eigenen Bedürfnisse auch aus eigener Kraft befriedigen. Aber die Menschen treffen ganz bewußt eine andere Entscheidung – obwohl Chagnon nicht glaubt, daß ihnen die Motive bewußt sein müssen –, weil dies dem Handel förderlich ist und folglich auch dem Bündnis. Chagnon führt als Beispiel ein Dorf an, das seine Tontöpfe von einem verbündeten Dorf bezog: Die Dorfbewohner behaupteten, sie wären nicht in der Lage, solche Tontöpfe selbst herzustellen, oder hätten vergessen, wie das gehe. Als das Bündnis zerbrach, fiel ihnen jedoch ganz schnell wieder ein, wie man töpfert. Die Yanomamo-Dörfer handeln in erster Linie mit Fertigwaren, nicht mit Nahrungsmitteln. Ich vermute, es handelt sich hier um ein allgemeingültiges Wesensmerkmal frühen Handels – er beruhte auf einer technologischen Arbeitsteilung, nicht auf einer naturbedingten.

Die Yanomamo jagten und gärtnerten erst seit recht kurzer Zeit in Amazonien, vermutlich seit weniger als zehntausend Jahren. Im Vergleich dazu jagen und sammeln die Aborigines in Australien schon etwa sechsmal so lange. Trotzdem gibt es bei den beiden Steinzeitvölkern einige bemerkenswerte Parallelen, und dazu zählt vor allem die Verbindung von Handel und anschließenden Festen. Chagnon glaubt, diese Feste seien gewissermaßen das eigentliche Ziel, und das Tauschgeschäft liefere nur den Vorwand, denn bei den Festlichkeiten werden die Freundschaften geschlossen, die die für die Kriegsführung so bedeutungsvollen Bündnisse besiegeln. Ob der Handel dabei nun Zweck ist oder lediglich Mittel, spielt letztendlich keine Rolle. Es läßt sich die gleiche Schlußfolgerung daraus ziehen: Wirtschaftliche Beziehungen sind die Voraussetzung für Politik, nicht deren Konsequenz.

Das Gesetz des Kaufmanns

Das ist eine überraschende Erkenntnis. Denn wenn Handel dem Gesetz vorausging, dann stürzt ein ganzes philosophisches Gebäude ein. Jeremy Bentham sagte: »Bevor man das Gesetz erfand, kannte man kein Eigentum: Man schaffe das Gesetz ab, und Eigentum wird es nicht mehr geben.« Noch der fanatischste Verfechter des freien Handels argumentiert für gewöhnlich dahingehend, daß es dem Staat zufalle, Verträge zwischen den einzelnen Unternehmern in einer industriellen Wirtschaft durchzusetzen. Ohne den Rückgriff auf das Gesetz und staatliche Protektion sei das Wirtschaftsleben eine recht fragile Angelegenheit und würde bald zum Erliegen kommen.

Bei diesem Argument wird allerdings das Pferd vom Schwanz aufgezäumt. Denn Staat und Politik, Recht und Gesetz haben sich erst viel später herausgebildet als der Handel, sie folgten ihm sozusagen auf dem Fuße. Und was für Jäger und Sammler galt, scheint auch für die mittelalterlichen Kaufleute Geltung gehabt zu haben. Das moderne Wirtschaftsrecht wurde nicht von Regierungen entwickelt und in Kraft gesetzt, sondern von den Zünften selbst. Erst später hat der Staat * es dann übernommen, meist mit katastrophalen Folgen.

Gehen wir einmal zurück ins Europa des elften Jahrhunderts. Die landwirtschaftliche Produktivität hatte sich, dank verschiedener neuer Erfindungen, in einigen Regionen gesteigert. Das Ergebnis war, daß überzählig gewordene Arbeitskräfte in die Städte abwanderten, um dort statt Nahrungsmitteln andere Güter herzustellen. Der Austausch von Waren und Lebensmitteln kam sowohl den Handwerkern als auch den Bauern zugute und kurbelte das Wirtschaftswachstum zusätzlich an. Die Steigerung des Handelsvolumens brachte eine im damaligen Europa ganz neue Klasse wohlhabender professioneller Händler hervor. Mit zunehmender wirtschaftlicher Expansion begannen einige dieser Kaufleute bald, auswärts nach Gelegenheiten zu suchen, um solche komparativen Kostenvorteile auch zwischen Ländern auszunutzen. In der Fremde konnte sich ein Kaufmann aber nicht auf seinen Souverän verlassen, wenn er betrogen wurde, und er durfte nicht darauf vertrauen, daß dort die gleichen Maßstäbe galten wie in der Heimat. So schlossen sich die Händler zusammen und

stellten ihre eigenen Spielregeln auf. Das war die Geburts-
stunde der *Lex mercatoria.* Diese Rechtssätze wurden nicht
vom Staat erlassen oder eingesetzt. Gerichtsbarkeit, Rechtsprechung und Urteilsvollstreckung – alles beruhte auf frei-
williger Basis und hatte gewisse Ähnlichkeit mit den
Regeln eines Clubs.

Und die *Lex mercatoria* entwickelte sich weiter. Auf dem
Wege der natürlichen Selektion verdrängten gute Bräuche,
die sich bewährten, und praktikable Schlichtungsverfahren
die weniger bewährten. Mitte des zwölften Jahrhunderts
genossen fahrende Kaufleute, die mit ortsansässigen Händ-
lern in einen Streit geraten waren, durch das Gesetz der
Kaufleute einen beachtlichen Schutz. Die einzige und letzte
Sanktion gegen diejenigen, die sich nicht an die Regeln hielten, blieb zwar die soziale Ächtung, aber daß diese Maßnahme sehr wirkungsvoll sein kann, haben wir bereits gesehen. Ein Händler, der in dem Ruf stand, ein Betrüger zu
sein, mußte sein Gewerbe aufgeben. Die Kaufleute stellten
auch ihre eigene Gerichtsbarkeit, die übrigens sogar effizienter und einheitlicher war als die der königlichen und pro-
vinziellen Gerichtshöfe. Auf dem ganzen Kontinent legte
ein angleichendes Regelwerk der Sitten und Gebräuche
fest, wie man eine Rechnung beglich, wieviel Zinsen gezahlt und wie Streitigkeiten geschlichtet werden mußten –
und all das ohne den geringsten Fingerzeig einer Obrigkeit.
Es waren Übereinkünfte ohne Monopole.

Im zwölften Jahrhundert wandten Zwischenhändler das
für Europa neue Kreditwesen an, was einen großen Vorteil
sowohl für die Tauschwirtschaft als auch für die Geldwirt-
schaft bedeutete, da das Geld seine Einheitlichkeit und
Verwendbarkeit aus römischer Zeit verloren hatte. Banken
entstanden zusammen mit Hypotheken, Verträgen, Schuld-
scheinen und Wechseln. All diese Dinge unterlagen nicht
der staatlichen Rechtsprechung, sondern dem Wirtschaftsrecht. Erst sehr spät machten sich die Regierungen einen

Begriff davon, was sich hier abspielte: Ein durch und durch privates, freiwilliges und informelles System des Austauschs hatte sich herausgebildet.

In einer hektischen Aktion ergriffen die Regierungen schließlich Gegenmaßnahmen. Sie nahmen die Bräuche der Kaufleute in die nationale Gesetzgebung auf, ließen Berufungen am königlichen Gerichtshof zu – und strichen natürlich auch alle Vorteile ein. König Heinrich II. von England, 1154-1189, war kein bedeutender Gesetzgeber, er war lediglich ein großer Vereinheitlicher der nationalen Gesetzgebung. Kaufmännische Gerichtshöfe verloren umgehend ihre Macht unmittelbarer Gerichtsbarkeit aufgrund der Drohung, an höhere, also königliche Gerichtshöfe zu appellieren, und die Anpassungsfähigkeit des Systems war dahin. Nun reichte es für eine Änderung in der Rechtsprechung nicht mehr aus, daß sich neue, praktikablere Gewohnheiten herausbildeten, nun bedurfte es der Gesetzesentwürfe durch Könige und Parlamente. Steigende Kosten und zunehmende Überlastung der offiziellen Justiz nahmen dem System seine ursprüngliche Schnelligkeit und Einfachheit.

In späteren Zeiten umging die Handelsschiedsstelle die überlasteten Gerichte. Sie war von Liverpooler Kaufleuten ins Leben gerufen worden, um die Ansprüche zu klären, die aus dem durch den amerikanischen Bürgerkrieg zugrunde gerichteten Außenhandel herrührten. Private Rechtsprechung, die getreu dem Motto ›Miete dir deinen Richter‹ zu funktionieren scheint, ist in Amerika seit einigen Jahren zu einer Wachstumsbranche geworden. Nur die restriktive Praxis von Rechtsanwälten hält das Bürgerliche Recht davon ab, sich allmählich wieder zu privatisieren. Für die Wissenschaftler allerdings liegt der Fall klar auf der Hand: Märkte, Tauschwirtschaften und Gesetze können sich herausbilden, noch bevor Regierungen oder andere Monopole ihre eigenen Regeln formuliert haben. Sie haben ihre eigenen Gesetze, weil sie ein Teil der menschlichen Natur sind, und das seit vielen Millionen Jahren.[5]

Silber und Gold

Von den Yir Yoront, die Rochenstacheln gegen Steinäxte tauschen, zu George Soros, der auf den internationalen Devisenmärken gegen das britische Pfund spekuliert, ist es nicht nur ein kleiner Schritt, sondern eigentlich gar keiner. In beiden Fällen nämlich handelt es sich ganz einfach um Arbitrage – billig kaufen und teuer verkaufen. Der Umstand, daß erstere nützliche Gegenstände miteinander wechseln, letzterer dagegen elektronische Nachrichten, die theoretisch auch durch eine entzündlichere Papierwährung ersetzt werden könnten, der es an jedem praktischen Wert ermangelt, ist ein Unterschied, dem das unterscheidende Moment fehlt. Geld ist schließlich nichts weiter als ein Platzhalter für Waren.

Irgendwo auf halbem Wege schlägt ein korrupter französischer Beamter des fünfzehnten Jahrhunderts namens Jacques Coeur eine Brücke zwischen den Yir Yoront und George Soros. Coeur war der Oberschatzmeister von König Karl VII. von Frankreich und verantwortlich für die Prägung der Silbermünzen. Somit befand er sich in einer eminent günstigen Position, die er auch voll ausnutzte. Da man ihn 1453 für seine korrupten Machenschaften zur Rechenschaft zog, können wir uns heute aus den Prozeßakten ein ungefähres Bild von seinen Geschäften machen. Zu seinem Reichtum verhalfen ihm in erster Linie die Galeeren, die den Hafen von Marseille, randvoll mit Silbermünzen beladen, verließen, diese in Syrien verkauften und die dort erstandenen Goldmünzen anschließend wieder in Frankreich in Umlauf brachten. Eines seiner Schiffe beförderte einmal gut und gerne 10 000 Silbermark.[6]

Warum? Coeur selbst erklärte: »Es ist einträglich, Silbergeld nach Syrien zu bringen, denn was beim Hinbringen dorthin sechs Taler wert ist, ist beim Wegbringen von dort sieben Taler wert.« In anderen Worten, mit ein- und derselben Menge Silber konnte man in Syrien 14 Prozent mehr Gold kaufen als in Frankreich. Damit waren die Transportkosten und das Risiko, das mit der Fahrt über das Mittelmeer verbunden war, mehr als reichlich gedeckt, vor allem, da Coeur seinen Silbertalern etwas Kupfer beimischte, während er sie zum Zeichen ihrer Reinheit mit dem Wappen der Lilie versah.

Die Ursachen für dieses Preisgefälle sind ebenso faszinierend wie aufschlußreich. Lassen Sie uns noch einmal fünfhundert Jahre von Jacques Coeur bis zum Ende des ersten nachchristlichen Jahrtausends zurückgehen. Zu dieser Zeit waren Silbermünzen aus der arabischen Welt praktisch verschwunden, während man im christlichen Abendland so gut wie keine Goldmünzen mehr fand. Dies zeugte von der Existenz vieler guter Bergleute und der Fähigkeit der Herrscher, hochwertige Münzen zu prägen. Die Nachfrage des Okzidents nach Silber schlug sich, ebenso wie die Nachfrage des Orients nach Gold, in dem Umstand nieder, daß Gold, in Silber aufgewogen, unter Muslimen mehr wert war als unter Christen.

Alles hätte beim alten bleiben können, wären da nicht die Kreuzzüge gewesen. Die Kreuzfahrer rafften soviel Gold an sich, wie sie nur tragen konnten, bezahlten ihre Zeche allerdings mit Silbermünzen. Nachdem sie sich einmal in der Levante niedergelassen hatten, begannen sie nun auch, Silbermünzen zu prägen. Muslimische Kaufleute, die mit ihnen Handel trieben, kamen so bald in den Besitz einer großen Menge dieser Silbermünzen und gebrauchten sie für ihren eigenen Handel. Ebenso verwendeten die Kreuzfahrer Goldmünzen, die sie entweder erbeutet oder auf anderen Wegen von den Arabern erworben hatten.

Bald prägten die Kreuzfahrer ihre eigenen Goldmünzen, allerdings waren diese von minderer Qualität (manchmal wurden Münzen auch einfach nur entsprechend eingefärbt). Und so kam es, ganz im Sinne des Greshamschen Gesetzes, zur Entwertung der arabischen Goldwährung. Aber das spielte keine große Rolle. Schließlich hatten die Kreuzzüge den arabischen Königreichen solch große Mengen an Silber gebracht, daß diese nach mehr als einem Jahrhundert wieder eine eigene arabische Silberwährung prägen konnten. Paradoxerweise steigerte dies die Nachfrage nach Silber, und die Differenz zwischen dem europäischen und dem arabischen Goldpreis für Silber kehrte sich um.

Unternehmern bot sich nun ein profitables Geschäft: Sie stellten falsche arabische Silbermünzen her, entweder in christlichen Enklaven, wie in Akkon, oder in Europa selbst, verschifften diese in den Orient und verkauften sie dort für Gold. Diese Münzen, die man *Millares* nannte, trugen zwar den Schriftzug »Es gibt keinen Gott außer Allah, Mohammed ist sein Prophet, und der Mahdi ist unser Imam«, und doch hatten sie französische und italienische Grafen, Herzöge und sogar Bischöfe an Orten wie Arles, Marseille und Genua geprägt. Der französische König Ludwig der Heilige verabscheute dieses gotteslästerliche Treiben und konnte in den 1260ern den widerstrebenden Papst Innozenz IV. dazu bewegen, diese Praktik mit dem päpstlichen Bann zu belegen – heimlich hielt man es jedoch wie zuvor.

Während des dreizehnten Jahrhunderts wurden in der christlichen Welt auf diese Weise etwa drei Milliarden *Millares* geschlagen oder viertausend Tonnen Silber bearbeitet, die zum Gebrauch in der arabischen Welt bestimmt waren. Das entsprach in etwa der Spitzenförderleistung europäischer Silberminen eines Vierteljahrhundert. Ganze Minen ließen in Serbien, Bosnien, Sardinien und Böhmen ihre gesamte Produktion in den *Millares*-Handel fließen. Da

284

nimmt es kaum Wunder, daß die europäischen Silbermünzen zunehmend unter Druck gerieten. Und da das Gewinnbringendste, was man in Frankreich mit einer Silbermünze tun konnte, war, sie in den Süden zu verschiffen, um sie dort zu *Millares* umprägen zu lassen, fanden es die Herrscher zunehmend schwierig, in ihrem eigenen Herrschaftsbereich genügend hochwertige Münzen zu erhalten. Statt dessen entwerteten sie ihre eigenen Währungen nach und nach.

Aber wie um alles in der Welt konnten die Araber soviel Silber bezahlen? Ganz einfach – mit Gold. Zu den Goldminen Arabiens und Zentralasiens gesellten sich nämlich nun die Kamelkarawanen, die Gold aus Ghana* mitbrachten. Auf dieser Route quer durch die Sahara wurde soviel Gold transportiert, daß es in Ägypten zu gewissen Zeitpunkten nicht mehr wert war als Silber oder sogar Salz.

Man versetze sich nun einmal in die Lage eines italienischen Fürsten. Angesichts eines verheerenden Silbermangels bei einem gleichzeitigen Überangebot an Gold, das unter den merkantilen Untergebenen zirkuliert, die es ihrerseits im Tausch gegen die Silber-*Millares* erwarben, ist das einzig Vernünftige, was einem zu tun bleibt, selbst mit der Prägung von Goldmünzen zu beginnen. Im Jahre 1252 taten Venedig und Genua genau das, und ein Jahrhundert später war fast ganz Europa ihrem Beispiel gefolgt. Dies machte aber diesen Handelszweig nur noch profitabler, da so die Nachfrage nach Gold angekurbelt wurde. Im Jahre 1339 war ein Gramm Gold soviel wert wie einundzwanzig Gramm Silber, in Syrien oder Ägypten dagegen höchstens zehn oder zwölf Gramm.

Dieser außergewöhnliche Handelsstrom, bekannt auch als der bimetallische Geldfluß, erscheint von höchster Bedeutungslosigkeit. Geld bleibt Geld, ganz gleich, aus welchem Stoff es ist. Wenn der Handel, wie ich behaupte, eine uralte menschliche Gewohnheit ist, die ihn in die Lage ver-

285

setzt, von der Arbeitsteilung auch über große Distanzen hinweg zu profitieren, welchen Sinn hat es dann, Gold gegen Silber zu tauschen? Essen kann man weder das eine noch das andere. Hätte es eine höhere Macht so gefügt, daß nur eines der beiden unverderblichen Metalle zur Verfügung gestanden hätte, hätte man all die Verschwendung an Energie und Unternehmergeist, die der bimetallische Geldfluß erforderte, vermeiden können, und die Kaufleute hätten sich darauf konzentrieren können, Waren, etwa Seide gegen Weizen, einzutauschen. Der bimetallische Geldfluß war die mittelalterliche Entsprechung des heutigen Devisengeschäfts.[7]

Einen Unterschied aber gibt es zwischen den Yir Yoront und dem Computerhandel auf der einen Seite und den Herren Soros und Coeur auf der anderen, und der ist folgender: Während nämlich bei dem Tauschhandel der Yir Yoront beide Seiten profitierten, wie auch bei dem japanischen Exportgeschäft, welches mich in den Besitz des Computers brachte, mit dem ich gerade schreibe, kann man das von den Devisengeschäften nicht gerade behaupten. Die Profite des Herrn Soros stammten direkt aus den Taschen einer idiotischen Regierung, die glaubte, so den Wechselkurs ihrer Währung festlegen zu können. Und die Gewinne des Herrn Coeur wurden direkt aus der französischen Wirtschaft transferiert, deren Silber er effektiv gestohlen hat. Der Handel ist kein Nullsummenspiel, weil es eine Arbeitsteilung gibt. Ohne diese Arbeitsteilung wäre er das.

Man vergleiche nur

Nach Auffassung eines der bedeutendsten modernen Ökonomen gibt es nur eine einzige sozialwissenschaftliche These, die zugleich wahr und nicht trivial ist.[8] Dabei handelt es sich um das von David Ricardo formulierte Gesetz der komparativen Kosten. Diese Theorie entzieht sich leicht einem unmittelbaren Verständnis, da sie zu dem Schluß kommt, daß ein Land bezüglich eines Produktes einen relativen Vorteil haben kann, auch wenn dessen Produktion weniger effizient ist als die seines Handelspartners.

Nehmen Sie einmal an, nur zwei Waren würden in einem Handelsgeschäft figurieren, nämlich Speere und Äxte. Der eine Stamm, den ich der Anschaulichkeit halber einmal Japan nenne, zeichnet sich durch eine gute Speerproduktion und eine noch besser Axtproduktion aus. Bei dem anderen Stamm, ich nenne ihn Großbritannien, läßt die Fertigung von Speeren zu wünschen übrig, und noch mehr die von Äxten. Auf den ersten Blick mag es so scheinen, als sei es für erstere sinnvoll, Speere und Äxte gänzlich in Eigenproduktion herzustellen und sich gar nicht erst auf ein Geschäft mit anderen Handelspartnern einzulassen.

Doch seien Sie nicht zu voreilig! Ein Speer nämlich repräsentiert den Wert einer bestimmten Anzahl von Äxten. Nehmen wir einmal an, ein Speer sei soviel wert wie eine Axt. Jedesmal, wenn der erste Stamm nun einen Speer anfertigt, stellt er eine Ware her, die er von einem anderen Stamm auch durch die Herstellung einer Axt erwerben könnte. Da diesen Stamm die Produktion einer Axt aber weniger Zeit kostet als die Produktion eines Speeres, wäre es durchaus vernünftig, anstelle des einen Speeres zwei Äxte herzustellen und diese dann bei dem zweiten Stamm gegen einen Speer einzutauschen. Der zweite Stamm stellt die gleiche Überlegung an. Jedesmal, wenn er eine Axt herstellt, hätte er zu dem gleichen Ergebnis kommen können, wenn er mit weniger Zeitaufwand einen Speer produziert und diesen dann bei dem ersten Stamm gegen eine Axt eingetauscht hätte. Wenn also der erste Stamm sich auf die Produktion von Äxten spezialisiert, der zweite dagegen auf die Produktion von Speeren, stehen am Ende beide

Seiten besser da, als wenn ein jeder Stamm sich in Selbstgenügsamkeit übte. Dies gilt auch dann, wenn der erste Stamm Äxte effizienter produzieren kann als der zweite Stamm.

Dies war Ricardos Erkenntnis. David Ricardo war ein recht erfolgreicher Mann. 1772 in London als Sohn eines holländischen Bankiers geboren, arbeitete er von seinem vierzehnten Lebensjahr an im Hause seines Vaters mit, verliebte sich dann in die Tochter eines Quäkers und legte schließlich seinen jüdischen Glauben ab, um sie heiraten zu können. Mit zweiundzwanzig Jahren errichtete er sein eigenes Geschäft und begann mit 800 Pfund, an der Börse zu spekulieren. Vier Jahre später war er ein reicher Mann, und zwanzig Jahre weiter belief sich sein Vermögen unterschiedlichen Schätzungen zufolge auf eine halbe bis anderthalb Millionen Pfund. Das Geheimnis seines Erfolges lag offensichtlich darin, daß er von anderen Börsenmaklern profitierte, die allzu stark auf Neuigkeiten reagierten: Er kaufte, wenn es gute Nachrichten gab, und wenn sie schlecht waren, verkaufte er und machte sich so den Umstand zunutze, daß die anderen sich ebenso verhielten. Im Jahre 1815 machte er noch einmal ein Vermögen, indem er in der Annahme, Wellington würde die Schlacht von Waterloo gewinnen, eine große Menge an Schatzbriefen der britischen Regierung aufkaufte.[9]

Als Ricardo 1819 als ein Radikaler ins britische Parlament einzog, galt er bald als der beste Volkswirtschaftler im Unterhaus, wo er sich für den freien Handel stark machte – allerdings mit geringem Erfolg. Die Abschaffung der Korngesetze im Jahre 1846 erlebte er nicht mehr.[10]

Ricardos Gesetz der komparativen Kosten ist so verblüffend, daß bis auf den heutigen Tag jeder Politiker ausgelacht werden würde, der eine derartige Behauptung aufstellte. Dabei ist es geradezu trivial einfach, aufzuzeigen, daß sie wahr sein muß. Winston Churchill etwa war ein guter Maurer, besser als so manch anderer (er hatte es wirklich gelernt). Dennoch war es für ihn profitabler, die Dienstleistung eines Maurers einzukaufen, denn er war ein noch viel fähigerer Politiker. Was für die Wirtschaftspolitik daraus folgt, liegt auf der Hand. Selbst wenn die japanische Produktion der britischen in jeder Hinsicht überlegen ist, wird es doch immer Waren geben, die Japan lohnender in Großbritannien einkauft, als diese selbst herzustellen, denn es zahlt sich für Japan einfach aus, diese gegen eigene Waren einzutauschen.[11]

Vielleicht habe ich mich an diesem Punkt zu lange aufgehalten. Wenn die Theorie der komparativen Kosten schon seit 1817 bekannt ist, mag sich der Leser oder die Leserin fragen, warum verkündet der Autor sie dann, als handle es sich um eine ganz neue Wahrheit? Es ist aber nicht mein Anliegen, die alte Debatte gegen den Protektionismus und für den freien Handel neu zu führen, sondern die unerschütterlichen Vorzüge der Spezialisierung sowohl auf der Ebene der Gemeinschaft als auch auf der Ebene des Individuums zu betonen. Wenn, wie ich behauptet habe, Handel bereits seit Jahrhunderttausenden von Jahren betrieben wird, dann liegt der Grund dafür in dem von David Ricardo formulierten Gesetz. Die meisten anthropologischen Forschungen gehen von einer ursprünglichen Autarkie des Menschen aus. Sie zeichnen das Bild eines Jägers und Sammlers, der einsam in der Savanne kauert und in völlig selbstgenügsamer Weise all seine Bedürfnissen befriedigt. Einen gewissen Grad an Arbeitsteilung, so räumt man zwar ein, habe es wohl zwischen Mann und Frau, vielleicht sogar zwischen guten Jägern und guten Honigsammlern gegeben, aber nicht zwischen den verschiedenen Gruppen. Ich frage mich, ob das nicht ungerechtfertigt ist. Wie können wir sicher sein, daß die Savanne so viele verschiedene Stämme beheimatet haben soll? Es könnten doch auch nahe der Ufer des Sees, der sich dort erstreckte, wo heute die Olduvai Schlucht steht, Fischer gelebt haben, die in einem regen Handel mit den Großwildjägern aus dem Hinterland Schilfkörbe gegen Köderhaken aus Knochen tauschten, und die Großwildjäger tauschten ihrerseits mit den Menschen, die den Wald weiter im Westen des Kontinents bewohnten, Tierhäute gegen Steine ein, und so weiter über den ganzen Kontinent.

Es gibt gute theoretische Gründe für die Annahme, daß eine Arbeitsteilung zwischen verschiedenen Gemeinschaften noch produktiver ist als nur innerhalb einer Gemeinschaft. Wer miteinander teilt, minimiert das Risiko des Mangels, dem er sich als einzelner ausgesetzt sieht. Natürliche Ressourcen können knapp werden, aber viel eher für eine einzelne Horde als für mehrere Horden, die weit voneinander entfernt leben oder die sich auf verschiedene Tätigkeiten spezialisiert haben. Eine Dürreperiode beispielsweise könnte zwar Jäger in Bedrängnis bringen, Fischern könnte sie dagegen sogar nützen. Adam Smiths alte Argumentation für die Arbeitsteilung greift mit gleicher Stichhaltigkeit sowohl für das Verhältnis zwischen Gruppen als auch innerhalb der einzelnen Gruppen.[12]

Vor etwa 200 000 Jahren legten Steinwerkzeuge weite Entfernungen von den Steinbrüchen, aus denen sie stammten, zurück. Vor ungefähr 60 000 Jahren, zu Beginn der sogenannten Revolution der Oberen Altsteinzeit, als sich der moderne Mensch mit seinen sich rasch verändernden Technologien von Afrika aus verbreitete und an die Stelle der älteren Menschenarten in Europa und Asien trat, tauchten auch andere Güter regelmäßig an Orten auf, die weit mehr als nur einen Tagesmarsch von ihren Fertigungsstätten entfernt lagen. In Europa finden sich vor etwa 30 000 Jahren durchbohrte Seemuschelschalen, die als Schmuck verwendet wurden, 400 Meilen landeinwärts in Gräbern und ähnlichen Orten. Vielleicht ist es kein Zufall, daß die ersten Beweise für eine Spezialisierung zwischen

290

den verschiedenen Siedlungen aus jener Zeit stammen. Während die Neandertaler alle auf ziemlich dieselbe Art und Weise lebten, begannen ihre Nachfolger, große lokale Varianten in den Techniken der Steinbearbeitung und der Dekoration zu entwickeln. Dies könnten die ersten Beispiele für Ricardos Theorie der komparativen Kosten darstellen.[13]

Sogar wenn ich irre und der Handel zwischen Gruppen erst viel später entstand, im Morgengrauen der schriftlich überlieferten Geschichte – seine Einführung stellt einen der seltenen Momente in der Entwicklungsgeschichte dar, bei denen der *Homo sapiens* auf einen einzigartigen ökologischen Wettbewerbsvorteil für seine Gattung stieß. Es gibt einfach kein anderes Tier, daß das Gesetz der komparativen Kosten zwischen Gruppen ausnutzt. Wie wir bereits sahen, kommt bei den Ameisen oder den Maulwurfsratten eine Arbeitsteilung zwar wunderbar innerhalb einer Gruppe zur Anwendung, nicht aber zwischen den Gruppen.

David Ricardo erklärte einen Kunstgriff, den unsere Ahnen vor vielen, vielen Jahren entdeckt hatten. Die Theorie der komparativen Kosten ist eine der ökologischen Trumpfkarten unserer Gattung.

KAPITEL 11

Ökologie als Religion

Warum das Leben im Einklang mit der Natur so schwer ist

Ein guter Hirte läßt sein Leben für die Schafe. Der Mietling aber, der nicht Hirte ist, des die Schafe nicht eigen sind, sieht den Wolf kommen und verläßt die Schafe und flieht, und der Wolf erhascht und zerstreut die Schafe. Der Mietling aber flieht, denn er ist ein Mietling und achtet der Schafe nicht.
Das Evangelium nach Johannes, Kap. 10, 11-13*

Im Jahre 1855 hielt Häuptling Seattle, der Anführer der Duwamisch-Indianer, vor dem Gouverneur des Washington-Territoriums eine berühmte Rede.** Zuvor hatte der Gouverneur angeboten, das Land des Häuptlings im Namen von Franklin Pierce, dem damaligen Präsidenten der Vereinigten Staaten von Amerika, zu kaufen. Seattle antwortete ihm in einer langen und beschämenden Rede, die mittlerweile zu den am häufigsten zitierten Texten der Umweltliteratur gehört, denn sie nimmt fast jeden Gedanken der modernen Umweltschutzbewegung voraus. Die Rede zirkuliert in mehreren, leicht abgewandelten Versionen, deren rührendste vielleicht diejenige ist, die Al Gore in seinem Buch *Earth in Balance* zitiert:
»Wie kann man den Himmel kaufen oder verkaufen? Oder das Land? Diese Vorstellung ist uns fremd [...] Jeder Teil dieser Erde ist meinem Volk heilig; jede glitzernde Tannennadel, jeder sandige Strand, jeder Nebel in den dunklen Wäldern, jede Wiese, jedes summende Insekt. Alle sind heilig im Gedächtnis und in den Erfahrungen meines Volkes [...] Werdet ihr eure Kinder lehren, was wir unsere

Kinder gelehrt haben? Daß die Erde unsere Mutter ist? Was der Erde angetan wird, das wird auch allen Söhne der Erde angetan. Das wissen wir: Die Erde gehört nicht dem Menschen, der Mensch gehört der Erde. Alle Dinge sind miteinander verbunden wie das Blut, das uns alle vereint. Der Mensch webt nicht das Gewebe des Lebens, er ist nur eine Faser darin. Was immer er dem Gewebe antut, tut er sich selber an.«[1]

Für Gore zeigte sich darin »der reich dekorierte Bild-teppich von Ideen in unserer Beziehung zur Erde«, die die Religion amerikanischer Ureinwohner beinhalte. Ähnlich vielen Menschen heutzutage ist für Gore die Ehrfurcht vor der Erde nicht nur eine Sache der Vernunft, sondern auch eine Sache der Moral. Diese Ehrfurcht in Frage zu stellen heißt, sich zu versündigen. »Wir alle müssen unser Verhält-nis zur Natur neu überdenken und aus dem tiefsten Grund unserer Persönlichkeit unsere Verbindung zu ihr erneuern […] Ausgangspunkt hierfür ist der Glaube, der für mich ei-nem spirituellen Gyroskop gleicht, das sich in seinem eige-nen Umkreis in einer stabilisierenden Harmonie mit dem Inneren und dem Äußeren bewegt«, fährt er fort.[2]

Er befindet sich in guter Gesellschaft. Dazu höre man ein-mal einige Anhänger einer spirituellen Ökologie: »Der Aufbau einer ökologisch stabilen Zukunft hängt von einer globalen Umstrukturierung der Wirtschaft, einem grundle-genden Wandel im Reproduktionsverhalten der Menschen und einer dramatischen Veränderung unserer Werte und Lebensweise ab« – so der führende amerikanische Umwelt-schützer Lester Brown. Jonathan Porritt, ein ähnlich promi-nenter britischer Umweltschützer, schreibt: »Ich hege star-ke Zweifel, daß es uns gelingen wird, den menschlichen Geist zu heilen, wenn wir nicht ein neues Verantwortungs-gefühl entwickeln und leben, das unserem Zeitalter und den ökologischen Herausforderungen, die sich uns stellen, gerecht wird.« Der jetzige Papst meint: »Die moderne Gesellschaft wird keine Antwort auf das Ökologieproblem finden, wenn sie nicht ihre Lebensweise ernsthaft überdenkt [...] Die Ernsthaftigkeit des Ökologiethemas legt die Tiefe der moralischen Krise des Menschen bloß.« Und Prinz Charles drängt: »Es ist meine persönliche Überzeugung, daß wir die technischen Möglichkeiten mit einer, lassen Sie es mich einmal so ausdrücken, geistigen Neuanpassung und mit der Erkenntnis, daß manche Wahrheiten ewig sind, verbinden müssen.«[3]

Diese Ziele sind nicht unbescheiden. Sie appellieren an eine Veränderung der menschlichen Natur. Sollte ein derartiger Öko-Optimismus wohlbegründet sein, dann sind die Thesen dieses Buches widerlegt, und der Mensch ist keine berechnende Maschine, in deren Programm die Suche nach kooperativen Strategien nur für den Fall eingeschrieben ist, wenn sie einem aufgeklärten Selbstinteresse diente. Wenn also Häuptling Seattle seine Philosophie einer universellen Brüderschaft mit der Natur tatsächlich lebte, muß ich eine große Überzeugungsarbeit leisten. Denn der ökologisch edle Wilde, um den Rousseauschen Begriff einmal aufzunehmen, paßt nicht in das Bild, das ich entworfen habe.

Doch leider war die weise Voraussicht des indianischen Häuptlings eine Fiktion. Was er an jenem Tag tatsächlich gesagt hat, weiß heute keiner so genau. Im einzigen Bericht, der dreißig Jahre später angefertigt wurde, verlautet, daß er die Großzügigkeit des großen weißen Häuptlings, ihm sein Land abzukaufen, pries. Die gesamte ›Rede‹ ist ein Werk moderner Fiktion und wurde 1971 von einem Drehbuchautor und Professor der Filmwissenschaften, Ted Perry, für ein Fernsehspiel des TV-Senders ABC geschrieben. Häuptling Seattle war kein Grüner, auch wenn viele Umweltschützer einschließlich Al Gore gerne etwas anderes behaupten. Eines der wenigen Dinge, die wir tatsächlich von ihm wissen, ist, daß er Sklaven besaß und fast alle seine Feinde tötete. Der Fall des Häuptlings Seattle veranschaulicht auf schöne Weise, daß die gesamte Vorstellung von einem Leben in harmonischem Einklang mit der Natur reines Wunschdenken ist.[4]

Predigen und Praxis

Wenn man ihn nicht gewaltsam an die Grausamkeit der Natur erinnert, neigt der Mensch dazu, das Leben in der freien Natur romantisch zu verklären; überall sieht er Güte walten und übersieht dabei das Bösartige. George Williams betont, daß Verbrechen, die in ihrer Wirkung (wenn nicht gar in ihrer Motivation) gleichzusetzen sind mit Mord, Vergewaltigung, Kannibalismus, Kindestötung, Betrug, Diebstahl, Folter und Völkermord, von Tieren nicht nur verübt werden, sondern beinahe Lebensweisen an sich sind. Erdhörnchen fressen natürlicherweise neugeborene Erdhörnchen; bei den Stockenten ertränken Erpel die Enten bei einer Gruppenvergewaltigung, Parasitenwespen fressen ihre Opfer bei lebendigem Leibe von innen heraus auf, und bei den Schimpansen, unseren nächsten Verwandten, ist der Bandenkrieg an der Tagesordnung. Und doch demonstrieren angeblich objektive Naturfilme im Fernsehen immer wieder, daß der Mensch von diesen Dingen einfach nichts wissen will. Die Natur wird in ihnen zensiert, und noch der leiseste Hinweis auf eine Tugend der Tierwelt wird aufgebauscht (Delphine retten Ertrinkende, Elefanten beklagen ihre Toten). Man klammert sich an den kleinsten Strohhalm, der nahelegt, daß der Mensch alle anomale Grausamkeit irgendwie verursacht habe. Als vor einiger Zeit Delphine vor der Küste Schottlands Schildkröten angriffen, schrieben ›Experten‹ dieses ›abweichende Verhalten‹ einer irgendwie gearteten Umweltverschmutzung zu, eine Unterstellung für die sie zugegebenermaßen nicht den geringsten Beweis hatten. Das Negative wird einfach ausgeblendet, das Positive romantisch verklärt.

296

Ureinwohner werden mit derselben herablassenden Sentimentalität behandelt, wie der fortdauernde Mythos vom edlen Wilden zeigt. Doch während dieser Mythos zu Rousseaus Zeiten noch soziale Tugenden zum Gegenstand hatte, tritt er heute im ökologischen Gewand auf. Auf ethischer Ebene ist der Respekt vor dem bewahrenden Gebrauch der Ressourcen des Planeten zu einem der entscheidenden Charakteristika einer moralischen Person geworden. Umweltgefühle auszudrücken gilt heute als genauso politisch korrekt wie jede andere Form, sich für das Allgemeinwohl auszusprechen: Achtung der Minderheiten, Abscheu vor Verbrechen und Gier, den Glauben an das Gute im Menschen und die Befolgung der goldenen Regel. Für die Umweltverschmutzung zu sein ist heute ebenso verwerflich, wie im dreizehnten Jahrhundert für den Teufel zu sein. Wenn, wie ich in den vorangegangenen Kapiteln behauptet habe, die menschliche Rasse evolutionsbedingt geradezu süchtig danach ist, für das Allgemeinwohl zu moralisieren (wenn auch nicht danach zu handeln), dann sollte es nicht überraschen, daß wir politische Themen aufgreifen, um diesem Instinkt bei jeder Gelegenheit Ausdruck zu verleihen. Einer der machtvollsten Wege, dies zu tun, ist, einer bewahrenden Ethik das Wort zu reden, das Schicksal der Wale und des Regenwaldes zu beklagen, Fortschritt, Industrie und Wachstum zu mißbilligen – und in rosaroten Farben zu schildern, wieviel moralischer unsere Vorfahren in dieser Hinsicht waren und unsere noch in Stämmen lebenden Zeitgenossen sind.

Das ist natürlich scheinheilig. Denn so wie wir uns wünschen, daß andere Leute uns die rechte Wange darbieten, wenn wir sie verletzen, aber selber Rache üben, wenn es um enge Verwandte oder Freunde geht, ebenso wie wir Moralität eher einfordern als selbst danach leben, so ist auch der Umweltschutz etwas, das wir eher predigen als praktizieren. Jeder möchte ein neues Auto haben, aber weniger Verkehr auf den Straßen. Jeder wünscht sich zwei Kinder, aber ein geringeres Bevölkerungswachstum.

Die Vorstellung, die Ureinwohner Amerikas hätten eine ökologische Ethik besessen, die sie davon abhielt, die Natur zu sehr auszubeuten, ist eine kürzliche Erfindung der westlichen Zivilisation. Als Daniel Day Lewis' Fernsehvater Chingachgook in der Anfangsszene des Films *Der letzte Mohikaner* zu einem Hirsch, den sein Sohn soeben erlegte, sagt: »Es tut uns leid, daß wir dich getötet haben, Bruder. Wir ehren deinen Mut, deine Schnelligkeit und deine Stärke«, war er anachronistisch. Es gibt keinen Beweis, daß das ›Danke dir, totes Tier‹-Ritual bereits vor dem zwanzigsten Jahrhundert ein Bestandteil indianischen Brauchtums gewesen ist. Und selbst wenn diese Praxis gängig war, dann war das Tier doch so tot, wie es nur sein kann, wie sehr sich der Jäger auch entschuldigt haben mag.

Der gängigen Meinung zufolge lebten die Indianer im Einklang mit der Natur, respektierten sie und nahmen sich selbst zurück, magisch auf sie abgestimmt und energisch beim Ausüben eines sorgfältigen Umgangs mit ihr, um den Wildbestand nicht zu gefährden. Archäologische Fundstätten lassen jedoch Zweifel an diesem tröstlichen Mythos aufkommen. Denn während etwa Wölfe meist nur alte oder sehr junge Tiere als Beute reißen, standen die von den Indianern erlegten Elche in der Blüte ihrer Jahre. Nur wenig Elche wurden so alt wie heute, und Kühe wurden weitaus häufiger getötet als Bullen. Der Ökologe Charles Kay kommt zu dem Schluß, es gebe keinen Beweis dafür, daß die Ureinwohner Nordamerikas Großwild schützten. Gestützt auf einen Vergleich der Vegetation heute und in der Vergangenheit argumentiert er sogar dahingehend, daß die Indianer, noch bevor Kolumbus in Amerika landete, im Begriff waren, die Elche in weiten Teilen der Rocky Mountains auszurotten. Während diese extreme Schlußfolgerung umstritten ist, wissen wir jedoch mit Sicherheit, daß in ganz

298

Nordamerika die Weißen erstaunlich wenig Wild vorfanden, außer in Gebieten, um die sich zwei verfeindete Stämme stritten – wo also der Krieg die Jagd behinderte. Wenn es also spirituelle oder religiöse Gebote gab, so waren diese erstaunlich unwirksam. Kay geht sogar so weit zu behaupten, daß religiöse und schamanische Rituale die Dinge noch verschlechtert haben könnten:

»Da die Ureinwohner Amerikas keinen Zusammenhang zwischen ihrem Jagen und dem Tierbestand sahen, haben religiöse Glaubensgrundsätze die Ausrottung des Huftierbestandes sogar noch beschleunigt. Religiöse Ehrfurcht vor Tieren ist nicht dasselbe wie Artenschutz.«[5]

Der Mythos aber lebt fort, und das nicht selten, weil das Predigen für wichtiger gehalten wird als die Praxis. Ein Menschenrechtler sagte einmal, man solle trotz allem behaupten, die Amazonas-Indianer würden die Natur schützen, auch wenn es nicht stimme, da »jeder Hinweis auf umweltschädliche Aktivitäten von seiten der Ureinwohner das Grundrecht der Indianer auf ihr Land, ihre Ressourcen und ihre Kultur untergräbt«[6].

Ausrottung in der Steinzeit

Das ganze Ausmaß der Verwüstung, die unsere eingeborenen Vorfahren hinterließen, wird erst allmählich deutlich: Als sie sich während und nach der letzten Eiszeit ihren Weg über den Planeten bahnten, rotteten sie alles aus, was sich nicht vor ihnen in Sicherheit bringen konnte. Zeitgleich mit der ersten gesicherten Ankunft von Menschen in Nordamerika vor etwa 11 500 Jahren starben dreiundsiebzig Prozent aller großen Säugetierarten plötzlich aus. Dahin gingen das Riesenbison, das Wildpferd, der Kurzbartbär, das Mammut, das Mastodon, die Säbelzahnkatze, das gigantische Erdfaultier und das wilde Kamel. Vor etwa 8000

Jahren waren auch in Südamerika achtzig Prozent der großen Säugetierarten ausgelöscht – das Riesenfaultier, das Riesengürteltier, das Riesenguanako, die Riesennagetiere, die Ameisenfresser von der Größe eines Pferdes.

Bekannt ist dieses Phänomen auch als der Overkill des Pleistozäns. Die Empfindsamen unter uns beharren zwar darauf, daß eine Klimaveränderung und nicht der Mensch für diese Katastrophe verantwortlich ist beziehungsweise daß der Mensch diesen Arten, die ohnehin zurückgingen, sozusagen lediglich den Gnadenstoß versetzt habe. Es ist bemerkenswert, wie stark der Wunsch, eine Entschuldigung zu finden, sein muß, um an eine Veränderung des Klimas zu glauben. Jedoch die bloße Zeitgleichheit des Aussterbens mit der Ankunft der ersten Menschen, zusammen mit der Tatsache, daß es oft zuvor schon Klimaschwankungen gegeben hatte, als Eiszeiten einsetzten und zu Ende gingen, und die seltsame Selektivität der auslöschenden Kraft – nur größere Tiere fielen ihr zum Opfer – sind hinreichend, um unsere Gattung schwer zu belasten. Aber es existieren auch direkte Beweise, nämlich geschlachtete Kadaver, in deren Knochen die Speerspitzen der Clovis-Menschen steckten. Zwar gab es in Afrika und Eurasien nie vergleichbare Schübe beim Aussterben von großen Säugetieren – und die Mammutjagd währte in Eurasien 20 000 Jahre –, aber am Ende wurden das Mammut und das Wollnashorn hier ebenso ausgerottet wie in Nordamerika. Darüber hinaus hatte sich die Fauna in Afrika und Eurasien, seit Millionen von Jahren in Koexistenz mit dem menschlichen Raubtier, bereits angepaßt. Die verwundbareren Arten waren vermutlich bereits ausgestorben, und die überlebenden hatten gelernt, einen großen Bogen um uns Menschen zu machen oder sich zu großen Herden zusammenzuschließen. Es sollte angemerkt werden, daß diejenigen großen Säugetiere Nordamerikas, die den Overkill im Pleistozän überlebten, meist zu jenen Arten gehörten, die gemeinsam mit den Menschen die Landbrücke von Asien aus überquerten: das Wapiti, der Elch, das Karibu, der Moschusochse und der Braunbär. »Starben die Tiere einfach aus, oder töteten wir sie?« fragt Colin Tudge in *The day before yesterday* und antwortet selbst: »Natürlich haben wir sie getötet.«[7]

In anderen Teilen der Welt, die von den Menschen plötzlich und erst vor kurzem besiedelt wurden, hatte ihre Ankunft verheerende Folgen für die Umwelt, ganz unabhängig vom Klima. Die Schuld der Gattung Mensch steht außer Zweifel. Nehmen wir zum Beispiel Madagaskar: Mindestens siebzehn Lemurenarten (die allesamt tagaktiv waren mit mehr als zehn Kilo Gewicht, eine hatte die Größe eines Gorillas) sowie die bemerkenswerten Elefantenvögel, deren größtes Exemplar 1000 britische Pfund* wog, waren innerhalb weniger Jahrhunderte ausgestorben, nachdem die Insel 500 v. Chr. erstmalig von Menschen besiedelt worden war. Dieser Vorgang wurde von den Polynesiern im gesamten Pazifikraum wiederholt. Der spektakulärste Fall ereignete sich dabei vor sechshundert Jahren auf Neuseeland, als die ersten Maoris sich durch alle zwölf Arten des Riesenmoavogels aßen (das größte Exemplar wog eine Vierteltonne!), bevor sie sich in ihrer Verzweiflung gegenseitig verspeisten. Bei einer solchen Jagd auf die Moas in der Nähe von Otago wurden innerhalb kurzer Zeit 30 000 Vögel getötet; im Durchschnitt wurde dabei etwa ein Drittel des Fleisches der Verwesung überlassen und nur die besten (Lenden-)Stücke verzehrt. Ganze Öfen, in denen sich noch die gebratenen Keulen befanden, wurden ungeöffnet zurückgelassen, so reichlich war das Fleischangebot. Und nicht nur durch die Moas. Die Hälfte aller einheimischen Vogelarten Neuseelands ist ausgerottet.

Man weiß, daß es auf Hawaii etwa einhundert einheimische Vogelarten gab, davon viele recht groß und flugunfähig. Etwa 300 n. Chr. kam ein großes Säugetier namens

Mensch nach Hawaii. Binnen kürzester Zeit starb nicht weniger als die Hälfte der hawaiischen Vögel aus. Als archäologische Ausgrabungen 1982 diese Tatsache zu Tage förderten, schämten sich viele Hawaiianer, denn viele Jahre lang hatten sie behauptet, erst die Ankunft Captain Cooks habe das harmonische Verhältnis zwischen Mensch und Natur auf den Inseln gestört. Alles in allem haben Polynesier bei der Besiedlung des pazifischen Raumes etwa zwanzig Prozent aller Vogelarten der Erde ausgerottet.[8]

Die Ausrottung der großen australischen Säugetierarten dauerte etwas länger. Aber nach der Ankunft der ersten Menschen in Australien vor vermutlich 60 000 Jahren verschwand eine ganze Zunft großer Tiere: fünf Arten riesiger Beutelratten, sieben Arten kurzgesichtiger Känguruhs, acht Arten von Riesenkänguruhs und ein zweihundert Kilo schwerer Laufvogel. Selbst die überlebenden Känguruharten schrumpften dramatisch in ihrer Größe – die klassische Evolutionsantwort auf starkes Räubertum (das die Beutetiere dazu zwingt, sich fortzupflanzen, wenn sie noch sehr klein sind).

Man muß sich dabei vergegenwärtigen, daß die Fauna Amerikas, Australiens und Ozeaniens zutraulich war und keine Angst vor dem Menschen hatte. Welch anderer Umstand hätte es den Menschen mehr erleichtert, die Natur zu schützen, wenn sie es gewollt hätten? Es wäre leicht gewesen, diese Tiere zu zähmen oder zu domestizieren. Man beachte dazu die Beschreibung der jungfräulichen Fauna der Lord-Howes-Insel, als die ersten Menschen dort eintrafen. Ausnahmsweise handelte es sich in diesem Fall um europäische Seefahrer, da die Polynesier diese Insel nicht entdeckt hatten.

Dort gab es, schrieb ein Mitglied der Schiffsmannschaft, »einen merkwürdig braunen Vogel etwa von der Größe einer Landratte in England. Er spazierte völlig furchtlos und unbeeindruckt um uns herum; so brauchten wir nicht mehr zu tun, als ein bis zwei Minuten still zu stehen und so viele, wie wir wollten, mit einem kurzen Stock niederzuschlagen – wenn man nach ihnen warf und sie verfehlte oder sie sogar traf, ohne sie zu töten, machten sie niemals den geringsten Versuch wegzufliegen [...] Die Tauben waren ebenfalls so zahm wie die bereits beschriebenen und würden auf den Baumzweigen sitzen bis man hingehen und sie mit der Hand wegtragen möchte [...]«[9] Man stelle sich so ähnlich einen ganzen Kontinent vor, voller großer Säugetiere.

Doch unsere Vorfahren domestizierten oder zähmten das zutrauliche nordamerikanische Mammut oder das zutrauliche südamerikanische Riesenfaultier nicht. Sie schlachteten drauflos, was das Zeug hielt. Bei Olsen-Chubbock, der Fundstätte eines urzeitlichen Bisonmassakers im U.S.-Bundesstaat Colorado, trieben die Menschen ganze Herden regelmäßig über die Felsen. Die Tiere lagen nach einer erfolgreichen Treibjagd in solchen Mengen übereinander, daß nur die obersten Tiere tatsächlich zerlegt und ihnen die besten Stücke entnommen wurden. Das waren mir schöne Umweltschützer![10]

Wie ein Wolf im Schafspelz

Diese ökologische Kurzsichtigkeit beschränkte sich aber nicht nur auf die Jäger. In vielen Teilen der Erde hatten auch einfach ausgerüstete historische Völker eine erstaunlich große Wirkung auf die Wälder. Binnen eines Jahrtausends verwandelten die Polynesier auf den Osterinseln im östlichen Pazifik den üppigen Urwald, der Holz für Fischerkanus, Futter für viele Landvögel und Brutstätten für an die dreißig Seevogelarten bot, in ein baum- und vogelloses unfruchtbares Grasland, in dem Hunger, Krieg und Kannibalismus herrschten. Die großen Steinstatuen lagen verlassen in den Steinbrüchen – aus Mangel an Rundhölzern, mit denen man sie an ihren Platz hätte befördern können. Das jordanische Petra war einst eine blühende Stadt inmitten einer dichtbewaldeten Region, bis der Mensch sie in eine Wüste verwandelte. Die Maya holzten die Halbinsel Yukatan bis aufs Unterholz ab und versetzten ihrem Reich damit den Todesstoß. Im Chaco-Canyon in Neu Mexiko steht das größte Bauwerk Nordamerikas vor dem Zeitalter der Wolkenkratzer: Es beherbergte 650 Zimmer und 200 000 riesige Kiefernstämme. Es wurde aber noch vor der Ankunft der Spanier verlassen. Das verblüffende ist sein Standort: In dieser wasserlosen Wüste findet sich im Umkreis von fünfzig Meilen keine einzige Kiefer. Archäologen haben herausgefunden, daß die Anasazi, die Baumeister, auf der Suche nach Holz immer weiter vorstoßen mußten und schließlich eine fünfzig Meilen lange Straße bauten, um die Baumstämme zu dem zunehmend erodierten und ausgetrockneten Ort zu transportieren. Am Ende ging ihnen das Holz aus und ihre Kultur zugrunde. Der Wald hat sich nie wieder erholt.[11]

Die Geschichte liefert zahlreiche Beispiele dafür, daß beschränkte Technik oder begrenzte Nachfrage die Naturvölker davon abgehalten hat, ihre Umwelt übermäßig auszubeuten, und nicht eine Kultur des Verzichts. Auch die ökologischen Praktiken einiger Eingeborenenstämme sind nicht immer das, was uns die Medien weismachen wollen. Denn noch immer wird regelmäßig behauptet, daß Urvölker sorgsam mit den natürlichen Ressourcen umgingen, genügsam ihre Grenzen respektieren, Selbstbeschränkung üben und diese Ziele durch religiöse und rituelle Vorschriften beachten würden.»Meiner Ansicht nach«, schrieb Richard Nelson,»unterstützt die Ethnographie die Existenz einer weitverbreiteten und gut ausgebildeten Tradition des Konservatismus, der Landverwaltung (-ordnung) und einer auf Religion gegründeten Umweltethik unter den Ureinwohnern Amerikas [...] wir müssen eine tiefe, vielleicht sogar spirituell begründete Anbindung an das Leben wiederentdecken.«[12]

Praktisch jede Fernsehsendung über die Völker des Regenwaldes wiederholt diese Auffassung mitsamt ihrer Folgerung, nämlich daß die Menschheit erst vor kurzem und nur im Westen davon abgekommen sei, in spiritueller Harmonie mit der Natur zu leben. Um nur ein Beispiel zu nennen: Während ich an diesem Kapitel schrieb, sah ich eine Sendung über den Hoatzin-Vogel in Ecuador und hörte den Sprecher ankündigen: »Eine Art für die Zukunft zu erhalten ist eine praktische Philosophie, die alle Jagdvölker verstehen.«

Zweifellos spielt Mystik im Leben von Stammesvölkern eine große Rolle. Da bringen manche Tiere Glück, andere Unglück. Da werden vor oder nach einer Jagd aufwendige Zeremonien veranstaltet. Da werden den Bergen bestimmte Gefühle zugeschrieben. Einige Wesen sind tabu, auch wenn sie eßbar sind. Zuweilen wird vor einer Jagd sexuelle Enthaltsamkeit geübt oder gefastet. All das gibt es zwar, aber funktioniert es tatsächlich? Oder um es mit Heißsporn zu sagen, der zu dem eitlen Glendower bemerkte, der behauptete, Geister aus den tiefsten Tiefen zu beschwören: »Das kann auch ich und gleich mir jeder Mann; doch werden sie folgen, wenn man nach ihnen ruft?« Und selbst wenn eine Religion eine bewahrende Ethik befürwortet, dann leben die Menschen doch nicht immer ihre Ideale. So predigt das Christentum zwar Tugend, aber nur wenige Christen sind wahrlich ohne Sünde. Und dort, wo Rituale anscheinend bewahrend wirken, wird das wohl besser durch den Zufall erklärt als durch eine bestimmte Absicht.

Nach dem Lesen der Zeichen auf den verbrannten Schulterblättern von Karibus durchstreifen beispielsweise die Cree in Quebec ihre Jagdgründe.

Der Schamane, der die Knochen deutet, rät den Jägern nun zu aller Erstaunen, die Jagdgebiete zu meiden, in denen das Wild durch zu häufiges Jagen dezimiert wurde. Man übt sich in Selbstbeschränkung, und der Wildbestand erholt sich. Bei näherer Betrachtung erweist sich dieses Beispiel allerdings als unpassend. Es ist nämlich in jedem Fall vernünftig, Gebiete zu meiden, die überjagt sind, und das aus einem sehr einfachen und sehr egoistischen Motiv: Dort ist weniger Beute zu machen. Alles, was der Schamane tut, ist, daß er Informationen über diese Gebiete, die er zuvor von den Jägern selbst erhalten hat, weitergibt. Die Knochen sind dabei völlig bedeutungslos. Sie unterstützen lediglich die Aura professioneller Unverzichtbarkeit wie die pompöse Sprache eines Anwalts.

Bis jetzt gibt es vier Studien, die sich mit der bewahrenden Ethik der Indianer im Amazonasgebiet beschäftigt haben, indem sie versuchten, Beweise für eine systematisch praktizierte Selbstbeschränkung in deren Jagdverhalten zu finden, die eine Überjagung des Wildbestandes verhütet. Alle vier Studien lehnten diese Hypothese ab. Ray Hames fand heraus, daß die Yanomamo und Ye'kwana mehr Zeit in den Gebieten zubringen, wo mehr Wild vorhanden ist. Da diese Gebiete in der Regel weiter von einem Dorf entfernt sind, müssen die Jäger überjagte Gebiete durchqueren, um zu diesen Jagdgebieten zu gelangen. Würden sie bewußten Umweltschutz praktizieren, dann würden sie alle Tiere, die ihnen in solchen Gebieten begegnen, nicht beachten. Das aber tun sie nicht. Vielmehr nehmen sie ausnahmslos auf jedes Tier, das ihnen über den Weg läuft, die Jagd auf, wenn es nur groß genug ist, damit sich die Anstrengung und der Einsatz von Munition lohnen.[13]

Dasselbe Verhaltensmuster beobachtete Michael Alvard auch bei den peruanischen Piro. Mit (vom örtlichen Priester zur Verfügung gestellten) Gewehren, Pfeil und Bogen töten diese Indianer Tapire, Nabelschweine, Rotwild, Wasserschweine*, Klammeraffen, Brüllaffen, Agutis und Craxvögel. Auch sie lassen jegliche systematische Selbstbeschränkung in den überjagten Gebieten nahe ihrer Dörfer vermissen, obwohl sie auf ihrem Weg kleinere Beutetiere ignorieren, um kostbare Munition zu sparen.[14]

Fünfzehn Jahre lang studierte William Vickers die Siona-Secoya in Ecuador und dokumentierte dabei 1300 Tötungen von Tieren. Damit stellte er die größte Datensammlung amazonischer Jäger zusammen. Kürzlich analysierte er seine Daten, um Hinweise auf eine Ethik der Bewahrung zu finden. Er kam zu der Schlußfolgerung, daß die Indianer keine Erhaltung des Tierbestandes betrieben, weil keine Notwendigkeit dafür bestand. Ihre Bevölkerungsdichte war zu gering und ihre technischen Mittel zu beschränkt, als daß sie auf überlokaler Ebene eine Ausrottung zustande gebracht hätten. In diesem Sinne war ihre Praktik bewahrend, allerdings nicht aufgrund religiöser und ritueller Glaubenssätze. Ein guter Schamane soll einen Mangel an Wild durch Zaubersprüche beheben und den Jägern nicht vorschreiben, weniger Tiere zu töten. Erst vor kurzem und auf Druck weißer Siedler und der allgemeinen Entwicklung fingen sie an, über die Notwendigkeit nachzudenken, den Wildbestand in ihren schrumpfenden Wäldern zu bewahren. Diese Überlegungen waren allerdings rationeller, nicht religiöser Natur. Erhaltung, sagt Vickers, ist kein Zustand sondern eine rationale Reaktion auf veränderte Bedingungen.[15]

Allyn MacLean Sterman fand heraus, daß die bolivianischen Yuqui die reinsten Opportunisten sind. Die Yuqui töten mit Vorliebe Affenweibchen, die schwanger sind oder Jungtiere tragen – sie sind einfacher zu jagen, und der Affenfötus gilt als Delikatesse. Verwundete oder gefangene Tiere werden immer brutal behandelt. Zum Fischen wird Barbasco-Gift verwandt, das ohne Unterschied alle Fische in einem kleinen Teich oder im Altarm eines mäandrierenden Flusses tötet. Und sie nehmen keinen Anstoß daran, ei-

nen ganzen Baum zu fällen, um an dessen reife Früchte heranzukommen – in früheren Zeiten kletterten gefangene
Sklaven für sie auf die Bäume –, mit dem Ergebnis, daß in
manchen Gegenden fruchttragende Bäume ziemlich rar geworden sind.[16]

Anhänger einer Rousseauschen Romantik ziehen es vor
zu glauben, die Yuqui seien Abtrünnige – sie sind eben
schlechte Indianer, keine guten. Sterman zufolge birgt diese
Sichtweise jedoch die Gefahr, daß die Landrechte der
Indianer eines Tages an eine Art Öko-Test geknüpft werden,
und so einem Test sollte kein Mensch unterzogen werden.
»Wir sind keine Naturfreunde«, stellt Nicanor Gonzáles
klar, ein Führer der Bewegung Eingeborener Völker.»Begriffe wie Umweltschutz und Ökologie haben nie zum
überlieferten Vokabular eingeborener Völker gehört.«[17]

Der Fall der Kayapo-Indianer ist besonders bitter. Diese
im Herzen Brasiliens ansässigen Indianer waren für die
Anhänger einer Rousseauschen Romantik so etwas wie die
erleuchteten Wächter des Waldes. Man glaubte, sie würden
ihre natürliche Umgebung nicht nur schützen, sondern
auch kleine Waldflecken im Grasland, die sogenannten
Apêtes, als Reservate für Wild und andere wertvolle Tierarten einrichten. Kraft dieses Berichts wurde ihnen ein
20 000 Quadratmeilen großes Gebiet als Reservat zugeteilt,
die Menkragnoti. Der Popstar Sting spendete für dieses
Projekt zwei Millionen Dollar. Binnen weniger Jahre betrieben die Kayapo einen schwunghaften Handel mit Konzes-
sionen für Goldgräber und Holzfäller.

Der Ruf nach Werten

Es liegt nicht in meiner Absicht, diese Indianer zu verurteilen. Es wäre in der Tat heuchlerisch von mir, der ich in einem komfortablen Haus wohne und immense Mengen fos-

siler Brennstoffe und anderer Rohstoffe für meine täglichen Bedürfnisse verbrauche, einen Indianer zu verunglimpfen, nur weil er es für nötig hielt, ein paar billige Baumstämme gegen Bargeld zu verkaufen, um ein paar Gebrauchsgegenstände zu erwerben. Er ist mit einem Wissen um die natürliche Geschichte seiner Umwelt ausgestattet, das ich mir nie werde aneignen können – ihre Gefahren, ihre Chancen, ihre medizinischen Ressourcen, ihre Jahreszeiten, ihre Zeichen. Er ist in jeder Hinsicht ein besserer Umweltschützer, schon wegen seiner materiellen Armut, und er hinterläßt auf diesem Planeten kleinere und natürlichere Spuren als ich. Aber das geschieht aufgrund der ökonomischen und technologischen Beschränkungen, in denen er lebt, nicht wegen irgendeiner spirituellen ökologischen Tugend, die er besitzt. Man gebe ihm nur die Mittel, um seine Umwelt zu zerstören, und er wird sie ebenso gedankenlos einsetzen wie ich – vermutlich sogar noch etwas effektiver.

Warum also zerstört der Mensch seine Umwelt? Die Antwort ist uns bereits vertraut. Der ökologische Schaden wird durch eine Form des Gefangenendilemmas verursacht. Das Problem beim Gefangenendilemma besteht darin, zwei Egoisten dazu zu bringen, um einer höheren Sache willen zu kooperieren, und dabei die Versuchung, auf Kosten des anderen zu profitieren, zu vermeiden. Der Umweltschutz hat das gleiche Ziel, nämlich zu verhindern, daß Egoisten auf Kosten umsichtigerer Bürger Verschmutzung, Abfall und verbrauchte Ressourcen produzieren. Denn jeder, der sich beschränkt, spielt nur einem weniger gewissenhaften Mitmenschen in die Hände. Meine Voraussicht ist die Chance des anderen, genau wie im Gefangenendilemma, nur ist das Spiel noch schwerer zu spielen, weil es mehrere Spieler gibt, nicht nur zwei.

Da nimmt es kaum wunder, daß Umweltschützer immer wieder und reflexartig zu einer Änderung der menschlichen Natur aufrufen (oder der menschlichen Werte, wie sie es nennen). Vernarrt in die Vorstellung, man könne unseren instinktiven Egoismus durch ein paar eindringliche Appelle, gut zu sein, einfach aus der Welt schaffen – wie wir in Kapitel sieben gesehen haben, sind auch eindringliche Appelle und das Gute im Menschen selbst ein mächtiger menschlicher Instinkt –, fordern sie einen neuen Satz besserer Werte, an denen wir unser Leben ausrichten sollen. Um dieses Jahrtausendgeschrei glaubwürdiger klingen zu lassen, weisen sie darauf hin, wie natürlich die ökologische Tugend anscheinend bei unseren ›wilden‹ Vorfahren war. Wie Rousseau geben sie sich bereitwillig dem Glauben hin, die Profitgier sei erst gestern erfunden worden, zusammen mit Kapitalismus und Technologie. Und sie fordern, diese Dinge in dem Maße abzuschaffen, wie die spirituelle Harmonie mit der Natur wiedereingeführt wird.

Angebrachter erscheint jedoch die Schlußfolgerung, daß es in unserer Gattung keine instinktive ökologische Ethik gibt – keine wesenhafte Neigung, selbstbeschränkende Techniken zu entwickeln und zu lehren. Umweltethik muß daher gegen die menschliche Natur gelehrt werden, nicht mir ihr. Sie kommt nicht natürlich daher. Aber all das wußten wir ja bereits – oder nicht? Und trotzdem hoffen wir noch immer darauf, in unserem Busen den ökologisch edlen Wilden aufzuspüren, den wir mit den richtigen Gesängen und Beschwörungen hervorlocken können. Aber es gibt ihn einfach nicht. Wie sagten schon Bobbi Low und Joel Heinen: »Bewahrende Philosophien, die sich auf allgemeine und diffuse Gruppenvorteile stützen, sind vermutlich zum Scheitern verurteilt, weil individuelle oder verwandtschaftliche Vorteile eines Konservierungsmanagements fehlen. Wir würden uns freuen, wenn wir unrecht hätten, doch wir fürchten, wir haben es nicht.«[18]

Aber nur Mut! Schließlich zeigte sich, daß das Gefangenendilemma am Ende nicht die archetypische Rechtfertigung für menschlichen Egoismus, sondern genau das Gegenteil war. Wiederholt und unterscheidend gespielt, begünstigt dieses Spiel immer die Guten. Freundliche Strategien wie ›Wie du mir, so ich dir‹, ›Pawlow‹ und ›Streng, aber gerecht‹ sind den hinterhältigen Strategien überlegen. Vielleicht ist ja die Spieltheorie auch für das Dilemma des Umweltschützers die Rettung. Vielleicht kann sie einen Weg finden, damit selbstsüchtige Ausbeuter der Natur aufhören, die Gänse zu töten, die die goldenen Eier legen.

KAPITEL 12

Die Macht des Besitzes

Warum die Menschen voneinander profitieren

Der erste Mensch, der – nachdem er ein Stück Land eingezäunt hatte – daran dachte; ›dieses gehört mir‹ zu sagen; und die Leute so einfältig fand, ihm zu glauben, war der wahre Begründer der bürgerlichen Gesellschaft. Wie viele Verbrechen hätte sich die Menschheit erspart, wenn irgend jemand die Zaunpfähle herausgezogen, die Löcher zugeschüttet und seinen Mitmenschen zugerufen hätte: »Hütet euch, auf diesen Betrüger zu hören! Ihr seid verloren, wenn ihr vergeßt, daß die Früchte der Erde allen gehören, sie selbst aber keinem!«
Jean-Jacques Rousseau: *Ein Diskurs über die Ungleichheit,* 1755

Setze jemanden in den sicheren Besitz von blankem Fels, und er wird den Felsen zu einem Garten verwandeln; verpachte ihm auf neun Jahre einen Garten, und er wird ihn zu einer Wüste umwandeln [...] Die Zauberkraft des Besitzes macht Sand zu Gold.
Arthur Young: *Reisen,* 1787[1]

Die zerklüftete Felsenküste von Maine ist ein idealer Ort für Hummer. In großen Schwärmen leben sie in den tiefen, kalten Fjorden und vor der Küste. Seit Jahrhunderten werden sie gefangen und den Reichen von Boston und New York als Delikatesse serviert. Grundsätzlich kann jeder Mensch Hummerfischer werden. Da eine Lizenz billig ist und problemlos vom Staat erworben werden kann, stellen sich einem wenig rechtliche Hindernisse in den Weg. Ein Hummerfischer ist so gut wie keinen Beschränkungen hinsichtlich der Fangzahl unterworfen, nur brütende Weib-

313

chen oder Hummer unterhalb einer Mindestgröße darf er nicht töten. Die Gewinne sind gut, und die Ausrüstung ist verhältnismäßig einfach.

Mit anderen Worten, es sind alle Zutaten für eine ökologische Katastrophe vorhanden. Unterm Strich wird es sich für einen neuen Fischer immer lohnen, seine Anstrengungen zu erhöhen, selbst wenn der Hummerbestand dem Druck nicht mehr standhält, denn wenn er es nicht tut, macht es – aufgrund des altbekannten ›Dilemmas des Gefangenen‹ – jemand anderes. Und dennoch erfreuen sich die Hummerfischer in Maine – zumindest bis jetzt – eines gewissen Wohlstandes. Der Hummer wurde nicht überfischt, und die Fischer fangen seit etwa fünfzig Jahren die gleiche Menge Hummer, ungefähr 16 bis 22 Millionen Pfund jährlich.* Wodurch schafften sie es, die Katastrophe abzuwenden?

Die Antwort ist ganz einfach: durch Eigentumsrechte. Laut Gesetz darf jeder überall seine Körbe auslegen. Hummergründe sind kein Privateigentum. In der Praxis ist man jedoch gut beraten, sich zweimal zu überlegen, wo man fischt, denn die ganze Küste ist in einzelne Territorien unterteilt, von denen jedes einer bestimmten ›Hafengruppe‹ ›gehört‹. Obwohl es strafbar ist, Körbe von den Bojen zu schneiden, passiert das einem Eindringling regelmäßig. Und obwohl es im rechtlichen Sinn keine Grenzen gibt, kann jeder Fischer anhand von Landmarken an der Küste ganz genau den Punkt ausmachen, wo er und andere Mitglieder seiner Gruppe ihre Körbe nicht mehr auslegen dürfen. Die Territorien sind so präzise umrissen, daß man nach gründlicher Befragung aller Hummerfischer eine Karte von ihnen anfertigen könnte.

Die Territorien sind das Gemeineigentum der gesamten Gruppe; individuelles Privateigentum gibt es nicht. Andernfalls wäre das ganze System nicht mehr funktionstüchtig: Da die Hummer mit den Jahreszeiten ihre Gebiete wechseln, wäre das kleine Territorium, das ein einzelner

314

Fischer bewirtschaften könnte, als verläßlicher Fischgrund zu klein. Statt dessen bewegen die Mitglieder der Gruppe ihre Körbe in verschiedenen Jahreszeiten zu verschiedenen Stellen des gemeinsamen Territoriums, das bis zu hundert Quadratmeilen umfassen kann.

Seit den 1920ern hat sich jedoch ein schrittweiser Wandel in der Art und Weise vollzogen, wie diese Gruppen ihre Territorien markieren, gezwungen durch den Druck einer wachsenden Bevölkerung und neuer Technologien, die es leichter machen, territoriale Grenzen ungestraft zu übertreten. Viele Territorien werden nur noch in der Mitte verteidigt, am Rande sind sie für alle zugänglich. In diesen Kerngebieten sind die Hummer kleiner und weniger zahlreich, und die Fischer verdienen mit ihnen weniger Geld: 16 000 Dollar pro Jahr im Vergleich zu 22 000 Dollar in den Randgebieten. Mit anderen Worten: Die Randgebiete werden für alle frei zugänglich, und wie in allen frei zugänglichen Fischgründen gibt es auch hier die ersten Anzeichen von Überfischung.

Das Bemerkenswerte an der Geschichte der Hummer von Maine ist jedoch nicht ihr sich verschlechternder Zustand, sondern daß sie bis jetzt so hervorragend funktioniert haben, und das ohne Zwang oder Reglementierung von seiten des Staates und ohne individuelles Privateigentum, sondern mit Gemeineigentum.[2]

Gemeinschaftliche Nutzungsrechte

Warum ist das so? Die düstere Botschaft des vorherigen Kapitels lautete, daß es so etwas wie ökologische Tugend nicht gibt. Der edle Wilde als Umweltschützer ist ein Produkt Rousseauscher Phantasie. Und doch halten die Fischer von Maine das Gemeinwohl aufrecht. Hier scheint ein Widerspruch zu sein, den man wohl auflösen muß.

Das Gefangenendilemma ist, wenn man es mit mehreren Spielern spielt, auch bekannt als die ›Tragödie der Allmende‹. Man führe sich einmal vor Augen, wie widersinnig es für die Leute der Clovis-Kultur gewesen wäre, verantwortlich zu handeln, als man im Begriff war, das Mammut auszurotten. Denn hätte sich einer gesagt: »Nein, ich werde diese Mammutkuh nicht töten, denn sie hat ein Kalb, und ich muß ihre Brut schützen«, wie hätte er sich sicher sein können, daß nicht der nächste Indianer mit einer ganz anderen Gesinnung seine guten Vorsätze zunichte gemacht hätte? Er hätte ziemlich dumm dagestanden, wenn er mit leeren Händen zu seiner hungrigen Familie zurückgekehrt wäre, während der andere Jäger Fleisch von genau dem Beutetier nach Hause brächte, das er selbst seiner Familie vorenthalten hätte. Die Kooperationsbereitschaft, hier also die Selbstbeschränkung der einen Partei, ist die Gelegenheit für eine andere Partei. Der rationale Mensch hätte – und hat – die letzten beiden Mammuts auf diesem Planeten getötet, weil er wußte, tut er es nicht, macht es ein anderer.

Das einfache Dilemma, das übrigens spiegelbildlich das Problem der Bereitstellung öffentlicher Güter darstellt, wie die Frage, wer für den Bau eines Leuchtturms zahlt (siehe Kapitel sechs), ist seit Jahrhunderten bekannt. Der erste, der es in eine mathematische Formel faßte, war der Wirtschaftswissenschaftler Scott Gordon, der sich mit Fischereiproblemen beschäftigte. Er schrieb 1954 folgendes: »Was allen gehört, gehört im Grunde niemandem. Güter, die allen zugänglich sind, werden von niemandem geschätzt, denn derjenige, der dumm genug ist, zu warten, daß diese Güter sinnvoll genutzt werden, wird nur erleben, daß diese Güter in der Zwischenzeit von jemand anderem genutzt wurden. Das Gras, das der herrschaftliche Kuhhirt stehenläßt, ist für ihn wertlos, denn schon morgen kann es ein anderes Tier gefressen haben. Öl, das nicht gefördert wird, ist für die Raffinerie wertlos, denn es darf rechtmäßig von jedem gefördert werden. Fische bleiben, solange sie im Meer sind, für den Fischer wertlos, denn es gibt keine Sicherheit dafür, daß er sie auch morgen noch fangen kann, wenn er sich heute beim Fang zurückhält.«[3]

Die Antwort auf dieses Problem bestand nach Gordon darin, Ressourcen entweder zu privatisieren oder zu verstaatlichen und ihre Ausbeutung zu reglementieren. In der Praxis erwies sich nur die letztere Maßnahme bei Fischereien als sinnvoll.

Vierzehn Jahre später stieß ein autoritärer Biologe namens Garrett Hardin erneut auf diese Idee, als er eine Vorlesung über das Bevölkerungswachstum vorbereitete. Er nannte dieses Phänomen die ›Tragik der Allmende‹. Dieser Begriff hat sich durchgesetzt. Hardins Anliegen war es jedoch nicht, das Problem zu lösen, sondern die Notwendigkeit zu unterstreichen, das Recht auf Fortpflanzung zu beschränken. »Zwang«, schrieb er, »ist für viele Liberale noch immer ein häßliches Wort. Aber das könnte sich ändern.«

Um sein Anliegen zu unterstreichen, wählte Hardin das Beispiel des mittelalterlichen Gemeindelandes, von dem man im allgemeinen glaubt, die Allmende sei eingezäuntem Weideland aufgrund von Überweidung letztendlich unterlegen.

»Ein vernünftiger Hirte muß zu dem Schluß kommen, daß es das einzig Vernünftige für ihn ist, seiner Herde noch ein Tier hinzuzufügen. Und dann noch eins und noch eins und so weiter [...] Aber zu diesem Schluß kommt nun jeder vernünftige Hirte, der sein Vieh auf einer Allmende weiden läßt. Und darin liegt eben die Tragödie. Ruin heißt das Schicksal, auf das jeder Mensch zusteuert, der seine eigenen Interessen in einer Gesellschaft verfolgt, die an die Freiheit der Allmende glaubt. Freiheit in einer Allmende bedeutet für alle den Ruin.«[4]

Rein theoretisch ist das richtig: Was allen zugänglich ist, ist gefährlich anfällig für Trittbrettfahrer. Nur lag Hardin mit seiner Vermutung falsch, die mittelalterliche Allmende sei überweidet worden. Das mittelalterliche Gemeindeland war eben nicht für alle zugänglich, sondern wie die Hummergründe von Maine sorgfältig reglementiertes Gemeineigentum. Sicher, es gab vergleichsweise wenig schriftlich niedergelegte Rechte und nicht viele offensichtliche Regeln, die eindeutig festlegten, wer sein Vieh auf das Gemeindeland treiben oder dort Holz schlagen durfte. Für einen Außenstehenden konnte das durchaus so wirken, als hätte jedermann Zutritt. Aber wer einmal versucht, sein Vieh mit einer Gemeinschaftsherde zusammenzutreiben, wird sehr bald die ungeschriebenen Regeln herausfinden.

Die mittelalterliche englische Allmende war in der Praxis ein komplexes System streng überwachter Eigentumsrechte, das der Schirmherrschaft eines vorgeblich wohlwollenden Gutsherrn unterstand, dem die Allmende zwar gehörte, aber nur unter der Bedingung, daß er sich nicht in die gemeinschaftlichen Nutzungsrechte einmischte. Geregelt wurde zum Beispiel das Recht, Vieh auf der Allmende weiden zu lassen, Holz zu schlagen, Torf zu stechen, Schweine Ahorn fressen zu lassen, Fische zu fangen oder sich Kies, Sand oder Steine von dort zu holen. All diese Rechte waren die privaten Rechte einzelner Personen. Als das System der Gutsherrschaft zusammenbrach, wurde das Gemeindeland tatsächlich das Gemeineigentum all jener, die diese Rechte besaßen. Später sollten diese Rechte im Laufe der Errichtung von Einhegungen ausgelöscht, umgewandelt oder mißachtet werden. Aber die Allmenden waren niemals für alle zugänglich.[5]

Bis auf den heutigen Tag kennt man in vielen Heideländereien des Penninischen Gebirges im Norden Englands die aus dem Mittelalter überlieferte Regel des ›Stinting‹: Ein Schaf darf demnach an jeder beliebigen Stelle der Heide weiden, aber der Schäfer darf der Herde keine zusätzlichen Schafe zufügen. Er besitzt eine gewisse Anzahl sogenannter

›Stints‹, die ihm erlauben, jeweils ein Lamm grasen zu lassen, wobei dieses Lamm allerdings auf der Heide geboren sein und bereits einer bestimmten Herde angehören muß, die dort ständig weidet, denn ein solches Lamm kennt seinen Weideplatz und grast das ganze Jahr über nur in einem kleinen Umkreis, im Gegensatz zu einem Schaf, das ungehindert umherstreunt. Theoretisch ist die Anzahl dieser ›Stints‹ genau berechnet, um sicherzustellen, daß die Heide nicht überweidet wird. Im Mittelalter waren die meisten Dorfallmenden auf diese Weise reguliert. Mittlerweile sind alle ›Stints‹ zu einer verkäuflichen Ware geworden, und das englische Gemeindeland ist de facto teilprivatisiertes kommunales Eigentum. Dasselbe gilt auch für die Gehölze im altenglischen Waldland: Holzrechte waren Privatbesitz. Wie Oliver Rackham, ein Historiker der englischen Forstwirtschaft, erläuterte: »Gemeineigentümer sind nicht dumm. Sie sind sich des von Hardin angesprochenen Problems wohl bewußt. Da sie die Tragödie voraussahen, versuchten sie, ihr Eintreten zu vermeiden, indem sie Regeln aufstellten, um die übermäßige Nutzung durch den einzelnen zu verhindern. Die Gerichtsrollen englischer Gemeineigentümer machen deutlich, daß derartige Regeln existierten und bei jeder Zusammenkunft geändert werden konnten, um neuen Umständen gerecht zu werden.«[6]

Das Argument, daß Gemeineigentum immer auch die ›Tragik der Allmende‹ erleiden muß, ist also Unsinn. Gemeineigentum ist noch lange nicht zugänglich für alle. Das alte englische Gemeindeland vor den ›Einhegungen‹ als Ort tatsächlicher Gleichheit durch und durch und für alle offen ist ein nostalgischer Mythus. Hardin war sich dessen offensichtlich nicht bewußt, und was er schrieb, beruhte auf Theorie, nicht auf der Praxis.[7]

Man hüte sich vor Verstaatlichung

Offensichtlich ist also häufig die örtliche Bevölkerung, die im übrigen gar nicht erst vorgibt, viel von Wirtschaft zu verstehen, durchaus in der Lage, alle Probleme, die mit Fragen des Gemeineigentums in Zusammenhang stehen, schnell, vernünftig und dauerhaft zu lösen. Umgekehrt sind es jedoch gerade die ausgebildeten Experten, die vernünftige Arrangements bei der Verwaltung von Gemeineigentum häufig ruinieren, kaputtmachen und zugrunde richten. Die Politologin Elinor Ostrom hat jahrelang Beispiele für gut verwaltetes, lokales Gemeineigentum gesammelt. In Japan und in der Schweiz machte sie zum Beispiel Wälder ausfindig, die seit Jahrhunderten hervorragend bewirtschaftet werden, obwohl sie sich in gemeinschaftlichem Besitz befinden.

An der türkischen Küste, in der Nähe der Stadt Alanya, befindet sich eine blühende Küstenfischerei. In den 1970ern tappten die örtlichen Fischer in die übliche Falle von Überfischung, Konflikt und erschöpften Fischgründen. Dann erarbeiteten sie jedoch ein ausgeklügeltes und kompliziertes System, bei dem jedem lizenzierten Fischer per Los für eine bestimmte Saison ein bestimmter Fischgrund zugeteilt wird. Dieses System wird zwar vom türkischen Gesetzgeber anerkannt, aber für die Einhaltung sorgen die Fischer selbst. Die Fischerei ist nun ertragreich.

In der Nähe der spanischen Stadt Valencia wird das Wasser des Flusses Turia von mehr als 15 000 Bauern gemeinschaftlich nach einem System genutzt, das wenigstens 550 Jahre, vermutlich aber noch älter ist. Jeder Bauer nimmt sich, wenn er an der Reihe ist, soviel Wasser aus dem Bewässerungskanal, wie er benötigt, und verschwendet nichts. Vom Betrügen wird er nur durch die wachsamen Augen seiner Nachbarn oberhalb und unterhalb des Kanals abgehalten, und wenn es doch einmal zu Streitigkeiten kommt, kann man sie vor das Wassergericht bringen, das jeden Donnerstag morgen vor dem Aposteltor der Kathedrale von Valencia zusammenkommt. Wie aus den bis ins Jahr 1400 zurückreichenden Aufzeichnungen hervorgeht, wird nur sehr selten betrogen. Die Huerta von Valencia ist eine fruchtbare Region, in der zweimal jährlich geerntet wird. Von dort wurde das System und seine Regeln komplett nach Neu Mexiko exportiert, wo bis auf den heutigen Tag selbstverwaltete Bewässerungssysteme in Kraft sind.[8]

Almora, ein Bezirk in den Bergen von Kumaon im Norden Indiens, der in den zwanziger Jahren durch die Streifzüge menschenfressender Tiger einige Berühmtheit erlangte, ist ein hervorragendes Beispiel dafür, wie die Verstaatlichung von gemeinschaftlich genutztem Land die Tragödie des freien Zugangs erst schaffte und nicht etwa löste. Um 1850 beanspruchte die britische Regierung das absolute Hoheitsrecht über den gesamten Wald in dem Bezirk. De facto wurde das Land verstaatlicht. Erklärtes Ziel war es, die Einnahmen aus den Wäldern für die britische Regierung zu erhöhen, die angeblich der örtlichen Bevölkerung zugute kommen sollten. Almora war übrigens kein Einzelfall; die Kolonialregierung verfuhr so in ganz Indien. Sie verbot jedem, den Wald zu betreten, Holz zu schlagen, Tiere weiden zu lassen und Feuer zu machen. Die Dorfbevölkerung widersetzte sich diesen Anordnungen mit zunehmender Gewalt. Zum ersten Mal ging sie unverantwortlich mit dem Wald um, der nun nicht mehr ihnen gehörte. Die ›Tragik der Allmende‹ war geschaffen.

1921 wurden die Probleme dann so gravierend, daß die Regierung sich veranlaßt sah, ein Notstandskomitee zu bilden, das Teile des Waldes unter dem Van-Panchayat-Gesetz wieder in den Besitz der Kommune überführte. Zwei oder mehr Dorfbewohner konnten nun beim Bezirksvertreter des Ausschusses beantragen, einen Pachayat, also einen Gemeinschaftswald, aus dem regierungseigenen Wald zu bilden. Der Panchayat-Rat übernahm es, den Wald vor Feuer, Wilderern, Rodung und Kultivierung zu schützen und zwanzig Prozent der Weidefläche brachzulegen. Eine Studie, die 1990 sechs Panchayat-Wälder in Almora untersuchte, kam zu dem Ergebnis, daß drei Panchayats gut und drei schlecht bewirtschaftet wurden. Die drei gut bewirtschafteten Wälder wurden wirksam überwacht und die Gesetzesbrecher bestraft, und das beträchtlich effektiver, als es die zentrale Bürokratie in den Wäldern vermochte, die noch dem Staat gehörten.[9]

Ein anderes gutes Beispiel für das gleiche Phänomen stammt aus Nordkenia. Das Volk der Turkana, die entlang des Flusses Turkwell in der Nähe des Sees Turkana leben, fütterten ihre Ziegen einst mit den reichlich vorhandenen Akazienblüten, die von den Bäumen am Flußufer herabfielen. Für einen Außenstehenden sah es so aus, als hätten alle Schäfer der Turkana freien Zugang zu allen Bäumen. In der Praxis handelte es sich jedoch um sorgfältig geregeltes privates Gemeineigentum. Denn wer versuchte, seine Tiere an einer bestimmten Baumgruppe grasen zu lassen, ohne vorher den Ältestenrat um Erlaubnis gebeten zu haben, ging das Risiko ein, beim ersten Mal mit dem Stock vertrieben zu werden, beim zweiten Mal konnte er sogar getötet werden. Die Regierung schritt dann ein, um die Beweidung der Turkwell-Bäume während einer Dürreperiode zu regulieren. Es entstand eine neue Situation, in der ein Ziegenhirt nun tatsächlich zu allen Bäumen freien Zugang hatte, denn die Bäume gehörten ja der Regierung, nicht dem Ältestenrat. Wie vorherzusehen war, wurden die Bäume tatsächlich überweidet und starben schließlich ab. Indessen ist das Vorurteil gegen Privateigentum unter Umweltschützern seltsamerweise so weit verbreitet, daß der Experte, der diesen Fall schilderte, versucht, ihn als ein Beispiel gegen die Privatisierung, statt gegen die Verstaatlichung anzuführen.[10]

322

Die Tragödie des Leviathans

Zum Vermächtnis Hardins zählt die Rehabilitierung staatlicher Zwangsmaßnahmen. Dieser Sieg stand ganz in der Tradition von Hobbes. Der hatte nämlich die Instanz einer obersten, souveränen Macht als den einzig gangbaren Weg propagiert, um die Kooperation von Individuen zu gewährleisten. »Verträge ohne Schwerter«, schrieb er, »sind nur leere Wörter und können einem Menschen keine Sicherheit bieten.« Die einzige Lösung für die ›Tragödie des Gemeindelandes‹, sei diese nun real oder bloß erdacht, sah man in den siebziger Jahren in der Verstaatlichung. Überall auf der Welt wurden folglich aufgeblähte Regierungsapparate mit dem Hinweis auf das von Hardin so verurteilte Gemeineigentum entschuldigt. Ein Wirtschaftswissenschaftler formulierte es 1973 folgendermaßen: »Die ›Tragödie des Gemeindelandes‹ läßt sich nur vermeiden, wenn wir auf die tragische Notwendigkeit des Leviathans zurückgreifen.«[11]

Dieses Rezept war eine einzige Katastrophe. Leviathan, die Bürokratie, erschuf nämlich erst die ›Tragik der Allmende‹, wo es zuvor keine gab. Nehmen wir zum Beispiel die Tierwelt in Afrika: Überall auf dem Kontinent verstaatlichten die Länder den Tierbestand sowohl während der Kolonialzeit als auch nach der Unabhängigkeit in den sechziger und siebziger Jahren mit dem Argument, das sei der einzige Weg, Wilderer davon abzuhalten, diese gemeinschaftliche Ressource auszulöschen. Mit dem Ergebnis, daß die Bauern nun die Konkurrenz und die Schäden der regierungseigenen Elefanten und Büffel erdulden mußten und keinerlei Interesse mehr hatten, sich noch um diese Tiere als Nahrungs- oder Einkommensquelle zu kümmern. »Die Feindseligkeit afrikanischer Bauern gegen Elefanten ist ebenso eingefleischt wie die Rührseligkeit westlicher Industrienationen«, sagte der

Leiter der kenianischen Tierschutzbehörde, David Western. Der Rückgang afrikanischer Elefanten, Nashörner und anderer Tiere ist ein Beispiel für eine Tragik der Allmende, die die Verstaatlichung erst geschaffen hat. Dies beweist die Tatsache, daß sich das Blatt schlagartig wandte, wo immer die Tierwelt reprivatisiert und an die Gemeinschaft zurückgegeben wurde, wie etwa in dem Campfire-Programm in Simbabwe. Dort können Sportjäger von einem Dorfausschuß Jagdlizenzen für bestimmte Tiere erwerben. Die Dorfbewohner haben daraufhin ihre Einstellung zu den nun wertvollen Tieren auf ihrem Land schnell geändert. Privater Grund und Boden, der wilden Tieren gewidmet ist, hat sich in Simbabwe von 17 000 Quadratkilometer auf 30 000 Quadratkilometer vergrößert, seit der Staat den Landbesitzern die Eigentumsrechte an den Tieren wieder zugesprochen hat.[12]

Die Schäden, die die guten Absichten der Regierung am Bewässerungssystem in Asien angerichtet haben, sind noch offensichtlicher. In Nepal besteht das Bewässerungssystem gewöhnlich aus einem prekären Tauschhandel zwischen den Landeigentümern am oberen Flußlauf und den Pächtern weiter flußabwärts. Wird zuviel Wasser für so durstige Pflanzen wie Reis verbraucht oder war man einfach zu verschwenderisch, können sich die Wasservorräte bereits am oberen Flußlauf erschöpfen, und die Nachbarn weiter unten gehen leer aus. In der Regel sind die Menschen jedoch großzügig, und das aus ganz eigennützigen Interessen. Die Dämme, die die einzelnen Felder begrenzen, instand zu halten ist nämlich harte Arbeit, und die Pächter am unteren Flußlauf bieten ihre Arbeitskraft im Tausch gegen einen gerechten Anteil an Wasser an. Als nun die Regierung eingriff und einen dauerhaften Damm baute, brachte das lediglich den bestehenden Handel aus dem Gleichgewicht, indem für die Bewohner am oberen Flußlauf die Notwendigkeit entfiel, gute Nachbarn zu bleiben; sie reduzierten die Wassermenge, welche die Bewohner am unteren Flußlauf

erreichten sollte. Das Projekt war ein spektakulärer Fehl-
schlag. Im Gegensatz dazu kamen überall dort, wo die
Regierung half, einige Kanäle am unteren Flußlauf zu bau-
en, wie in Pithuwa, die Nutzer zusammen, um ein effekti-
ves System selbstverwalteter Ausschüsse zu bilden, die das
Wasser zuteilen; das Gebiet, das mit Wasser versorgt wird,
hat sich derzeit verdoppelt.

Generell bringen nepalesische Bewässerungssysteme, die
von der öffentlichen Hand betrieben werden, zwanzig
Prozent weniger Ertrag ein als jene, die von den Bauern organisiert werden – und sie sind ungerecht, denn am Unter-
lauf erreicht die Gemeinden weniger Wasser. Die Kontrolle
über Bewässerungssysteme in bürokratischen Händen zu
konzentrieren ist mindestens seit Pharaos Zeiten ein beliebtes Spiel der Regierungen. Es wurde in der Kolonialzeit
fortgesetzt und wird nun von modernen Hilfsorgani-
sationen begeistert praktiziert. Man unterschätzt die Fähigkeit der Menschen, ihre eigenen Bewässerungssysteme zu
betreiben, und überschätzt die Fähigkeiten der Bürokraten.
Das führt zu einer Tragik der Allmende.[13]

Ein weiteres Beispiel für dieses Phänomen ist die indone-
sische Insel Bali. Die Landschaft Balis wurde komplett von
Menschenhand gestaltet. Beinahe jeder zugängliche Qua-
dratzentimeter ist terrassiert worden, um Platz für Reis-
felder zu schaffen. Die Ertragssicherung, das ökologische
Gegenstück zur Tugend, ist hier kein Problem. Die Bauern
züchten ihr eigenes Saatgut und verwenden weder Pesti-
zide noch Düngemittel (Blau- und Grünalgen binden den
Stickstoff in der Luft). Reis wird auf Bali seit 1000 v. Chr. angebaut, und das Bewässerungssystem ist fast ebensolange
in Betrieb. Bewässerungstunnel und -kanäle leiten das
Wasser aus den Bergflüssen und -seen zu den Subaks, den
Bauerndörfern an den Berghängen.

Die Bewässerung ist aufs engste mit der Religion verknüpft. Tempel liegen immer an einer Gabelung in diesem

Labyrinth von Bewässerungskanälen, und im Gottesdienst, bei dem man einem Nachbartempel am Flußoberlauf ein Wasseropfer darbringt, dreht sich ebenfalls alles ums Wasser. Diese Tempel diktieren, wann jedes Subak seine Felder bewässern und wann es Reis anpflanzen muß. Traditionsgemäß bepflanzt ein Subak alle seine Felder gleichzeitig und läßt sie auch gleichzeitig brachliegen. In den siebziger Jahren kam dann die ›Grüne Revolution‹ in Gestalt des Internationalen Reisforschungsinstituts, das widerstandsfähigere Reissorten entwickelte und den Menschen höhere Erträge versprach, wenn sie ihre Felder zwischen den Ernten nicht mehr brachlegten. Das Ergebnis war eine Katastrophe: Überall herrschte Wassermangel, und die Pflanzen wurden von Viren befallen, die von Insekten übertragen wurden.

Warum? Wissenschaftler wurden aufgerufen, dem Problem auf den Grund zu gehen. Stephen Lansing fand mit Hilfe seines Computers folgendes heraus: Vor der Reform legte innerhalb eines Subaks jedermann seine Felder zur gleichen Zeit brach. Dadurch wurden die Schädlinge vernichtet, denn sie hatten während der Brache keine Nahrung. Da aber alle Subaks zu unterschiedlichen Zeiten pflanzten, war ausreichend Wasser für alle vorhanden. Indem sie die gleichzeitige Brache abschafften und kurzfristig einen sehr hohen Wasserbedarf schufen, zerstörten die ›Grünen Revolutionäre‹ ein System, das weit mehr war als nur eine überkommene Tradition. Es war ein außerordentlich ausgetüfteltes System, so ausgeklügelt, daß der Mensch, der es erdacht hatte, wohl sehr schlau und sehr mächtig gewesen sein mußte. Wer war also dieser Mensch? Niemand. Ordnung kann sehr wohl aus Chaos entstehen. Nicht, weil man Menschen herumkommandiert, sondern weil sie rational auf Anreize reagieren. Im obersten Tempel herrscht kein allmächtiger Priester, sondern die einfachste aller denkbaren Gewohnheiten. Alles, was man tun muß, ist, den Nachbarn zu kopieren, der es besser macht als man selbst. Das Ergebnis ist eine Synchronität innerhalb der Subaks und eine Asynchronität zwischen ihnen. All das geschieht ohne den mindesten Eingriff einer zentralen Autorität. Eine Regierung – seien es nun Radschas oder Sozialisten – hat buchstäblich nichts zu diesem System beigetragen; sie erhebt lediglich Steuern.[14]

Wohin man auch sieht, der Grund für die ökologischen Probleme der Dritten Welt liegen in dem Mangel an klar definierten Eigentumsverhältnissen. Warum schlachten die Menschen den Regenwald um einiger Baumstämme willen aus, wo sie ihn doch mit Nüssen und Heilpflanzen schonend bewirtschaften könnten? Weil sie zwar einen Baumstamm besitzen können, den Baum selbst jedoch nicht. Warum verbraucht Mexiko seine Ölreserven schneller, weniger effektiv und mit geringerem Gewinn als die USA? Weil in den USA die Ölrechte besser geregelt sind. Der peruanische Wirtschaftswissenschaftler Hernando de Soto behauptet, daß man die Armut in der Dritten Welt zu einem großen Teil beseitigen könnte, wenn man gesicherte Eigentumsverhältnisse schaffen würde. Ohne diese hätten Menschen keine Chance, Wohlstand zu erreichen. Der Staat ist nicht die Lösung für die Tragik der Allmende. Er ist vielmehr deren Hauptverursacher.[15]

Der edle Wilde im Labor

Aber auch ohne einen bürokratischen Apparat kann es Ertragsicherung geben. Um dies zu beweisen, stellten Elinor Ostrom und ihre Kollegen ein Experiment an. Sie gaben acht Studenten jeweils fünfundzwanzig Gegenstände, die sie am Ende des zweistündigen Experiments gegen echtes Geld eintauschen konnten. Die Studenten durften diese Waren anonym mit Hilfe eines Computers in einem von zwei Märkten testen. Auf dem ersten Markt gab es für alle Waren, die sie einführten, eine festgelegte Rendite; diese war für jede Ware gleich. Auf dem zweiten Markt differierte die Rendite je nach der Gesamtzahl der von allen acht Versuchspersonen eingeführten Waren. Wurde nur eine geringe Anzahl von Waren auf den Markt gebracht, war die Rendite hoch, wesentlich höher als auf dem Festpreismarkt. Aber je mehr Waren sich auf dem zweiten Markt befanden, desto geringer war der Gewinn, und an einem gewissen Punkt verlor man sogar Geld, wenn man weiterhin Waren einführte.

Sinn der Übung war es, die Situation des freien Zugangs in eine Umweltressource zu imitieren, wie sie eine Fischerei oder eine abzuweidende Wiese darstellt. Man kann gute Gewinne erzielen, wenn jeder sich beschränkt, den größten Gewinn streicht allerdings derjenige ein, der das nicht tut, während alle anderen sich gleichzeitig beschränken – eben der Trittbrettfahrer. Die Frage war nun, was würden die Studenten tun? In der einfachsten Version des Spiels war zwei Stunden nach der anonymen Investition der Markt – das Gemeindeland –, wie zu erwarten, abgegrast. Die Studenten holten nur einundzwanzig Prozent des maximal möglichen Gewinns für sich heraus. Danach gaben die Wissenschaftler den Versuchspersonen die Gelegenheit, nach der Hälfte der Sitzung das Problem einmal unter sich zu diskutieren. Danach sollten sie wieder anonym investieren. Dieses einmalige Gespräch zahlte sich aus: Der Gewinn der Versuchspersonen steigerte sich auf fünfundfünfzig Prozent des erreichbaren Maximums. Als man ihnen die Gelegenheit zu wiederholter Kommunikation einräumte, schnellte er sogar bis auf dreiundsiebzig Prozent hoch. ›Bloßes Vertrauen‹, auch ohne die Möglichkeit, einen Trittbrettfahrer zu bestrafen, schien ein wirksames Mittel zu sein, um die Tragödie abzuwenden.

Im Gegensatz dazu gab es, als Ostrom und ihre Kollegen den Versuchspersonen die Möglichkeit einräumten, Trittbrettfahrer durch ein Bußgeld zu bestrafen, ihnen allerdings nicht erlaubten, darüber zu sprechen, um eine gemeinsame Strategie festzulegen, nur eine kleine Gewinnausschüttung, nämlich siebenunddreißig Prozent. Rechnet man noch die ›Steuern‹ hinzu, welche die Spieler sich auferlegen mußten, um die Bußgelder durchzusetzen, lag die echte Gewinnausschüttung nur noch bei neun Prozent. Als man den Studenten erlaubte, sich einmal untereinander zu verständigen und ihre eigene Methode zu entwickeln, um die Trittbrettfahrer zu bestrafen, arbeitete das System beinahe perfekt. Die Versuchspersonen gingen mit dreiundneunzig Prozent des möglichen Gewinns nach Hause. In solchen Versuchsdurchläufen legten sie dann fest, wie viele Waren jede Versuchsperson in den gemeinsamen Markt einführen dürfe, und nur vier Prozent aller Versuchspersonen hielten sich nicht an diese Übereinkunft.[16]

Ostrom schlußfolgerte, daß allein die Kommunikation einen erheblichen Einfluß auf die menschliche Fähigkeit und Bereitschaft haben kann, sich ökologischen Beschränkungen zu unterwerfen. Kommunikation ist dabei sogar noch wichtiger als Bestrafung. Verträge funktionieren zwar ohne Schwerter, aber Schwerter nicht ohne Verträge. Soviel zu Hobbes und zu Hardins Plädoyer für Zwang.

Was sich bewegt, wird ausgebeutet!

Nach den Erkenntnissen des letzten Kapitels ist diese Schlußfolgerung jedoch noch verwirrender. Auch ohne Einmischung von seiten des Staates sind Menschen erstaunlich gut in der Lage, selbständig Wege zu entwickeln, um bei der Frage der umweltbezogenen Selbstbeschränkung das Problem der kollektiven Aktion gemeinsam in den Griff zu bekommen – sei es nun in einem zweistündigen Experiment in Indiana oder in einem dreitausendjährigen Experiment in Bali. Wieso haben sie dann so unerhört versagt, sich selbst daran zu hindern, die Großfauna auszurotten – in Nord- und Südamerika, in Australien, Neuguinea, Madagaskar, Neuseeland und Hawaii? Wie kommt es, daß die Jagdpraktiken der Amazonas-Indianer jegliche Anzeichen einer ökologischen Vernunft vermissen lassen?

Die einfachste Antwort ist vermutlich die zutreffendste: Tiere bewegen sich, Bewässerungssysteme nicht. Der Schlüssel zur Lösung kollektiver Probleme ist die Frage der Eigentumsverhältnisse. Sie sollten so gemeinschaftlich wie nötig und so individuell wie möglich sein. Ein Känguruh oder Mastodon war ebenso schwer zu besitzen wie zu fangen. Selbst wenn ein Stamm einem Außenseiter das Jagdrecht innerhalb seines Territoriums verweigerte, blieb das Problem bestehen, auf der einen Seite die unbefugten Eindringlinge ausfindig zu machen, auf der anderen Seite die Tiere daran zu hindern, ins Nachbarterritorium zu streunen. Aber vielleicht gab es ja auch bei den Jägern in der Alten Welt perfekt funktionierende Mechanismen der Mäßigung, die nur über der Entdeckung neuer, überreiche Nahrungsquellen in einer der neuen Welten ausgehebelt wurden? Vielleicht hat ja einer der ersten Maoris nach einer Moa-Mahlzeit tatsächlich gesprochen: »Wißt ihr, wenn wir so weitermachen wie bisher, werden uns bald die Moas ausgehen. Sollten wir deshalb nicht lieber ein paar Moas in Frieden brüten lassen?« Wenn es so jemanden gegeben haben sollte, dann hat ihm offensichtlich niemand zugehört.

Ein Beweis für die Annahme, daß die Menschen nur mit den Dingen maßvoll umgehen, die sie auch besitzen, könnte die Tatsache sein, daß die wertvollen natürlichen Ressourcen im tropischen Regenwald im allgemeinen mit viel größerer Zurückhaltung behandelt werden, wenn sie nicht beweglich sind. Jared Diamond berichtet, daß die Einwohner von Neuguinea nur dort eine Ethik der Bewahrung an den Tag legen, wo die Menschen individuelle Rechte besitzen. Ein Stamm eines seltenen Baumes, der bevorzugt ausgehöhlt wird, um daraus ein Kanu zu fertigen, gehört demjenigen, der ihn findet, und diese Regel wird respektiert. Der Eigentümer kann daher so lange mit dem Fällen seines Baumes warten, bis er ein neues Kanu braucht. Ebenso gehört ein Baum, der von einigen Paradiesvögeln als Rastplatz genutzt wird, dem, der ihn zuerst entdeckt. Allein dem Eigentümer dieses Baumes ist es nun vorbehalten, die Vögel um ihrer geschätzten kleidsamen Federn willen zu schießen.[17]

Die allgemeine Regel, daß nur wandernde oder flüchtige Ressourcen zum Abschuß für jedermann freigeben sind und daß die Ressource um so eher privat genutzt wird, je unbeweglicher sie ist, wird auch an Beispielen aus der freien Natur als Ausnahme, die die Regel bestätigt, deutlich. So wurden Biber in Nordamerika vor der Ankunft des weißen Mannes in vielen Teilen des Landes von den Indianern maßvoll gejagt. Gewisse Zeichen an den Bäumen neben dem Biberdamm markierten, bei wem die Fallenstellerrechte an dieser Stelle lagen.

Oder betrachten wir den Fall der Megapoden, der Hühnervögel, die die Inselwelt Australasiens und Südostasiens bevölkern. Die Megapoden brüten ihre Eier nicht aus. Statt dessen vergraben sie sie meist in speziell konstruierten Komposthaufen, um die Wärme der verrottenden Vegetation auszunutzen. Manchmal verbuddeln sie ihre Eier auch am Strand in Erdlöchern, um die Wärme des von der Sonne aufgeheizten Sandes auszunutzen, oder fliegen zu vulkanischen Inseln, um dort ihre Eier im geothermisch beheizten Sand einzugraben. Einer dieser geothermischen Strände in Neubritannien zog einmal sogar 53 000 Vögel an. Ein Megapode würde sich nie die Mühe machen, auf einem Ei zu hocken oder sich um seinen Nachwuchs zu kümmern.

Die großen proteinreichen Eier der Megapoden sind eine begehrte Delikatesse, und die Menschen wetteifern um das

Recht, sie zu sammeln. Eine Person oder eine Gemeinschaft besitzt normalerweise den Komposthaufen oder heißen Strand, wo die Vögel ihre Eier vergraben. Diese Eigentumsform ist lebenswichtig für den Erhalt der Vögel. Auf der kleinen Molukkeninsel Haruku entdeckte René Dekker vor kurzem 5000 Megapodenpaare, die dort bei Vollmond ihre Eier legen. Diese Eier gehörten einem Mann, der für dieses Vorrecht eine jährliche Gebühr bezahlte und zwanzig Prozent der Eier sorgfältig für die Brut beiseite legte. Andere Strände sind nicht mehr in dieser glücklichen Lage. Sie sind nicht mehr in Privatbesitz und damit für jedermann frei zugänglich – mit katastrophalen Auswirkungen. Elf der neunzehn Megapodenarten sind mittlerweile vom Aussterben bedroht, größtenteils, weil ihre Eier unkontrolliert gesammelt werden.[18]

Der Unterschied zwischen Megapodennestern, Biberdämmen, Paradiesvögel- und Kanubäumen auf der einen Seite, und Mammuts, Tapiren oder Heringen auf der anderen ist, daß erstere nicht beweglich sind. Eigentumsrechte können hier leichter geltend gemacht, gekennzeichnet und verteidigt werden. Was unsere Vorfahren daran gehindert hat, Mammuts und Elche maßvoll zu jagen, war die Tatsache, daß es unmöglich ist, Besitzansprüche auf diese wildlebenden Tiere zu erheben. Diese Ansprüche hätten nicht unbedingt individuell sein müssen – sie hätten durchaus auch gemeinschaftlich sein können –, aber sie wären der Schlüssel zur ökologischen Tugend gewesen.[19]

Das Tabu des Hortens

Dies gilt auch für die Frage des Umweltschutzes in westlichen Industriegesellschaften. Firmen, die die Umwelt verschmutzen, begrüßen jede Form staatlicher Reglementierung, da diese sie wirksam vor zivilrechtlichen Prozessen schützt und potentielle Mitbewerber auf dem Markt abschreckt. Vor nichts graust es ihnen mehr als vor Forderungen, die auf dem Wege gewohnheitsrechtlicher Eigentumsrechte erhoben werden:

»Das Verbot unbefugten Zutritts und von Belästigungen sowie die Uferrechte – alles zusammen hat die Menschen in die Lage versetzt, die Reinheit von Land, Luft und Wasser zu erhalten oder wiederherzustellen, anscheinend zu effektiv für den Staat, der fleißig daran gearbeitet hat, diese Eigentumsrechte und den Umweltschutz, die jene bewirkt haben, zu unterminieren.«[20]

Beim Umweltschutz ist Privateigentum oft der Partner, die staatliche Reglementierung der Gegner. Auf diese Schlußfolgerung reagieren jedoch viele Umweltschützer gereizt, denn auch noch der letzte unter ihnen macht die westlichen Traditionen von Privateigentum und Gewinnstreben für die Zerstörung der Umwelt verantwortlich und empfiehlt statt dessen als Patentlösung den Eingriff des Staates. Meiner Meinung nach gibt es dafür einen einfachen Grund: Privateigentum oder Gemeineigentum durch eine kleine Gruppe ist zwar die logische Antwort auf eine potentielle Tragödie der Bürgerschaft, bietet sich aber nicht instinktiv an. Vielmehr besitzen die Menschen einen Instinkt – bei Jägern und Sammlern deutlich ausgedrückt, aber auch in der modernen Industriegesellschaft noch vorhanden –, der sich strikt gegen jede Form des Hortens richtet. Horten ist ein Tabu, Teilen ist Pflicht. So wird bei den Eskimos jemand, der im Verdacht steht, nicht auch noch sein letztes Hemd herzugeben, bis zur Aufgabe beschämt. Dieses Tabu des Hortens ist die Wurzel der allgemeinen Mißbilligung des Privateigentums. Der Code Napoleon und die Erbfolgegesetze der Hindu, die die Aufteilung von Privateigentum unter vielen Erben regulieren, stehen ganz in dieser Tradition. »Eigentum«, sagte der französische Anarchist Pierre-Joseph Proudhon, »ist Diebstahl.«

333

Dies ist ein Teil der beinahe fanatischen Überzeugung von der menschlichen Gleichheit, vorzugsweise bei Menschen, die sich im Stadium der Jäger und Sammler befinden. Anthropologen berichten regelmäßig voller Erstaunen, wie Geschenke in Stammesgesellschaften herabgewürdigt werden, wie ungeniert die Wertlosigkeit eines Geschenkes öffentlich diskutiert wird oder wie die Qualität eines Tieres, das ein Stammesgenosse für sie erlegt hat, kritisiert und lächerlich gemacht wird. Deshalb schrieb Elisabeth Cashdan über die !Kung: »Wenn jemand seine eigenen Fähigkeiten nicht herabwürdigt oder schlechtmacht, werden seine Freunde und Verwandte nicht lange zögern, diese Aufgabe für ihn zu übernehmen [...] und wenn jemand nicht großzügig ist, werden die Normen des Teilens durch unaufhörliches Bitten und Betteln um Geschenke durchgesetzt.«[21]

In Stammesgesellschaften darf niemand übermütig werden: Gleichheit ist alles. Wir haben bereits gesehen, daß Koalitionen von Menschen, sogar noch mehr als solche von Schimpansen, die Ambitionen einzelner mächtiger Individuen zähmen können (siehe Kapitel acht). Wir sehen dies auch daran bestätigt, wie stark das Horten abgelehnt wird. Aber wir sehen auch, daß diese Beschränkung schnell aufgehoben wird, sobald eine seßhaftere und verläßlichere Lebensart Platz greift, die es einem mächtigen Individuum erlaubt, von seinem Eigentum zu leben statt von der sozialen Versicherung des Teilens. Cashdan vergleicht die egalitären !Kung mit den sozial hierarchischen //Gana, die sich einen Großteil des Jahres auf berechenbare Landstücke mit wilden Melonen verlassen, die gehortet werden können.

Nur selten hat das sich Tabu des Hortens in seßhafte Gesellschaften herübergerettet, aber einige Fälle gibt es auch hier. Vor der Insel Manus bei Neuguinea liegt eine kleine Sandbank, zwar nur zwei Meilen lang und zweihundert Yards breit, aber von einem Korallenriff umgeben, das sich elf Meilen nordwärts erstreckt. Ihr Name ist Ponam, und so heißen auch ihre Bewohner. 1981 lebten von den ungefähr fünfhundert Ponams noch immer dreihundert auf der Insel. Außer von Kokosnüssen und etwas Schweinezucht ernähren sich die Ponams hauptsächlich vom Fischfang im Riff. Dazu benutzen sie Wurfspeere und Netze. Das Riff ist in Parzellen mit gemeinschaftlichen Fischereirechten unterteilt, jedes Recht gehört einem patrilinearen Clan. Die Kanus und Netze sind das Privateigentum der Person, die sie herstellt. Aber um sein Netz zu gebrauchen, muß der Besitzer eine Mannschaft zur Hilfe rekrutieren. Am Ende des Tages wird der Fang wie folgt aufgeteilt: Ein Teil geht an jedes Mit-glied der Mannschaft, ein Teil an den Inhaber des Fischereirechtes, ein Teil an den Besitzer des Netzes und ein weiterer an den Besitzer des Kanus. Allerdings bekommt niemand mehr als einen Anteil. Falls jemand zugleich das Boot, das Netz und das Recht besitzt, bekommt er dennoch nur einen Teil. So sind die Regeln, und jeder hält sich daran. Nur wenn der Fang sehr groß war, ist der Anteil des Besitzers größer als die der anderen. Ist der Fang gering, tritt der Besitzer seinen Anteil in der Regel ganz ab.

Ein gleichheitlicheres System kann man sich kaum vorstellen. Es belohnt Arbeit stärker als Kapital und nimmt den Reichtum von den Personen, die materielle Güter besitzen. Dies verhindert den Anreiz, die Produktionsmittel zu schmälern: Je größer der Clan, desto mehr (rentable) Arbeitskraft und desto weniger (unrentables) Kapital stehen zur Verfügung. Wie die napoleonischen Erbfolgegesetze belohnen die Sitten der Ponams Gemeineigentum und entmutigen Privatbesitz. Darin kommt das Tabu des Hortens zum Ausdruck.

Da nimmt es eigentlich wunder, daß Netze und Kanus überhaupt noch hergestellt werden. Auf Nachfrage räumten die Ponams ein, sich dieses Problems bewußt zu sein.

Als man weiter in sie drang, behaupteten sie, der Eigentümer bekomme im allgemeinen mehr Fisch. Als man jedoch eindringlicher auf einer Antwort beharrte, gaben sie zu, daß dies nicht zutraf. Sie erklärten dann, der Eigentümer erhalte eine immaterielle Belohnung: Sein Clan erfreue sich höherer Wertschätzung. Damit wäre das Motiv für Besitz also sozial und nicht ökonomisch.[22]

Ponam ist eine Parabel für uns alle. Privater Besitz und persönlicher Wohlstand tragen einem zwar Wertschätzung und Ansehen, aber auch Neid und soziale Ächtung ein. Sosehr wir also auch das Argument anerkennen, daß Privateigentum ein geeignetes Mittel zur erfolgreichen Erhaltung von Ressourcen sein kann, so können wir dieses Argument ganz und gar nicht leiden. Der moderne Umweltschützer sitzt in der Klemme. Die Logik gebietet ihm, Privat- oder Gemeineigentum als bestes Mittel zu empfehlen, um Menschen Anreize für den Erhalt natürlicher Ressourcen zu liefern. Aber sein internalisiertes Tabu des Hortens rebelliert gegen diese Idee. Also greift er auf das ›öffentliche Eigentum‹ zurück und tröstet sich mit dem Mythos einer perfekten Regierung. Man beachte, wie geschickt diese Argumentation in folgendem Beispiel angewandt wird:

»Der größte Teil von Papua-Neuguinea (siebenundneunzig Prozent) befindet sich in nicht dokumentierter, durch Brauch eingebürgerter Pacht, und nur ein kleiner Teil der atemberaubenden Landschaften Papua-Neuguineas, seiner Kulturen und seiner biologischen Vielfalt, befindet sich innerhalb gesetzlich festgeschriebener Schutzgebiete. Diese ungewöhnlichen Eigentumsrechte, die man nur in den Ländern Ozeaniens findet, beschneiden die Möglichkeit der Regierung, Umweltschutzmaßnahmen durchzusetzen, bei denen traditionelles Pachtland staatlicher Kontrolle unterstellt wird.«[23]

Wären Regierungen vollkommen, würde das Prinzip der Verstaatlichung so gut funktionieren, wie solche Menschen es sich wünschen. Aber Regierungen sind nun einmal nicht perfekt – jedenfalls nicht, solange die Märkte unvollkommen sind. Regierungen werden immer das Geld an sich ziehen, sei es nun auf dem Wege der Korruption oder durch das Parkinsonsche Gesetz. Indem sie das Umweltproblem ansprechen, verursachen Regierungen meist erst die Probleme, anstatt sie zu lösen, gerade weil die Tragödie des Gemeineigentums vorher gar nicht existierte. Würden die Bewohner von Neuguinea beispielsweise aufhören, Bäume zu fällen oder Paradiesvögel zu jagen, nur weil diese dem Staat gehören? Vielleicht wäre dies der Fall, wenn die Regierung von Neuguinea es sich leisten könnte, Tag und Nacht Geschwader von Hubschraubern über dem Wald patroullieren zu lassen und Schießbefehl zu erteilen. Aber das wäre wohl kaum die Regierung, die wir uns, geschweige denn anderen Menschen wünschen würden.

Ökologische Tugend beginnt an der Basis, nicht an der Spitze.[24]

KAPITEL 13

Vertrauen

Warum eine Gesellschaft das Gute braucht

Wir nehmen nicht an, daß der Egoismus der menschlichen Natur jemals überwunden werden kann, aber wir möchten die Gesetze und die Institutionen einer Gesellschaft so gestaltet sehen, daß sie ihm weitestgehend entgegenwirken.
Morning Post, Januar 1847

Die Post glaubt vermutlich, nur weil Gesetze und gesellschaftliche Einrichtungen beabsichtigen, das Allgemeinwohl zu fördern, würden sie bereits die Gesellschaft ausmachen. Eine andere Philosophie aber will es, daß die Gesellschaft das natürliche Produkt der Instinkte der einzelnen ist.
Economist, Januar 1847[1]

Das Gehirn des Menschen setzt sich aus egoistischen Genen zusammen, aber es ist darauf angelegt, sozial, vertrauenswürdig und kooperativ zu sein. Das ist das Paradoxon, das dieses Buch zu erklären versucht hat. Menschen verfügen über soziale Instinkte. Sie werden mit der Anlage geboren, zu lernen, wie sie miteinander kooperieren, den Vertrauenswürdigen von dem Verräter unterscheiden, selbst als vertrauenswürdig gelten, einen guten Ruf erwerben, Güter und Informationen austauschen und Arbeit teilen können. In all diesen Dingen ist der Mensch auf sich gestellt. Keine andere Art vor uns ist auf dem Weg der Evolution so weit fortgeschritten wie wir, denn keine andere Art hat eine wahrhaft integrierte Gesellschaft aufgebaut – abgesehen von den inzüchtigen Verwandten einer großen

339

Familie wie bei einer Ameisenkolonie. Den Erfolg unserer Gattung verdanken wir unseren sozialen Instinkten. Sie haben es uns durch die Arbeitsteilung ermöglicht, ungeahnte Vorteile für unsere Herrn und Meister, die Gene, sicherzustellen. Unsere Gene sind verantwortlich für das sprunghafte Wachstum unserer Gehirne während der letzten zwei Millionen Jahre und damit für unseren Erfindungsreichtum. Das Gehirn des Menschen und die menschliche Gesellschaft entwickelten sich gleichzeitig, wobei das eine das andere unterstützte. Diese instinktive Kooperationsbereitschaft ist keineswegs, wie Kropotkin glaubte, ein universelles Charakteristikum aller Tiere, sondern das wesentlichste Merkmal der Menschheit, das sie von allen anderen Gattungen unterscheidet.

Die Evolution hat eine lange Perspektive. Unter anderem hat dieses Buch versucht, einige Mythen darüber zu zerstören, wann wir einige unserer kulturellen Gewohnheiten annahmen. Ich habe angeführt, daß es schon vor der Kirche eine Moral gab, Handel vor dem Staat, Tausch vor Geld, Gesellschaftsverträge vor Hobbes, Wohlfahrt vor den Menschenrechten, Kultur vor Babylon, Gesellschaft vor Griechenland, Selbstinteresse vor Adam Smith und Gier vor dem Kapitalismus. All diese Aspekte sind Ausdruck der menschlichen Natur, und das seit dem tiefsten Pleistozän der Jäger und Sammler. Einige von ihnen haben ihre Wurzeln in den fehlenden biologischen Verbindungsgliedern zu anderen Primaten. Nur unsere außerordentliche Selbstgefälligkeit hat das bisher verdunkelt.

Aber für Beglückwünschungen ist es zu früh. Unsere Instinkte haben ebenso viele Licht- wie Schattenseiten. Die Tendenz menschlicher Gesellschaften, in untereinander verfeindete Gruppen zu zersplittern, hat uns mit Gehirnen ausgestattet, die nur allzu bereit sind, Vorurteile anzunehmen und völkermordende Fehden anzuzetteln. Auch wenn in unseren Köpfen die Fähigkeit vorhanden sein sollte, funktionierende Gesellschaften zu bilden, dann versagen wir offensichtlich darin, diese Fähigkeit angemessen zu nutzen. Kriege, Gewalt, Diebstahl, Meinungsverschiedenheiten und Ungleichheit zerreißen unsere Gesellschaften. Wir kämpfen damit, zu verstehen, warum das so ist, und schreiben die Schuld dafür wahlweise der Natur, der Erziehung, der Regierung, dem Profit oder den Göttern zu. Die dämmernde Selbsterkenntnis, ~~deren Geschichte dieses Buch erzählt,~~ sollte, ja muß, einen praktischen Nutzen haben. Wenn wir verstehen, wie die Evolution zu der menschlichen Fähigkeit für soziales Vertrauen gelangt ist, müßte es uns möglich sein herauszufinden, wie einem Mangel an sozialem Vertrauen abzuhelfen ist. Welche menschlichen Institutionen fördern Vertrauen und welche zerstören es?

Vertrauen ist eine ebenso lebenswichtige Form des sozialen Kapitals wie Geld. Einige Wirtschaftsexperten haben das bereits erkannt. »Jeder wirtschaftlichen Transaktion liegt eine Form von Vertrauen zugrunde«, meint der Wirtschaftswissenschaftler Kenneth Arrow. Lord Vinson, ein erfolgreicher britischer Unternehmer, führt als eines seiner zehn Gebote für wirtschaftlichen Erfolg an: »Vertrauen Sie jedem, solange Sie keinen Grund haben, es nicht zu tun.« Wie Geld kann man Vertrauen schenken (»Ich vertraue Ihnen, weil ich dem vertraue, der mir sagte, daß er Ihnen vertraut«), und man kann es riskieren, akkumulieren und verlieren. Und Vertrauen wirft Dividenden ab – in der Währung größeren Vertrauens.

Vertrauen und Mißtrauen nähren einander. Robert Putnam meinte, daß Fußballvereine und Handwerkerinnungen in Norditalien seit langem auf Vertrauen gründen, im stärker hierarchisch strukturierten und unterentwickelten Süditalien aber aufgrund eines Mangels an Vertrauen zugrunde gingen. Der Grund, warum sich die beiden doch so ähnlichen Völker der Nord- und der Süditalier so fundamental auseinanderentwickelt haben,

341

obwohl sie doch so ziemlich dieselben genetischen Voraussetzungen mitbringen, ist demnach einfach ein Zufall der Geschichte: Der Süden hatte starke Monarchien und Paten, der Norden starke Kaufmannsgemeinschaften.[2]

Hier bieten sich sogar noch größere Parallelen an. Putnam argumentiert, daß die Nordamerikaner eine erfolgreiche bürgerliche Gesellschaft bildeten, weil sie von den Briten, die einst ihre Städte gründeten, eine horizontal gebundene Version erbten, während Südamerika, das bei der Günstlingswirtschaft, dem Autoritarismus und der Klüngelei des mittelalterlichen Spaniens steckenblieb, zurückfiel. Man kann dabei allerdings auch zu weit gehen: Francis Fukuyama stellte die wenig überzeugende Behauptung auf, daß der große Unterschied zwischen erfolgreichen Wirtschaftsnationen wie Amerika und Japan auf der einen Seite und den weniger erfolgreichen Nationen wie Frankreich oder China auf der anderen darauf zurückzuführen sei, daß letztere an hierarchischen Machtstrukturen festhielten. Nichtsdestotrotz hat Putnams Argumentation einiges für sich. Gesellschaftsverträge zwischen Gleichen, eine allgemeine Wechselseitigkeit zwischen Individuen und Gruppen – dies liegt der lebenswichtigsten Errungenschaft der Menschheit zugrunde: der Erschaffung von Gesellschaft.[3]

Der Krieg aller gegen alle

Dieses Buch ist in vielem – ergänzt um etwas Mathematik und Genetik – die Neuauflage einer uralten philosophischen Debatte, einer Debatte, die unter dem Namen ›die Vervollkommnungsfähigkeit des Menschen‹ bekannt ist. In verschiedenem Gewande und zu verschiedenen Zeiten haben die Philosophen argumentiert, daß der Mensch an sich gut sei, es sei denn, er wurde korrumpiert, oder daß er an sich böse sei, es sei denn, er wurde gezähmt. Das berühmteste Duell bieten Thomas Hobbes für die böse und Jean-Jacques Rousseau für die gute Seite an.

Hobbes war allerdings nicht der erste, der die Behauptung aufstellte, der Mensch sei ein wildes Tier, das durch einen Gesellschaftsvertrag gezähmt werden müsse. Bereits zweihundert Jahre zuvor hatte Machiavelli in etwa dasselbe gesagt. Die christliche Doktrin von der Erbsünde, von Augustin präzisiert, bringt ein ähnliches Anliegen zum Ausdruck: Das Gute ist ein Geschenk Gottes. Die Sophisten des alten Griechenlands glaubten, der Mensch sei an sich hedonistisch und selbstsüchtig. Erst Hobbes allerdings hat daraus ein politisches Argument gemacht.[4]

Als Hobbes Mitte des siebzehnten Jahrhunderts seinen *Leviathan* schrieb, inmitten eines Jahrhunderts voller politischer und religiöser Bürgerkriege in Europa, war sein Anliegen, zu beweisen, daß eine starke souveräne Macht erforderlich sei, um den Staat vor fortgesetzten Bruderkämpfen zu bewahren. Diese Auffassung war unmodern, denn die meisten Philosophen des siebzehnten Jahrhunderts hielten an dem Ideal eines bukolischen Zustands der Natur fest, der sich in dem vorgeblich friedfertigen und wohlhabenden Leben der amerikanischen Indianer exemplarisch ausdrückte, um ihre eigene Suche nach einer perfekt organisierten Gesellschaft zu rechtfertigen. Hobbes stellte diese These auf den Kopf, indem er behauptete, der Grundzustand der Natur sei Krieg, nicht Frieden.[5]

Thomas Hobbes war der direkte intellektuelle Vorfahre von Charles Darwin. Denn Hobbes (1651) brachte David Hume (1739) hervor, der wiederum Adam Smith (1776), der wiederum zeugte Thomas Robert Malthus (1798), der wiederum Charles Darwin (1859). Erst nach der Lektüre von Malthus nämlich wandte sich Darwin vom Gedanken des Wettstreits zwischen Gruppen ab und dem des Wettstreits zwischen Individuen zu, ein Wandel, den Smith bereits in dem Jahrhundert zuvor vollzogen hatte.[6] Die Hobbessche

Diagnose – allerdings nicht die Therapie – ist noch immer die Grundlage sowohl der Ökonomie als auch der modernen Evolutionsbiologie (Smith brachte Friedman, Darwin Dawkins hervor). Beiden Disziplinen liegt folgende Auffassung zugrunde: Wenn das Gleichgewicht in der Natur nicht von oben entworfen wurde, sondern sich von unten entwickelte, gibt es keinen Grund für die Annahme, daß es sich als ein harmonisches Ganzes erweisen werde. John Maynard Keynes sollte später den Ursprung der Arten als »einfache ricardosche Ökonomie, in eine wissenschaftliche Sprache gekleidet« beschreiben, und Stephen Jay Gould sagte, die natürliche Auslese sei »im wesentlichen die Ökonomie von Adam Smith, übertragen auf die Natur«. Karl Marx brachte denselben Gedanken zum Ausdruck: »Es ist erstaunlich«, schrieb er im Juni 1862 an Friedrich Engels, »wie Darwin an wilden Tieren und Pflanzen seine eigene englische Gesellschaft mit ihrer Arbeitsteilung, dem Wettbewerb, der Erschließung neuer Märkte, von ›Erfindungen‹ und dem malthusschen Kampf ums Dasein erkennt. Es ist Hobbes ›Krieg aller gegen alle‹.«[7]

Darwins Jünger Thomas Henry Huxley wählte genau dasselbe Zitat von Hobbes, um seine These, daß das Leben ein gnadenloser Kampf sei, zu veranschaulichen. Für den ersten Menschen, so meinte er, »war das Leben ein fortwährendes Umsichschlagen, und jenseits der begrenzten und befristeten Beziehungen der Familie war der hobbessche Krieg von allen gegen alle der Normalzustand der Existenz. Wie andere Arten im Strom der Evolution platschte und strampelte sich auch die menschliche Art darin ab, hielt den Kopf so gut sie konnte über Wasser und dachte weder an woher noch wohin.« Es war dieser Essay, der Kropotkin dazu veranlaßte, seine *Gegenseitige Hilfe* zu schreiben.

Die Debatte zwischen Huxley und Kropotkin hatte auch eine persönliche Dimension. Huxley war ein Selfmademan, Kropotkin ein aristokratischer Revolutionär. Huxley war ein leistungsgesellschaftlicher Erfolgsmensch, der wenig Zeit für träumerische verstoßene Prinzen hatte, denen Privilegien in die Wiege gelegt worden waren. Ihr Fall in Ungnade bewies für Huxley ebenso sicher ihre Untüchtigkeit, wie sein eigener Aufstieg ihm seine eigene Tüchtigkeit bewies. »Es liegt an uns selbst, unser Glück zu versuchen, und wenn wir einem bevorstehenden Verhängnis entgehen, dann gibt uns das eine gewisse Berechtigung zu glauben, daß wir die richtigen Leute zum Davonkommen sind.«[8]

Von Huxleys Leistungsgesellschaft war es nur ein kleiner Schritt zur Grausamkeit der Eugenik. Die Evolution funktionierte, indem sie die Schwachen aussortierte, und dabei konnte der Mensch ihr behilflich sein. Die nicht von ihrem Gott, sondern von ihren Genen auserwählten Edwardianer zogen begeistert die logische Schlußfolgerung und machten sich daran, die Spreu vom Weizen zu trennen. Ihre amerikanischen* und deutschen Nachfolger begingen den naturalistischen Fehler, Millionen Menschen zu ermorden und zwangsweise zu sterilisieren in dem Glauben, sie würden so die menschliche Gattung oder Rasse verbessern. Auch wenn dieses Projekt unter Hitler monströse Ausmaße annahm, erhielt es breite Unterstützung, vor allem durch die USA, auch von den Linken im politischen Spektrum. In der Tat führte Hitler nur die Politik des Völkermords gegen ›unterlegene‹, nicht wiederherzustellende oder reaktionäre Stämme aus, die von Karl Marx und Friedrich Engels 1849 empfohlen und seit 1918 von Lenin praktiziert wurde. Es ist sogar möglich, daß Hitler seine Erbgesundheitslehre nicht von Darwin oder Spencer, sondern von Marx bezog, den er während seiner Münchener Zeit 1913 sehr genau studierte und eng am Thema wiederholte. Viele Sozialisten griffen die Ideologie der Eugenik begeistert auf, vor allem H. G. Wells, der meinte, daß »schwarze und braune und schmutzig-weiße und gelbe Menschen, die nicht zu den neuen Notwendigkeiten der Effektivität gelangen […] abgehen müssen«.[9]

Die Hobbessche Suche nach der perfekten Gesellschaft endete jedoch in den Gaskammern von Auschwitz, die nicht den menschlichen Instinkt für Kooperation ausdrückten, sondern den menschlichen Instinkt für das völkermordende Stammesbewußtsein, den faustischen Pakt, der, wie wir gesehen haben, mit der Gruppenbildung einhergeht.[10]

Der edle Wilde

Die Hobbessche Sichtweise überwog in den Jahren zwischen 1845 und 1945. In dem Jahrhundert zuvor und dem halben danach bestimmten freundlichere und utopischere Sichtweisen der menschlichen Natur die politische Philosophie. Zwar versagten auch sie, aber nicht, weil sie sich auf die dunkleren Instinkte der Menschen stützten. Vielmehr überbetonten sie die besseren Instinkte. Und merkwürdigerweise erlitten utopische Ideale zweimal im südlichen Pazifik Schiffbruch.

Jean-Jacques Rousseau war der bei weitem einfalls- und einflußreichste Utopist des achtzehnten Jahrhunderts. In seiner *Abhandlung über die Ungleichheit*, im Jahre 1755 veröffentlicht, entwarf Rousseau ein Bild des Menschen, der grundsätzlich tugendhaft, aber durch die Zivilisation korrumpiert ist. Rousseaus Vorstellung vom edlen Wilden, der mit der Natur in harmonischem Einklang lebte, bis zu den bösen Erfindungen des gesellschaftlichen Lebens und des Besitzes, war zu weiten Teilen ein Tagtraum (Rousseau haßte große Gesellschaften, weil er sich dort seiner Haut nicht wohl fühlte) und teils Polemik. Denn während Hobbes nach einer Periode der Anarchie die Autorität zu rechtfertigen wünschte, wollte Rousseau eine korrupte, verschwendungssüchtige und mächtige Monarchie unterminieren, die über eine verelendete Masse herrschte und diese auch noch besteuerte. Er argumentierte dahingehend, daß die Menschen bis zur Einführung von Eigentum und Regierung in Frieden und Freiheit gelebt hätten. Die moderne Gesellschaft sei zwar ein natürliches Produkt der Geschichte, aber sie sei dekadent und krank. (Rousseau hätte sich bei den modernen Umweltschützern sicher zu Hause gefühlt.)[11]

»Vergessen wir nicht, daß die Gesellschaft für die Menschheit so natürlich ist wie die Altersschwäche für den einzelnen Menschen, daß Künste, Gesetze und Regierungen so nötig für die Rassen sind wie Krücken für die Alten. Der Zustand der Gesellschaft stellt die äußerste Situation dar, die Menschen früher oder später erreichen können; daher ist es nicht überflüssig, ihnen die Gefahren eines zu raschen Vorwärtsgehens aufzuzeigen und die Erbärmlichkeit eines Zustandes, den sie fälschlich für Vollkommenheit halten.«[12]

Im Jahre 1768, als Rousseaus Idee vom edlen Wilden gerade auf der Höhe ihres Einflusses war, entdeckte Louis-Antoine de Bougainville die Insel Tahiti, nannte sie nach der Insel im Peloponnes, wo Aphrodite erstmals dem Meer entstieg, Neu-Kythera und verglich sie mit dem Garten Eden. Trotz Bougainvilles Warnungen faszinierte die Beschreibung der Eingeborenen dieser Insel, die seine Reisegefährten gaben – diese wären schön, anmutig, nur spärlich bekleidet, friedlich und wunschlos glücklich –, ganz Paris und besonders Rousseaus Freund Denis Diderot. Der schrieb einen phantasievollen Kommentar zu Bougainvilles Reisebericht, in welchem ein tahitianischer Weiser die Tugenden ihrer Existenz erklärt – »Wir sind unschuldig, wir sind glücklich, und ihr könnt unser Glück nicht zerstören. Wir folgen dem reinen Instinkt der Natur; ihr habt versucht, seinen Charakter aus euren Seelen zu tilgen« – und ein christlicher Kaplan durch die sexuelle Gastfreundschaft einer Tahitianerin in eine peinliche Lage gebracht wird.

Im darauffolgenden Jahr besuchte James Cook die Insel und brachte ähnliche Berichte von dem reichhaltigen, leichten und sorgenfreien Leben der Inselbewohner mit. Sie würden weder Scham noch harte Arbeit, weder Kälte noch Hunger kennen. John Hawkesworth, Cooks Schreiber, schilderte das Leben in den schillerndsten Farben und hob vor allem die Liebreize der jungen Tahitianerinnen hervor. Kurz, die Südsee war in der Kunst, der Schauspielerei und der Poesie en vogue. Spöttische Satiriker wie Samuel Johnson und Horace Walpole wurden einfach überhört. Der edle Wilde entsprang einer sexuellen Phantasie des achtzehnten Jahrhunderts.

Die Gegenreaktion war unausweichlich. Auf Cooks zweiter Reise kamen die Schattenseiten des Lebens auf Tahiti zum Vorschein: die Menschenopfer, die rituellen Kindesopfer durch eine Priesterkaste, die bösartig vernichtenden Kämpfe, die strikte Klassenhierarchie, das strenge Tabu, das Frauen verbot, in der Gegenwart von Männern zu essen, der unaufhörliche Diebstahl, der von den Eingeborenen unter den Besitztümern der Europäer praktiziert wurde, die Geschlechtskrankheiten (vermutlich von Bougainvilles Männern eingeschleppt). Jean François de Galaup, Graf von La Pérouse, der den Pazifik erkundete und 1788 in Verschollenheit geriet, war vor allem aufgrund seiner eigenen Desillusionierung verletzt. Vor seinem Verschwinden schrieb er verbittert: »Die verwegensten Räuber in ganz Europa sind weniger heuchlerisch als die Bewohner dieser Insel. All ihre Liebkosungen sind falsch.«[13] Als das achtzehnte Jahrhundert seinem Ende zuging, ein französischer Diktator die ganze Welt mit Krieg überzog und Parson Malthus William Pitt davon überzeugte, daß die Armengesetze lediglich das Bevölkerungswachstum befördern und damit mögliche Hungersnöte verstärken würden, war es kein Wunder, daß die Party in der Südsee zu Ende war. Die Missionare machten mobil, darauf bedacht, die Wilden, die nun mehr nach Hobbes als nach Rousseau aussahen, zu zivilisieren oder sie zumindest mit der Sünde bekannt zu machen.[14]

Das wiederentdeckte Paradies

In der Südsee sollte sich die Geschichte wiederholen. Die dreiundzwanzigjährige Margaret Mead ging 1925 nach Samoa und kehrte, wie beinahe zweihundert Jahre zuvor Bougainville und Cook, mit Geschichten von einem natürlichen Paradies heim, das frei von den Sünden der westlichen Zivilisation sei, in dem junge Männer und Frauen ein leichtes, gefälliges und promiskuitives Leben führten, das weitgehend aller Bedürfnisse, Eifersüchte und Gewalt ledig wäre, die die westliche Jugend korrumpierten. Mead war eine Schülerin des Anthropologen Franz Boas, der sich in seinem heimatlichen Deutschland gegen eine unangemessene Überbetonung der Eugenik gewandt hatte. Boas, dessen Gesicht von unzähligen Duellen in seiner Jugend entstellt war, war kein Mann der halben Sachen. Anstatt zu behaupten, das menschliche Verhalten sei das Produkt sowohl von Natur als auch Kultur, verfiel er ins andere Extrem und behauptete, nur die Kultur bestimme das Verhalten des Menschen. Um seinen Standpunkt zu untermauern, mußte er die biologisch noch nicht festgelegte Undifferenziertheit der menschlichen Natur beweisen, die blanke Tafel von John Locke. Gäbe man ihm die richtige Kultur, behauptete er, könnte der Mensch eine Gesellschaft schaffen, die frei sei von Eifersucht, Liebe, Ehe und Hierarchie. Die Menschheit sei unendlich formbar, und jede Utopie sei möglich. Etwas anderes zu glauben sei unheilbar fatalistisch.

Mead wurde gefeiert für den Beweis, daß dies mehr als bloßes Wunschdenken sei. Aus Samoa brachte sie angeblich stichhaltige Beweise für die Existenz einer Gesellschaft mit, in der eine andere Kultur eine andere menschliche Natur geformt hatte. Eine Kultur der unbeschränkten freien Liebe unter den Jugendlichen Samoas verhindere jede jugendliche Angst, argumentierte sie. Fünfzig Jahre lang galten Meads Samoaner als der endgültige Beweis für die Vervollkommnungsfähigkeit des Menschen.[15]

Aber wie Bougainvilles tahitische Fata Morgana löste sich auch Meads Paradies bei näherer Betrachtung in Luft auf. Während sich Mead nämlich bei ihren Feldstudien nur fünf Monate auf Manu'a aufgehalten hatte und nur etwa zwölf Wochen davon auf das ihr von Boas aufgetragene Forschungsprojekt verwandte, verbrachte Derek Freeman in den 1940ern und 1960ern dort insgesamt sechs Jahre. Und er entdeckte, daß Mead sich von ihrem eigenen Wunschdenken und dem spitzbübischen Wesen ihrer Informanten hatte täuschen lassen. Freemans nüchterner Sichtweise entging nämlich nicht, daß die Samoaner genau wie Cooks Tahitianer so eifersüchtig, bösartig und doppelzüngig sein konnten wie der Rest der Welt. Jungfräulichkeit bei jungen unverheirateten Frauen war nämlich keine vernachlässigbare christliche Neuigkeit für die freiliebenden Samoanerinnen, sondern ein alter und geachteter Kult, dessen Mißachtung in vorchristlichen Tagen mit dem Tode bestraft wurde. Vergewaltigung war nicht etwa unbekannt, sondern so häufig, daß Samoa eine der höchsten Vergewaltigungsraten der Welt aufweist. Mead hatte sich durch ihre rousseausche Voreingenommenheit täuschen lassen, und sie hatte die hobbessche Seite dabei übersehen.

1987 offenbarte sich eine der Hauptinformantinnen Meads und gestand, daß sie und ihre Freundin die westliche Forscherin mit ihren Berichten über ihre angeblich schamlose Promiskuität zum Besten gehalten hatten. Wie Freeman sich ausdrückte:»Kein Jungmädchenstreich hat jemals weitreichendere Konsequenzen gehabt.« In diesem Punkt hat es allerdings einen Präzedenzfall gegeben: Im

350

achtzehnten Jahrhundert wurde der französische Reisende Labillardière von den Bewohnern der Insel Tonga zum Narren gehalten – vor der Pariser Akademie der Wissenschaften sagte er in der Sprache der Eingeborenen eine Reihe von Wörtern auf, die er für Zahlen hielt, die in Wahrheit aber Obszönitäten waren.

Die Reaktion der Anthropologen auf Freemans Enthüllungen war wiederum eine vollständige Verteidigung des Meadschen Glaubens. Sie reagierten wie ein Stamm, dessen Kult man angegriffen und dessen Schrein man entweiht hatte: Freeman wurde auf alle nur erdenkliche Arten verteufelt – nur widerlegt wurde er nicht. Wenn sich selbst die Kulturanthropologen, die sich doch angeblich der empirischen Wahrheit und dem kulturellen Relativismus verschrieben haben, wie ein typischer Eingeborenenstamm verhalten, muß es am Ende wohl aber doch so etwas wie eine universelle Natur des Menschen geben. Die Kulturanthropologen vertreten die Auffassung, es gäbe keine menschliche Natur, die unabhängig von einer Kultur sei. Bewiesen haben sie, daß es keine menschliche Kultur gibt, die unabhängig von der menschlichen Natur ist. Also ist der Geist am Ende doch kein unbeschriebenes Blatt.[16]

Margaret Mead beging eine Art umgekehrten naturalistischen Fehler, und viele andere moderne Soziologen, Anthropologen und Psychologen begehen ihn noch heute. Ein naturalistischer Fehler, von Hume identifiziert und von G. E. Moore benannt, ist die Folgerung, alles Natürliche sei auch moralisch, also von einem ›Ist-Zustand‹ einen ›Soll-Zustand‹ abzuleiten. Fast alle Verhaltensforscher, die sich mit dem zweibeinigen Affen beschäftigen, werden vom humanwissenschaftlichen Establishment dieses Fehlers bezichtigt, auch wenn das nicht zutreffend ist (oft ist es das aber). Doch dasselbe Establishment schämt sich nicht, fortgesetzt und begeistert den umgekehrten Fehler zu begehen, nämlich von einem Soll-Zustand auf den Ist-Zustand zu schließen, etwa nach dem Motto »Weil […] nicht sein kann, was nicht sein darf.« * Diese Logik ist heute unter dem Namen ›Politische Korrektheit‹ bekannt, aber sie zeigte sich bereits in den Attacken, die Boas, Benedict und Mead starteten, die argumentierten, daß die menschliche Natur kulturell unendlich formbar sein müsse, weil die Alternative, wie sie fälschlicherweise annahmen, ein unannehmbarer Fatalismus sei.

Der Meadsche Glaube sprang auf die Biologie über. Der Behaviourismus vertrat die Auffassung, die Gehirne von Tieren seien sogenannte ›black boxes‹, die durch reine Assoziation jede Aufgabe mit gleicher Leichtigkeit lernen könnten. Ihr Prophet B. F. Skinner schrieb den Science-fiction-Roman *Walden Zwei*, der in einer Welt von Leuten seinesgleichen spielt. »Für uns besteht keine Veranlassung«, sagt Frazier, der Gründer von Walden Zwei, »uns mit Philosophien über das Gute – oder Schlechte – im Menschen zu beschäftigen. Wir glauben an unsere eigenen Kräfte, den Menschen zu ändern.«[17]

So sprach auch Lenin. Die zwanziger und dreißiger Jahre unseres Jahrhunderts, für viele eine Epoche des fanatischen genetischen Determinismus, war auch eine Epoche des fanatischen sozialkulturellen Determinismus, nämlich der Überzeugung, daß der Mensch allein durch Erziehung, Propaganda und Zwang neu erschaffen werden könne. Unter Stalin wurde die Lockesche Ideologie von der Veränderbarkeit der menschlichen Natur sogar auf Weizen angewandt. Trofim Lyssenko behauptete – und jeder, der ihm widersprach, wurde erschossen –, Weizen könne nicht nur durch Zucht, sondern auch durch Erfahrung frostbeständiger gemacht werden. Millionen von Hungertoten widerlegten ihn. Daß eine einmal erworbene Eigenschaft vererbbar sei, galt in der sowjetischen Biologie bis 1964 als offizielle Doktrin. Aber anders als der genetische Determinismus Hitlers steckte Stalins soziale Variante des Determinismus auch andere Völker an.[18]

In ihrer außergewöhnlichen autobiographischen Schilderung der chinesischen Revolution *Wilde Schwäne* schildert Jung Chang beispielhaft, daß der Kommunismus scheiterte, weil er es nicht vermochte, die menschliche Natur zu ändern. 1949 heiratete Jung Changs Mutter einen jungen kommunistischen Parteikader, der sich wiederholt weigerte, seine Position zu benutzen, um ihr oder ihren Verwandten zu helfen. Er ließ sie eine lange Reise zu Fuß antreten und gab ihr nicht seinen Wagen, da dies wie Begünstigung ausgesehen hätte. Er weigerte sich, einen verurteilten Konterrevolutionär, der ihr einmal das Leben gerettet hatte, zu begnadigen, und behauptete, dieser Mann habe dies nur getan, um von ihm, ihrem Mann, später Gnade zu erbitten. Er degradierte sie in der Parteihierarchie um zwei Stufen, um jedem Verdacht zuvorzukommen, sie habe eine höhere Position, als sie verdiene. Er legte sein Veto ein, als ihr älterer, im Teehandel tätiger Bruder befördert werden sollte. Wieder und wieder weigerte er sich, eine ganz normale Bevorzugung seiner eigenen Familie an den Tag zu legen. Die Revolution stand bei ihm an erster Stelle, und er glaubte, alle anderen Menschen zu diskriminieren, wenn er seinen Verwandten eine Gefälligkeit erwies. Er hatte recht. Denn hätte es mehr Menschen wie ihn gegeben, wäre der Kommunismus nicht gescheitert, obwohl ein derartiger Erfolg, bei dem die Menschen nicht nett zu ihren Verwandten sein dürfen, recht trostlos gewesen wäre. Aber die meisten Menschen sind nicht wie Wang Shou-yu. Kommunistische Politiker waren bei ihrer Immunität gegen Kritik sogar noch korrupter und nepotistischer als ihre demokratischen Kollegen. Die postulierte universelle Güte verdampft auf dem Ofen der menschlichen Natur.[19]

Um es mit Herbert Simon zu sagen: »In unserem Jahrhundert haben wir zwei große Staaten, China und die Sowjetunion, bei dem Versuch beobachten können, einen

›neuen Menschen‹ zu erschaffen. Dieser Versuch endete letztlich mit dem Zugeständnis, daß der ›alte Mensch‹ – vielleicht sollte man besser sagen, die ›alte Person‹ –, eigennützig und interessiert an seinem oder ihrem wirtschaftlichen Wohlergehen beziehungsweise dem Wohlergehen der Familie, des Clans, der ethnischen Gruppe oder der Proviz, noch immer lebt und sich wohlauf befindet.«[20]

Glücklicherweise stellte sich heraus, um es mit Lionel Trillings Worten auszudrücken, daß »ein Rest menschlicher Eigenschaften bleibt, der sich einer kulturellen Kontrolle entzieht«. Sonst wären die Russen jetzt ein unheilbar korruptes Volk, was sie ganz offensichtlich nicht sind. Karl Marx entwarf ein Sozialsystem, das nur funktioniert hätte, wenn wir alle Engel gewesen wären; es scheiterte, weil wir wilde Tiere sind. Die menschliche Natur hat sich überhaupt nicht verändert. »Ich glaube lieber [an eine irgendwie geartete innere menschliche Natur] als an eine menschliche Tabula rasa, in die jeder Tyrann oder Missionar beliebig seine (natürlich immer gutgemeinten) Botschaften einschreiben kann. Ich meine, der Mensch hat eine solche Natur, und diese Natur ist in so hohem Maße sozial, daß sie alle salbungsvollen Manipulatoren von Mill bis Stalin der Lüge überführt«, meint Robin Fox.[21]

Wer stahl die Gemeinschaft?

Wenn die Umgestaltung der Gesellschaft durch den Kampf ums Dasein zu den Gaskammern führte und wenn die Umgestaltung der Gesellschaft durch ein kulturelles Dogma zu den Schrecken von Maos Kulturrevolution führte, wäre es dann nicht sicherer, wissenschaftliche Ideen nicht mehr auf die Politik zu übertragen? Vielleicht. Ich werde nicht in diese Falle tappen und hüte mich vor der Behauptung, daß unser dunkles und nebulöses Verständnis menschlicher Sozialinstinkte ohne weiteres in eine politische Philosophie übersetzt werden kann. Aber immerhin lehrt es uns, daß es kein Utopia geben kann, denn die Gesellschaft ist ein fragiler Kompromiß zwischen Individuen mit kollidierenden Interessen und kein Gebilde, das die natürliche Auslese bestimmt hat.

Nichtsdestotrotz führt uns das neue gen-utilitaristische Verständnis, das dieses Buch zu ergründen versucht hat, zu ein paar einfachen Rezepten, um Fehler zu vermeiden. Die Menschen haben ein paar Instinkte, die das Allgemeinwohl befördern, und andere, die dem eigenen Interesse und antisozialen Verhalten dienlich sind. Wir müssen eine Gesellschaft entwickeln, die erstere Instinkte fördert und die letzteren hemmt.

Nehmen wir zum Beispiel das eklatante Paradoxon des freien Unternehmertums: Wenn wir erklären, daß Smith, Malthus, Ricardo, Friedrich Hayek und Milton Friedman recht haben und daß das grundlegendste Motiv des Menschen sein Selbstinteresse ist, ermutigen wir dann durch diese Erklärung die Menschen nicht dazu, egoistisch zu sein? Wenn wir die Unvermeidlichkeit von Gewinnstreben und Eigennutz anerkennen, scheinen wir sie auch gutzuheißen.

Ganz offensichtlich glaubte das der Essayist William Hazlitt und wütete in seiner »Erwiderung auf Malthus«:

»Es ist weder großmütig noch gerecht, engstirnigen Vorurteilen und Hartherzigkeiten der Menschheit mit metaphysischen Unterscheidungen und den Spinnenweben der Philosophie an die Seite zu treten. Die Waage neigt sich ohnehin zu sehr nach jener Seite, auch ohne das Hinzufügen falscher Gewichte.«[22]

Mit anderen Worten: Man darf dem Menschen nicht sagen, daß er gemein ist, weil es der Wahrheit entspricht. Über hundertundfünfzig Jahre später fand Robert Frank heraus, daß Studenten der Wirtschaftswissenschaften, de-

355

nen man im Studium vermittelt hatte, der Mensch sei seinem Wesen nach egoistisch, sich selbst egoistischer verhielten: Beim Gefangenendilemmaspiel betrogen sie häufiger als andere Studenten. Der reale Ivan Boesky und der fiktive Gordon Gecko verherrlichten (in dem Film Wall Street) auffällig die Profitgier. »Übrigens ist Profitgier ganz okay«, sagte Boesky bei seiner Antrittsrede an der Universität von Kalifornien im Mai 1986. »Ich möchte, daß ihr das wißt. Ich glaube, Profitgier ist gesund. Man kann profitgierig sein und sich trotzdem ganz gut fühlen.« Spontaner Beifall brandete auf.[23]

Es ist beinahe zu einem Axiom geworden, daß solche Einlassungen dafür verantwortlich sind, daß uns der Sinn für die Gruppe in den letzten Jahren abhanden gekommen ist. In den achtziger Jahren hat man uns gegen unsere besseren Naturen empfohlen, egoistisch und habgierig zu sein, also haben wir unsere bürgerlichen Pflichten vernachlässigt, und nun versinken unsere Gesellschaften in Amoralität. Das ist die standardmäßige, leicht linkslastige Erklärung für die zunehmende Gewalt und Kriminalität.

Zuerst einmal müßten wir also, um eine gut funktionierende Gesellschaft zu errichten, die Wahrheit über die menschliche Neigung zum Egoismus verbergen und unsere Mitmenschen in dem Glauben belassen, wir alle seien im Grunde unseres Herzens edle Wilde. Dies ist eine abstoßende Idee für all diejenigen unter uns, die glauben, die Wahrheit sei interessanter als Lügen, wie gutgemeint diese auch seien. Aber dieser Abscheu braucht uns nicht länger zu beschäftigen, denn Notlügen werden bereits eifrig praktiziert. Wie wir in dem Buch wiederholt sehen konnten, haben Propagandisten schon immer das Gute im Menschen übertrieben, teilweise, um ihnen zu schmeicheln, teilweise, weil diese Botschaft schmackhafter ist. Der Mensch möchte an den edlen Wilden glauben. Robert Wright hat behauptet:

»Das neue [egoistische Gen-] Paradigma entblößt die Exzentrik ihrer edlen Gewandung. Erinnern wir uns, die Selbstsüchtigkeit zeigt sich uns selten nackt. Da wir zu einer Gattung gehören (zu der Gattung), deren Mitglieder ihre Handlungen moralisch rechtfertigen, sind wir darauf eingestellt, von uns selbst gut zu denken. Unser Verhalten betrachten wir als verteidigungswürdig, sogar wenn diese Einschätzung objektiv zweifelhaft ist.«[24]

Aber so werden nur Politiker weiterkommen, die gerne unpopuläre Dinge von sich geben. Wie sagte Margaret Thatcher einst so berüchtigt und skandalös: »Es gibt keine Gesellschaft. Es gibt nur Männer, Frauen und Familien.«

Sie hatte natürlich auch ein ernstes Anliegen. Dem Kern ihrer Philosophie lag die Überzeugung zugrunde, daß man erst den fundamentalen Opportunismus der Menschen anerkennen muß, will man begreifen, daß eine Regierung sich aus eigennützigen Individuen zusammensetzt und nicht aus lauter Heiligen, denen nur das Wohl der Allgemeinheit am Herzen liegt. Eine Regierung sei demnach nur das Werkzeug verschiedener Interessengruppen und die Staatsausgaben hochtreibender Bürokraten, die sich auf Kosten der Allgemeinheit Macht und Gewinne gegenseitig zuschustern. Sie ist kein unvoreingenommener, gefühlloser Apparat, der soziale Vergünstigungen verteilt. Margaret Thatcher wandte sich also gegen eine zugrundeliegende Korruptheit von Regierung, nicht gegen deren Ideale.

Und doch sprachen Thatcher und ihre Verbündeten aus, was auf eine Art ein höchst rousseausches Argument ist – daß nämlich Regierung nicht den von Natur aus schlechten Menschen die Tugend auferlegt, sondern nur die ursprüngliche Tugend des Marktplatzes korrumpiert. Thatchers Mentor Friedrich Hayek beschwor ein goldenes Zeitalter herauf, als der edle Wilde noch frei von allen Regulierungen war: Ohne staatliche Reglementierung würde nicht Chaos, sondern Wohlstand herrschen.[25]

Die Zeitschrift *Times*, die im Dezember 1995 Newt Gingrich als ihren Mann des Jahres porträtierte, stieß in dasselbe Horn, als sie schrieb:

»So also hat die Welt früher funktioniert: Die Liberalen glaubten, der Mensch könne sich verbessern, wenn nicht gar perfekt werden [...] Die Konservativen glaubten, der Mensch sei von Grund auf schlecht [...] Und so funktioniert die Welt heute: Die Konservativen glauben [...] nicht, der Mensch sei schlecht, sondern die Regierung. Die Liberalen dagegen glauben, daß die Konservativen gefährliche Romantiker sind [...] Sie glauben nunmehr bereitwillig, daß einige Seelen von Grund auf schlecht und rettungslos verloren sind.«[26]

Falls die Thesen in meinem Buch zutreffen, dann sind Konservative gar nicht solch gefährliche Romantiker, denn der menschliche Geist verfügt über zahlreiche Instinkte, soziale Kooperation zu stiften und sich einen freundlichen Ruf zu erwerben. Wir sind weder so ungezogen, daß wir von aufdringlichen Regierungen gezähmt werden müßten, noch sind wir so freundlich, daß zuviel Staat nicht das Schlechteste in uns hervorbringt, weder als seine Angestellten noch als seine Kunden.

Betrachten wir also einmal das Argument des Individualisten, das Problem sei die Regierung, nicht die Lösung. Der Niedergang des Gemeinschaftssinnes in den letzten Jahrzehnten und das Verschwinden bürgerlicher Tugenden sei demnach nicht durch die Verbreitung und Förderung der Gier, sondern durch einen ständig wachsenden Staatseinfluß verursacht. Der Staat lasse dem Bürger keinen Spielraum, die Aufrechterhaltung der öffentlichen Ordnung mitzutragen, er fördere weder Verantwortungsgefühl noch Pflichtgefühl oder Stolz, sondern verordne statt dessen Gehorsam. Da sei es kein Wunder, daß sich der Bürger, der wie ein unmündiges Kind behandelt werde, auch so verhalte.

Wie Putnams Beispiel Italien zeigt, schwindet Gemeinschaftssinn überall dort, wo das Prinzip der Gegenseitigkeit durch eine zentrale Autorität ersetzt wird. Und in
Großbritannien? Tausende von effektiven kommunalen
Einrichtungen wie die Förderkreise, Hilfsvereine, Kranken-
hausstiftungen und andere, die alle auf Gegenseitigkeit
und graduell genährten tugendhaften Zirkeln des Vertrauens beruhten, hat der Wohlfahrtsstaat und eine gemischt-
wirtschaftliche ›Herrschaft der Körperschaften‹ ersetzt,
und zwar durch riesige, zentralistische Bürokratien wie den
Nationalen Gesundheitsdienst, staatliche Industrien und
unabhängige Regierungsstellen, die alle auf einer Befehls-
hierarchie basieren. Da durch höhere Steuern mehr Geld
zur Verfügung stand, kam zunächst auch etwas dabei heraus. Aber der Niedergang des britischen Gemeinschaftssinnes war schon bald nicht mehr zu übersehen. Wegen seines Zwangscharakters förderte der Wohlfahrtsstaat auf der
Geberseite Widerwillen und Ablehnung, bei seinen Klien-
ten dagegen nicht etwa Dankbarkeit, sondern Apathie, Wut
oder sogar einen gewissen unternehmerischen Impetus,
das System auszunutzen. Zuviel Staat macht die Menschen
eher mehr und nicht weniger egoistisch.[27]

Ich rede hier keiner nebulösen Nostalgie das Wort, nach
der früher alles besser war. Auch die Vergangenheit ist
größtenteils von Autorität bestimmt gewesen – von der
hierarchischen Autorität eines feudalen, eines aristokrati-
schen oder eines industriellen Systems. Sie war natürlich
auch eine Zeit geringeren materiellen Wohlstandes, aber
das liegt an der unterlegenen Technologie, nicht an unterlegenen Regierungen. Der mittelalterliche Vasall und der
Fabrikarbeiter hatten nicht die Freiheit, Vertrauen und
Gegenseitigkeit unter Gleichen zu schaffen. Ich stelle nicht
die Vergangenheit der Gegenwart gegenüber. Aber ich
glaube sehr wohl, daß es Anzeichen für einen besseren Weg
gegeben hat, Anzeichen für eine Gesellschaft, die sich auf

dem freiwilligen Austausch von Gütern, Informationen, Glück und Macht zwischen freien Individuen in Gemeinden gründete, die klein genug waren, damit sich Vertrauen herausbilden konnte. Ich glaube, eine solche Gesellschaft könnte gleichheitlicher und auch wohlhabender sein als eine Gesellschaft, die sich auf eine statische Bürokratie stützt.

Ich lebe in der Nähe von Newcastle upon Tyne, einer der großen alten Städte Großbritanniens. In zwei Jahrhunderten hat sich diese Stadt von einem Hort des Unternehmertums und Lokalpatriotismus, die sich im wesentlichen auf lokal erzeugtes und kontrolliertes Kapital sowie gegenseitige lokale Institutionen gründeten, in den Statthalter eines allmächtigen Staates verwandelt: Ihre Wirtschaft wird von London oder dem Ausland kontrolliert – dank der Kollektivierung der Ersparnisse durch die steuerlichen Entlastungen der Rentenkassen. Ihre Regierung setzt sich aus einer Reihe unpersönlicher Behörden zusammen, die im Rotationsverfahren mit Beamten besetzt werden, die von irgendwoher kommen und deren hauptsächliche Tätigkeit darin besteht, von London Zuschüsse zu ergattern. Was an lokalen demokratischen Strukturen übriggeblieben ist, gründet sich ausschließlich auf Macht, nicht auf Vertrauen. In nur zweihundert Jahren wurden die großen Traditionen, auf die sich Städte wie diese einst gründeten – Vertrauen, Gegenseitigkeit und Reziprozität – zerstört, und zwar von den Regierungen aller Couleur. Es hatte Jahrhunderte gedauert, sie zu errichten. Die Literarische und Philosophische Gesellschaft von Newcastle, deren herrliche Bücherei ich während meiner Recherchen für dieses Buch oft besucht habe, ist eine Erinnerung an die Tage, als die großen Erfinder und Denker dieser Region, fast alle von ihnen Selfmademänner, ihre ehrgeizigen Lichter waren. Die Stadt ist heute berüchtigt für heruntergekommene, anonyme Wohngegenden, wo Gewalt und Raubüberfälle so an der

Tagesordnung sind, daß an ein Wirtschaftsleben nicht zu denken ist. Die materielle Lage für fast jeden Einwohner hat sich zwar verbessert gegenüber dem vorigen Jahrhundert, aber das ist der Erfolg neuer Technologien, nicht der Regierung. Der soziale Niedergang ist nicht zu übersehen. Hobbes lebt, und ich mache dafür zuviel Staat, nicht zuwenig Staat verantwortlich.

Wenn wir sozialen Frieden und soziale Tugend wiederherstellen wollen, wenn wir in die Gesellschaft wieder die Werte einbauen wollen, die sie einst für uns hat entstehen lassen, dann ist es von entscheidender Bedeutung, den Staat in seinen Ausmaßen und seiner Machtbefugnis zu beschneiden. Das bedeutet nicht einen bösen Krieg aller gegen alle. Es bedeutet in erster Linie Dezentralisierung: Die Delegation der Macht über das Leben der Menschen an Gemeinden, Computernetzwerke, Clubs, Mannschaften, Selbsthilfegruppen, kleine Geschäfte – alles, was klein und lokal ist. Das bedeutet einen massiven Abbau staatlicher Bürokratie. Die nationalen und internationalen Regierungen sollten auf ihre minimale Funktion der nationalen Verteidigung und der Verteilung des Wohlstandes beschränkt werden – und zwar eine direkte Verteilung, ohne eine zwischengeschaltete gierige Bürokratie. Lassen Sie Kropotkins Vision einer Welt freier Individuen wiederauferstehen. Lassen Sie alle Menschen aufsteigen und fallen gemäß ihrem Ansehen. Ich bin nicht so naiv zu glauben, dies könne über Nacht geschehen oder daß es nicht doch irgendeine Form der Regierung geben müsse. Aber ich stelle die Notwendigkeit einer Regierung in Frage, die noch das kleinste Detail im Leben reguliert und sich wie eine riesige Fliege auf dem Rücken einer Nation breitmacht.

Für Augustin entsprang die Quelle der sozialen Ordnung aus der Lehre Christi. Für Hobbes aus der Macht eines Souveräns. Für Rousseau aus der Einsamkeit. Für Lenin aus der Partei. Sie alle hatten unrecht. Die Wurzeln für eine soziale Ordnung liegen in unseren Köpfen, wo wir instinktive Fähigkeiten besitzen, nicht um eine perfekt harmonische und tugendhafte Gesellschaft zu bilden, sondern um eine, die besser ist als die jetzige. Wir müssen unsere Institutionen derart gestalten, daß diese Instinkte zum Vorschein kommen. Vor allem bedeutet das die Förderung des Austausches unter Gleichen. So wie der Handel zwischen Ländern das beste Rezept für eine freundschaftliche Beziehung ist, so ist das beste Rezept für Kooperation der Austausch zwischen mündigen und ermächtigten Individuen. Wir müssen den sozialen und materiellen Austausch zwischen Gleichen ermutigen, denn das ist der Rohstoff für Vertrauen, und Vertrauen ist die Grundlage für Tugend.

362

QUELLEN UND ANMERKUNGEN

Prolog

1 George Woodcock/Ivan Avakumovic: The Anarchist Prince. A Biographical Study of Peter Kropotkin, London 1950; Peter Kropotkin: Gegenseitige Hilfe in der Entwicklung, Leipzig 1902

2 Kropotkin, a.a. O.

Kapitel 1

1 B. Hölldobler/E.O. Wilson: The Ants, Cambridge/Mass. 1990.

* William Shakespeare: König Heinrich V., 1. Akt, 2. Szene, zitiert nach der Schlegel(/Tieckschen) Übersetzung.

2 S.J. Gould: Ever Since Darwin, New York 1978.

3 D.M. Gordon: The development of organization in an ant colony, in: The American Scientist, 83 (1995), S. 50-57.

4 L.W. Buss: The Evolution of Individuality, Princeton 1987.

5 J.T. Bonner: Life Cycles: Reflections of an Evolutionary Biologist, Princeton 1993; R. Dawkins: Climbing Mount Improbable, London 1996.

6 P.W. Sherman/J.U.M. Jarvis/R.D. Alexander: The Biology of the Naked Mole Rat, Princeton 1991. Das vielleicht Bemerkenswerteste an den nackten Maulwurfsratten ist, daß Richard Alexander ihre Existenz vorhersagte. Obwohl er nichts von ihnen wußte, postulierte er 1976 aufgrund der Analogie mit Termiten ein sich durchbuddelndes gesellschaftliches Säugetier. Das soziale Leben der nackten Maulwurfsratte wurde bald danach deutlich.

7 Die Vorstellung, daß das Leben sich allmählich zu immer größeren Mannschaften zusammenballt, beinhaltet nicht, daß kleinere Lebensformen verschwinden werden. Aber es bedeutet, daß mehr und mehr der kleinen Lebensformen parasitäre Gewohnheiten annehmen werden, da ein immer größerer Anteil der Sonnenenergie durch die großen Lebensformen fließt.

8 R. Dawkins: The Extended Phenotype, Oxford 1982.

9 R.H. Kessin/M.M. van Lockeren Campagne: The development of a social amoeba, in: American Scientist, 80 (1992), S. 556-565.

* ›Kraftwerk der Zelle‹ ist ein biologischer Terminus technicus.

10 J. Maynard Smith/E. Szathmary: The Major Transitions in Evolution, Oxford 1995.

11 J. Paradis/G.C. Williams: Evolution and Ethics: T.H. Huxley's Evolution and Ethics with New Essays on its Victorian and Sociobiological Context, Princeton 1989.

12 W.D. Hamilton: The genetical evolution of social behaviour, I u. II, in: Journal of Theoretical Biology, 7 (1964), S. 1-52.

13 Ders.: Narrow Roads of Gene Land, Bd. I: Evolution and Social Behaviour, Oxford 1996.

14 R. Dawkins: The Selfish Gene, Oxford 1976.

15 W.D. Hamilton, a.a.O.

16 W.D. Hamilton, a.a.O.; G.C. Williams: Adaptation and Natural Selection: A Critique of Some Current Evolutionary Thought, Princeton 1966; Ders.: Natural Selection, Oxford 1992; Dawkins, a.a.O. – Merkwürdigerweise war es ein Versepos namens »Die Bienenfabel«, von einem englischen Zyniker und Satiriker 1714 veröffentlicht, das erstmals einen Blick auf diese Möglichkeit warf. Bernard Mandevilles Gedicht war eine Verteidigung der Notwendigkeit des Lasters. Ebenso wie Hunger nötig sei, damit wir essen und gedeihen, so argumentierte er, seien auch selbstsüchtige Ambitionen notwendig, damit wir uns entfalteten und allgemeine Güter ernteten; reines Wohlverhalten zu praktizieren sei unvereinbar mit der Entwicklung einer prosperierenden handeltreibenden Gesellschaft. B. de Mandeville: The Fable of the Bees. Private Vices, Public Benefits, ND Oxford 1924 (zuerst 1705/14/23).

17 A.K. Sen: Rational fools: a critique of the behavioral foundations of economic theory, in: Philosophy and Public Affairs, 6 (1977), S. 317-344. Vgl. auch J. Hirshleifer: The Expanding Domain of Economics, in: American Economic Review, 75 (1985), S. 53-68.

18 Es sei darauf hingewiesen, daß Haigs Gedanke von dem Konflikt während der Schwangerschaft keineswegs die Vorstellung einer bewußten Entscheidung zum Kampf enthält, weder auf seiten der Mutter noch ihres Nachwuchses. Er beinhaltet lediglich einen entwickelten physiologischen Mechanismus, der diese Folgen zustande bringt.

 * Die Fähigkeit der Muskelbewegung und damit der Regulierung der Stärke des Blutzuflusses.

 ** Eine deutsche Übersetzung für ›human placenta lactogen‹ gibt es nicht (dies ist bei vielen Hormonen, Rezeptoren etc. der Fall); sie würde in etwa lauten: humanes Plazentalactogen oder humanes lactogenes Plazentahormon.

 *** Kurzform für während der Schwangerschaft auftretende Störungen der Nierenfunktion (Diabetes mellitus, D. renalis).

19 D. Haig: Genetic conflicts in human pregnancy, in: Quarterly review of Biology, 68 (1993), S. 495-531; Ders.: Interviews.

 * Substanz, die in winzigen Spuren das Verhalten und den Stoffwechsel von Tieren der gleichen Art beeinflußt.

364

20 F.L.W. Rarnicks: Reproductive harmony via mutual policing by workers in eusocial Hymenoptera, in: American Naturalist, 132 (1988), S. 217-236; B.P. Oldroyd/A.J. Smolenski/J.-M. Cornuet/R.H. Crozier: Anarchy in the beehive, in: Nature, 371 (1994), S. 749.
21 H. Matsuda/Y. Harada: Evolutionary stable stalk to spore ratio in cellular slime molds and the law of equalization of net incomes, in: Journal of Theoretical Biology, 147 (1990), S. 329-344.
22 J.M. Buchanan: Cost and Choice, Chicago 1969; Ders./G. Tullock: Towards a Theory of the Rent-Seeking Society, o.O. 1982.
23 Parkinsons Gesetz erschien zuerst in einem anonymen Artikel in The Economist vom 19. November 1955, S. 635-637. Später erweiterte Parkinson ihn zu einem Buch. Vgl. auch R. Nozick: Anarchie, Staat und Utopia, New York 1974.
* Das Zitat aus Livius, 2. Buch, 4. Kapitel ist hier vollständig wiedergegeben, da es im englischen Text ohne jede Kennzeichnung drastisch verstümmelt ist.
24 W.S. Robinson: A Short History of Rome, London 1913. Shakespeare läßt Menenius in Coriolanus eine ähnliche Rede halten.
25 R.M. Nesse/C.G. Williams: Evolution and Healing: The New Science of Darwinian Medicine, London 1995. Als »Why We Get Sick« in der amerikanischen Ausgabe.
* Gonade: Fachausdruck für Keimdrüse.
26 B.G. Charlton: Endogenous parasitism: a biological process with implications for senescence, in: Evolutionary Theory, im Druck.
27 E.G. Leigh: Genes, bees and ecosystems: the evolution of a common interest among individuals, in: Trends in Evolution and Ecology, 6 (1991), S. 257-262.
28 L.W. Buss: The Evolution of Individuality, Princeton/N.J. 1987.
29 Ich bin David Haig die Information schuldig, daß Menschen B-Chromosomen mit einem Prozentsatz von zwei bis drei auf 100 Lebendgeborene aufweisen.
30 G. Bell/A. Burt: B-Chromosomes: germ-line parasites which induce changes in host recombination, in: Parasitology, 100 (1990), S. 19-26. Der parasitäre Charakter der B-Chromosomen wurde schon 1945 angenommen von G. Stergren: Parasitic nature of extra fragment chromosomes, in: Botaniska Notiser, 1945, S. 157-163.
31 E.G. Leigh: Adaptation and Diversity, San Francisco 1971.

Kapitel 2

1 D.S. Wilson/E. Sober: Reintroducing group selection to the human and behavorial sciences, in: Behavorial and Brain Sciences 17 (1994), S. 585-654. Es ist festzuhalten, daß die beschriebene hutterische Teilung eine vollkommene Illustration von John Rawls Gedankenexperiment bei der

Entwicklung seiner Theorie der Gerechtigkeit ist. Eine gerechte Gesellschaft, so argumentierte Rawls, wäre eine, die Sie vorziehen würden, falls ein Schleier aus Unwissenheit die besondere Rolle, die Sie in jener Gesellschaft spielen würden, verberge. Vgl. J. Rawls: A Theory of Justice, Oxford 1972; D. Dennett: Darwin's Dangerous Idea, New York 1995.

2 J. Paradis/G.C. Williams: Evolution and Ethics: T.H. Huxley's Evolution and Ethics with New Essays on its Victorian and Sociobiological Context, Princeton/N.J. 1989.

3 R.D. Alexander: The Biology of Moral Systems, New York 1987.

4 R.H. Layton: Are sociobiology and social anthropology compatible? The significance of sociocultural resources in human evolution, in: V. Standen/R. Foley (Hg.): Comparative Socioecology, Oxford 1989.

5 Egoistisch bedeutet, etwas für mich zu tun; altruistisch bedeutet, etwas für dich zu tun; ›groupish‹ bedeutet, etwas für uns zu tun. Diese nützliche Unterscheidung machte Margaret Gilbert in ihrem Kommentar zu Wilson und Sober, a.a.O.

6 N.R. Franks/P.J. Norris: Constraints on the division of labour in ants: D'Arcy Thompson's Cartesian transformations applied to worker polymorphism, in: Expermentia Supplementum 54 (1987), S. 253-70.

7 E. Szathmary/J. Maynard Smith: The major evolutionary transitions, in: Nature 374 (1995), S. 227-32.

8 E.G. West: Adam Smith and Modern Economics, Vermont 1990.

9 J. Maynard Smith/E. Szathmary: The Major Transitions in Evolution, Oxford 1995.

10 J.T. Bonner: Dividing labour in cells and societies, in: Current Science 64 (1993), S. 459-66.

11 G.J. Stigler: The division of labor is limited by the extent of the market, in: Journal of Political Economy 59 (1951), S. 185-93.

12 M.T. Ghiselin: The economy of the body, in: American Economic Review 68 (1978), S. 233-37.

13 Ders.: The Economy of Nature and the Evolution of Sex, Berkeley 1974.

14 A. Smith: The Wealth of Nations, zuerst 1776, 2. Kap. des 1. Buches.

15 S. Brittan: Capitalism with a Human Face, Aldershot 1995.

16 L.W. Buss: The Evolution of Individuality, Princeton/N.J. 1987.

17 R.H. Coase: Adam Smith's view of man, in: Journal of Law and Economics 19 (1976), S. 529-46.

18 A.C. Emerson: The evolution of adaptation in population systems, in: S. Tax (Hg.): Evolution after Darwin, Bd. 1, Chicago 1960.

19 Persönliche Mitteilung von K. Hill und H. Kaplan.

20 K. Spindler: The Man in the Ice, London 1993.

 * Der Homo erectus heute als Typenbezeichnung für die Fossilfunde der Frühmenschen (Archanthropinen).

21 A. Smith, a.a.O.; R. Wright: The Moral Animal, New York 1994.

Kapitel 3

1 J.-J. Rousseau: A Discourse on Inequality, Harmondsworth 1984 (zuerst 1755).
2 D. Hofstadter: Metamagical Themas: Questing for the Essence of Mind and Pattern, New York 1985; vgl. auch Dennett, a.a.O.
3 Persönliche Mitteilung von Peter Hammerstein.
4 W. Poundstone: Prisoner's Dilemma: John von Neumann, Game Theory and the Puzzle of the Bomb, Oxford 1992.
5 A. Rapaport/A.M. Chummah: Prisoner's Dilemma, Ann Arbor/Mich. 1965.
6 J. Maynard Smith/G.R. Price: The logic of animal conflict, in: Nature 246 (1973), S. 15-18. Im ursprünglichen Beitrag wurde der Begriff ›Taube‹ im letzten Moment in ›Maus‹ abgeändert, um Georg Prices religiösen Empfindlichkeiten entgegenzukommen.
7 A. Rapoport: The Origins of Violence, New York 1989.
8 R. Axelrod: The Evolution of Cooperation, New York 1984.
9 R.L. Trivers: The evolution of reciprocal altruism, in: Quarterly Review of Biology 46 (1971), S. 35-57.
10 Das beste Buch über Spieltheorie in der Biologie ist: K. Sigmund: Games of Life, Oxford 1993.
11 G.S. Wilkinson: Reciprocal food sharing in the vampire bat, in: Nature 308 (1984), S. 181-184. Neuere Untersuchungen bestätigen, daß sogar die flüchtigeren und weniger familienbezogenen männlichen Vampirfledermäuse in derselben Weise sich wechselseitig erkenntlich zeigen. Vgl. L.K. DeNault/D.A. McFarlane: Reciprocal altruism between male vampire bats, in: Desmodus rotundus. Animal behaviour 49 (1995), S. 855-856.
* Hier ist anscheinend die in Süd- und Ostafrika verbreitete Art Cercopithecus aethiops gemeint, die als Altweltaffe zur Ordnung der Primaten und der Gattung der Cercopithecidae gehört.
12 D.L. Cheney/R.M. Seyfarth: How Monkeys see the World, Chicago 1990.
13 Trivers, a.a.O.

Kapitel 4

1 R. Barton, persönliche Mitteilung.
2 R. Dunbar: Grooming, Gossip and the Evolution of Language, London 1996.
* Eine Art Drache, von Lewis Carroll (dem Autor von »Alice im Wunderland« und »Hinter dem Spiegel«) bekannt gemacht, ähnlich wie Christian Morgenstern das Nasobehm kreierte.
3 R. Heinsohn/C. Packer: Complex cooperative strategies in Group-territorial lions, in: Science 269 (1995), S. 1260-62.

4 J.C. Martinez-Coll/J. Hirshleifer: The limits of reciprocity, in: Rationality and Society 3 (1991), S. 35-64.

5 K. Binmore: Game Theory and the Social Contract, Bd. 1: Fair playing, Cambridge/Mass. 1994.

6 C. Badcock: Three fundamental fallacies of modern social thought, in: Sociological Notes, 5 (1990). Die Bemerkung des Schiedsrichters wurde von Lyall Watson in der Financial Times vom 15. 7. 1995 zitiert.

7 Kürzlich sind neue Spielversionen von dem ›Dilemma des Gefangenen‹, mehr räumlicher als zeitlicher Art, erprobt worden, und sie – wenn überhaupt etwas – verstärken den Eindruck, daß ›Wie du mir, so ich dir‹ eine wirksame Strategie ist. Vgl. V.C.L. Hutson/G.T. Vickers: The spatial struggle of tit-for-tat and defect, in: Philosophical Transactions of the Royal Society of London 348 (1995), S. 393-404; R. Ferriere/R.E. Michod: Invading wave of cooperation in a spatially iterated prisoner's dilemma, in: Proceedings of the Royal Society of London, Serie B 259 (1995), S. 77-83.

* Im Hochmittelalter auf Ritterturnieren ein Zweikampf mit scharfen Waffen, oft tödlich.

8 M.A. Nowak/R. M. May/K. Sigmund: The arithmetics of mutual help, in: Scientific American 272 (1995), S. 50-55.

9 R. Boyd: The evolution of reciprocity when conditions vary, in: A.H. Harcourt/F.B.M. de Waal (Hg.): Coalitions and Alliances in Humans and Other Animals, Oxford 1992.

10 P. Kitcher: The evolution of human altruism, in: Journal of Philosophy 90 (1993), S. 497-516.

11 R.H. Frank/T. Gilovich/D.T. Regan: The evolution of one-shot cooperation, in: Ethology and Sociobiology 14 (1993), S. 247-256.

Kapitel 5

1 P.H. Garret/P.J. Gantrey/S. Herbert/D. Kohn/S. Smith (Hg.): Charles Darwin's Notebooks, S. 1836-1844, Cambridge 1987.

2 E. Friedl: Sex the invisible. In: American Anthropologist 96 (1995), S. 833-844. Die ugandischen Ik bilden zu dieser Regel eine Ausnahme: Da sie vom Hungertod bedroht sind, verbergen sie Nahrungsmittel vor anderen. Vgl. C. Turnbull: The Mountain People, New York 1972.

3 N. Fiddes: Meat: A Natural Symbol, New York 1991.

4 B. Galdikas: Reflections of Eden: My Life with the Orang-utans of Borneo, London 1995.

5 C.B. Stanford/J. Wallis/E. Mpongo/J. Goodall: Hunting decisions in wild chimpanzees, in: Behaviour 131 (1994), S. 1-18; C.E.G. Tutin: Mating patterns and reproductive strategies in a community of wild chimpanzees (Pan troglodytes schweinfurthii), in: Behavioural Ecology and Sociobiology 6 (1979), S. 29-38.

* Wegen des äffisch wirkenden Schädels mit kleinem Gehirn wurden sie nach ihrer Entdeckung als »Affenmenschen« betrachtet, trotz des menschenähnlichen Gebisses.

6 K. Hawkes: Foraging differences between men and women, in: J. Steele/S. Shennan (Hg.): The Archaeology of Human Ancestry, London 1995.

7 M. Ridley: The Red Queen. Sex and the Evolution of Human Nature, London 1993.

8 A. Kimbrell: The Masculine Mystique, New York 1995.

9 Economist vom 5. März 1994, S. 96.

10 C.H.Berndt: Digging sticks and spears, or the two-sex model, in: F. Gale (Hg.): Women's role in Aboriginal society (= Australian Aboriginal Studies, Bd. 36), Canberra 1970; T. Megarry: Society in Prehistory, London 1995.

11 Vgl. J. Steele/S. Sheenan, a.a.O.

12 Vgl. M.K. Bennett: The World's Food, New York 1954 – zitiert nach Fiddes, a.a.O.

13 F.B.M. de Waal: Food sharing and reciprocal obligations among chimpanzees, in: Journal of Human Evolution 18 (1989), S. 433-459.

14 K. Hill/H. Kaplan: Population and dry-season subsistence strategies of the recently contacted Yora of Peru, in: National Geographic Research 5 (1989), S. 317-334.

15 B. Winterhalder: Diet choice, risk and food-sharing in a stochastic environment, in: Journal of Anthrophological Archaeology 5 (1986), S. 369-392.

Kapitel 6

* Für die folgende Argumentation wichtig: »Savanne« wird definiert als ein von Baumgruppen, Einzelbäumen und Büschen durchsetztes Grasland, also keine baumlose Steppe.

1 Der Urheber dieses Gedankenspiels war N. Calder: Timescale. An Atlas of the Fourth Dimension, London 1984.

2 R.E. Leakey: The Origin of Humankind, London 1994.

* Nach dem gleichnamigen Fundort in Neu Mexiko benannte Steinzeitkultur mit sorgfältig beidseitig ausgearbeiteten Steinspitzen (u. acht cm lang); älteste Funde vor etwa 12 000 Jahren.

3 R.D. Guthrie: Frozen Fauna of the Mammoth Steppe. The Story of Blue Babe, Chicago 1990; S.A.Zimov/V.I.Churprynin/A.P.Oreshko/F.S.Chapin/J.F.Reynolds/M.C. Chapin: Steppe – tundra transition: a herbivore-driven biome shift at the end of the Pleistocene, in: American naturalist 146 (1995), S. 765-794.

4 M.F. Farmer: The origin of weapon systems, in: Current Anthropology 35 (1994), S. 679-681; C. Keckler, Interview.

5 K. Hawkes: Why hunter-gatherers work: an ancient version of the problems of public goods, in: Current Anthropology, 34 (1993), S. 341-361.

6 N.G. Blurton-Jones: Tolerated theft, suggestions about the ecology and evolution of sharing, hoarding and scrounging, in: Social Science Information, 26 (1987), S. 32-54.

7 K. Hill/H. Kaplan: On why male foragers hunt and share food, in: Current Anthropology 34 (1994), S. 701-706.

8 B. Winterhalder: A marginal model of tolerated theft, in: Ethology and Sociobiology, 17 (1996), S. 37-53.

9 R.D. Alexander: The Biology of Moral Systems, New York 1987.

10 R.A. Brealey/S.C. Myers: Principles of Corporate Finance, New York 1991.

11 J.Q. Wilson: The Moral Sense, New York 1993.

12 M. Sahlins: Stone Age Economics, New York 1966/1972.

13 Alisdair Palmer: Do you sincerely want to be rich?, in: Spectator vom 5. November 1994, S. 9.

14 A. Zahavi: Altruism as a handicap – the limitations of kin selection and reciprocity, in: Journal of Avian Biology 26 (1995), S. 1-3.

15 L Cronk: Strings attached, in: The Sciences vom Mai/Juni 1989, S. 2-4.

16 J. Davis: Exchange, Buckingham 1992.

17 R. Benedict: Patterns of Culture, London 1935.

18 Ebenda.

19 Davis, a.a.O.

Kapitel 7

1 R. Nesse: Commentary, in: Wilson/Sober, a.a.O.

2 Cosmides und Tooby sorgten sich bei der Aufgabenstellung, daß das Wort ›altruistisch‹ jene verwirren könnte, die nicht wüßten, was es bedeutete; sie versuchten statt dessen ›selbstlos‹ zu verwenden und erhielten fast genau dasselbe Ergebnis.

3 J. Barkow/L. Cosmides/J. Tooby: The Adapted Mind, Oxford 1992.

4 L. Sugijama: Vortrag beim Treffen der ›Human Behavior and Evolution Society‹ in Santa Barbara/Kalif., Juni 1995.

5 Interview mit L. Cosmides.

6 Stephen Budiansky schlug mir diesen Punkt vor.

7 Barkow/Cosmides/Tooby, a.a.O.

8 Trivers, a.a.O.

9 Ghiselin, a.a.O. Den strittigen Punkt über das Christentum hat der leitartikelnde Journalist Matthew Parris gut ausgeführt.

10 R.H. Frank: Passions within Reason, New York 1988.

11 Die Blaumeisen-Geschichte stammt von T.R. Birkhead/A.P. Moller: Sperm Competition in Birds. Evolutionary Causes and Consequences, London 1992.

12 Trivers, a.a.O.; Ders.: The evolution of a sense of Fairness, in: Absolute Values and the Creation of the New World, Bd. 2, New York 1983.
13 Frank, a.a.O.
14 K. Binmore: Game Theory and the Social Contract, Bd. 1: Playing Fair, Cambridge/Mass. 1994.
15 R.D. Alexander: The Biology of Moral Systems, New York 1987; P. Singer: The Expanding Circle. Ethics and Sociobiology, New York 1981.
16 V. Smith, Vortrag beim Treffen der ›Human Behavior and Evolution Society‹ in Santa Barbara/ Kalif., Juni 1995.
17 Frank, a.a.O.
18 J. Kagan: The Nature of the Child, New York 1984.
19 D. Cheney, Vortrag in der Royal Society am 4. April 1994.
20 J.Q. Wilson: The Moral Sense, New York 1993.
21 A. Damasio: Descartes's Error: Emotion, Reason and the Human Brain, London 1995.
22 Dawkins, a.a.O.
 * Im Original deutsch und kursiv.
23 Jacob Viner, zitiert nach R.H. Coase: Adam Smith's view of man, in: Journal of Law and Economics 19 (1976), S. 529-546.

Kapitel 8

1 C. Packer: Reciprocal altruism in olive baboons, in: Nature 265 (1977), S. 441-443.
2 R. Noe: Alliance formation among male baboons: shopping for profitable partners, in: Harcourt/de Waal, a.a.O.
3 J.A.R.A.M. Van Hooff/C.P. van Schaik: Cooperation in competition: the ecology of primate bonds, in: Harcourt/de Waal, a.a.O.
4 J.B. Silk: The patterning of intervention among male bonnet macaques: reciprocity, revenge and loyalty, in: Current Anthropology 33 (1992), S. 318-325; Dies.: Does participation in coalitions influence dominance relationships among male bonnet macaques?, in: Behaviour 126 (1993), S. 171-189; Dies.: Social relationships of male bonnet macaques, in: Behaviour (im Druck).
5 D. Dennett, a.a.O.
6 S. Pinker: The Language Instinct, London 1994.
7 H. Cronin: The Ant and the Peacock, Cambridge 1991; Rawls, a.a.O.
8 T. Nishida/T. Hasegawa/H. Hayaki/Y. Takahata/S. Uehara: Meat-sharing as a coalition strategy by an alpha male chimpanzee?, in: T. Nishida/W.C. McGrew/P. Marler/M. Pickford/F.B.M. de Waal (Hg.): Topics in Primatology, Bd. 1: Human Origins, Tokyo 1992.
9 F.B.M. de Waal: Chimpanzee Politics, Baltimore 1982; Ders.: Coalitions as part of reciprocal relations in the Arnhem chimpanzee colony, in

Harcourt/de Waal, a.a.O.; F.B.M. de Waal: Good Natured: The Origins of Right and Wrong in Humans and Other Animals, Cambridge/ Mass. 1996.

10 C. Boehm: Segmentary ›warfare‹ and the management of conflict. Comparison of East African chimpanzees and patrilineal-patrilocal humans, in: Harcourt/de Waal, a.a.O.

11 R.C. Connor/R.A. Smolker/A.F. Richards: Dolphin alliances and coalitions, in: Harcourt/de Waal, a.a.O.

12 Boehm, a.a.O.

13 J. Moore in: Wilson/Sober, a.a.O.

14 Boehm, a.a.O.

15 E. Gibbon: The History of the Decline and Fall of the Roman Empire, Bd. 4, London 1993 (zuerst 1776-1788 ältere Übersetzungen).

Kapitel 9

* Zitiert nach der frühesten deutschen Übersetzung von J. Victor Carus: Die Abstammung des Menschen und die geschlechtliche Zuchtwahl, 2 Bde., Stuttgart 1871/72, hier Bd. 1, 1. Teil, Kap. 5.

1 M. Mesterson-Gibbons/L.A. Dugatkin: Cooperation among unrelated individuals: evolutionary factors, in: Quarterly Review of Biology 67 (1992), S. 267-281; S. Rissing/G. Pollock: Queen aggression, pheometric advantage and brood raiding in the ant Veromessor pergandei, in: Animal Behaviour 35 (1987), S. 975-982; Hölldobler/Wilson, a.a.O.

2 V.C. Wynne-Edwards: Animal Dispersion in Relation to Social Behaviour, London 1962.

3 D. Lack: Population Studies of Birds, Oxford 1966.

4 W.D. Hamilton: Geometry for the selfish herd, in: Journal of Theoretical Biology 31 (1971), S. 295-311; R.D. Alexander: Evolution of the human psyche, in: P. Mellars/C. Stringer (Hg.): The Human Revolution, Edinburgh 1989.

5 E. Szathmary/J. Maynard Smith: The major evolutionary transitions, in: Nature 374 (1995), S. 227-232; Alexander, a.a.O.

6 R. Boyd/P. Richerson: Culture and cooperation, in: J.J. Mansbridge (Hg.): Beyond Self-Interest, Chicago 1990.

7 R. Boyd, Vortrag in der Royal Society am 4. April 1995.

8 Boyd/Richerson, a.a.O.

9 S. Sutherland: Irrationality: The Enemy Within, London 1992.

* Ridley schreibt von ›Prozac‹, einem stimmungsaufhellenden Medikament, das vor allem auf dem amerikanischen Markt ein Kassenschlager ist, weil es zwar nicht wie ein echtes psychiatrisches Arzneimittel wirkt (z. B. Neuroleptika, Antidepressiva usw.), mit all deren schweren und schwersten Nebenwirkungen (Hormonstörungen, Fettstoffwechselstörungen, Wirkungen auf das ZNS und vor allem

Abhängigkeit), sondern wie ein ganz leichter Tranquilizer (z.B. Valium), nur eben schwächer und ohne die unerwünschten Begleiterscheinungen wie Müdigkeit und wiederum Abhängigkeit. Es gilt – weil man damit Schüchternheit, Ängste, Hemmungen ausmerzt und schlagfertig, ausgeglichen, gutgelaunt, kommunikativ wird – als Pille für den Erfolgsmenschen.

10 Ridley, a.a.O. Vgl. auch D. Hirshleifer: The blind leading the blind: social influence, fads and informational cascades, in: M. Tommasi (Hg.): The New Economics of Behaviour, Cambridge 1995; S. Bikhchandani/ D. Hirshleifer/I. Welch: A theory of fads, fashion, custom and cultural change as informational cascades, in: Journal of Political Economy 100 (1992), S. 992-1026.

11 Hirshleifer, a.a.O. Bikhchandani/Hirshleifer/Welch, a.a.O.

12 H. Simon: A mechanism for social selection of successful altruism, in: Science 250 (1990), S. 1665-1668.

13 J. Soltis/R. Boyd/P.J. Richerson: Can group-functional behaviors evolve by cultural group selection? An empirical test, in: Current Anthropology 36 (1995), S. 473-494.

14 C. Palmer, Rede vor der »Human Behavior and Evolution Society«, Santa Barbara, Juni 1995.

15 John Hartung, schriftliche Mitteilung.

* Traditionelles Fest am Abend vor Allerheiligen, also dem 31. Oktober, bei dem die Kinder weitgehend bestimmen dürfen.

16 Lyle Steadman, persönliche Mitteilung.

17 W. McNeill, Rede vor der »Human Behavior and Evolution Society«, Ann Arbor/Michigan, August 1994.

18 B. Richman: Rythm and Melody in Gelada vocal exchanges, in: Primates 28 (1987), S. 199-223; A. Storr: Music and the Mind, London 1993.

19 Gibbon, a.a.O.

20 Mead wird zitiert in H.Bloom: The Lucifer Principle, Boston 1995; Alexander, a.a.O.

21 J. Hartung: Love thy neighbour, in: The Sceptic 3/4 (1995); A. Keith: Evolution and Ethics, New York 1947.

Kapitel 10

1 L. Sharp: Steel axes for Stone-Age Australians, in: Human Organization (Sommer 1952), S. 17-22.

* Die Art Homo sapiens wird nach gängiger Terminologie auf den Jetztmenschen (Homo sapiens sapiens) und den Altmenschen (Homo sapiens neanderthalensis) bezogen, während der Frühmensch (Homo erectus) eine andere Art innerhalb der Gattung Homo darstellt.

2 Ich bin Kim Hill dankbar, daß er mich auf diesen Punkt hinwies.

3 R.H. Layton: Are sociobiology and social anthropology compatible? The significance of sociocultural resources in human evolution, in: V. Standen/R. Foley (Hg.): Comparative Socioecology, Oxford 1989.

4 N. Chagnon: Yanomamo, the Fierce People, New York 1983.

* In den folgenden Abschnitten ist immer wieder von ›Staat‹, ›Nation‹, ›Landesgrenzen‹ etc. die Rede, wobei der Leser berücksichtigen sollte, daß diese Begriffe, und auf das Mittelalter bezogen und nicht im heutigen Verständnis anwendbar sind, vom Autor hier nur der Einfachheit halber verwandt werden.

5 B. Benson: The spontaneous evolution of commercial law, in: Southern Economic Journal 55 (1989), S. 644-661; Ders.: The Enterprise of Law, San Francisco 1990.

6 Coeur wurde auf der Insel Chios eingekerkert und starb dort 1456. Sein wunderbarer gotischer Palast ist eine der Sehenswürdigkeiten von Bourges.

* Das ist nicht der heutige kleine Staat am Golf von Guinea, sondern ein sehr viel größeres Reich am oberen Niger und Senegal.

7 A.M. Watson: Back to gold – and silver, in: Economic History Review 20 (1967), S. 1-34.

8 P. Samuelson, zitiert in G.P. Brockway: The End of Economic Man, New York 1993, S. 299.

9 R.L. Heilbronner: The Worldly Philosophers, New York 1961.

10 P. Straffa (Hg.): The Works of David Ricardo, Cambridge 1951.

11 R.D. Roberts: The Choice: A Fable of Free Trade and Protectonism, Eaglewood Cliff/New Jersey 1994.

12 E. Alden-Smith: Risk and uncertainty in the ›original affluent society‹: evolutionary ecology of resource sharing and land tenure, in: T. Ingold/D. Riches/J. Woodburn (Hg.): Hunters and Gatherers, Bd. 1: History, Evolution and Social Change, Oxford 1988.

13 Interview mit Robert Layton; Paul Mellars, Vortrag in der Royal Society; C. Gamble: Timewalkers: The Prehistory of Global Colonisation, London 1993.

Kapitel 11

* Da Ridley keine moderne Bibelversion, sondern den Text der klassischen englischen Bibelübersetzung aus der Shakespearezeit zitiert, die sog. King James Bibel von 1611, folgen wir der Lutherübersetzung, Ausgabe letzter Hand von 1545, ND München 1974, bzw. Stuttgart 1996.

** In der Literatur wird meist das Jahr 1855 genannt, aber auch 1853.

1 A. Gore: Earth in the Balance. Ecology and the Human Spirit, Boston 1992.

2 Ebenda.

3 L. Brown: State of the World, Washington/DC 1992; J. Porritt: Save the Earth, London 1991; den Papst zitiert Gore, a.a.O.; der Prinz von Wales schrieb das Vorwort zu Poritts Buch.

4 W. Kauffman: No Turning Back: Dismantling the Fantasies of Environmental Thinking, New York 1995; S. Budiansky: Nature's Keepers: The New Science of Nature Management, London 1995.

5 C.E. Kay: Aboriginal overkill: the role of the native Americans in structuring western ecosystems, in: Human Nature 5 (1994), S. 359-398.

6 D.W. Posey (1993) zitiert aus W.T. Vickers: From opportunism to nascent conservation. The case of the Siona Secoya, in: Human Nature 5 (1994), S. 307-337.

7 C. Tudge: The Day before Yesterday, London 1996; C. Stringer/R. McKie: African Exodus, London 1996.

* Das sind mit 453,6 kg fast eine halbe Tonne!

8 D.W. Steadman: Prehistoric exstinctions of Pacific islands birds: biodiversity meets zooarcheology, in: Science 267 (1995), S. 1123-1131.

9 T. Flannery: The Future Eaters, Chatswood/Australia 1994.

10 M.S. Alvard: Conservation by native peoples: prey choice in a depleted habitat, in: Human Nature 5 (1994), S. 127-154.

11 J. Diamond: The Rise and Fall of the Third Chimpanzee, London 1991.

12 R. Nelson: Searching for the lost arrow: physical and spiritual ecology in the hunter's world, in: S.R. Kellert/E.O. Wilson (Hg.): The Biophilia Hypothesis, Washington/DC. 1993.

13 R. Hames: Game conservation or efficient hunting? In: B. McCay/J. Acheson (Hg.): The Question of the Commons, Tucson/Arizona 1987.

* Auch Riesennager genannt; zur Überfamilie der Meerschweinchenartigen gehörig, Gattung Capybara mit der einzigenArt Hydrochoerus hydrochaeris.

14 Alvard, a.a.O.

15 Vickers, a.a.O.

16 A.M. Sterman: ›Only slaves climb trees‹: revisiting the myth of the ecologically noble savage in Amazonia, in: Human Nature 5 (1994), S. 339-357.

17 Ebenda zitiert.

18 B.S. Low/J.T. Heinen: Population, Resources and environment, in: Population and Environment 15 (1993), S. 7-41.

Kapitel 12

1 Zitiert in E. Brubaker: Property Rights in the Defence of Nature, London 1995.

* Da es sich um angelsächsische ›pounds‹ handelt, sind das rund 7260 – 9970 metrische Tonnen.

2 J. Acheson: The lobster fiefs revisited, in: B. McCay/J. Acheson (Hg.): The Question of the Commons, Tucson/Arizona 1987.

3 H.S. Gordon: The economic theory of a common-property resource: the fishery, in: Journal of Political Economy 62 (1954), S. 124-142.

4 G. Hardin: The tragedy of the commons, in: Science 162 (1968), S. 1243-1248.

5 ›Commons‹, hg. von der Country Landowner's Association, Broschüre Nr. 16 (Oktober 1992).

6 R. Townsend/J.A. Wilson in: The Question of the Commons (wie Anm. 2 dieses Kapitels); Oliver Rackham, Korrespondenz mit dem Autor.

7 Um fair zu sein: Hardin hat seitdem gesagt, in seinem ersten Artikel hätte er den Begriff »unmanaged commons« präziser verwenden sollen.

8 E. Ostrom: Governing the Commons: The Evolution of Institutions for Collective Action, Cambridge 1990; D.W. Brown: When Strangers Cooperate: Using Social Conventions to Govern Ourselves, New York 1994.

9 E. Ostrom/R. Gardner/J. Walker: Rules, Games and Commonpool Resources, Princeton/New Jersey 1993.

10 G. Monbiot: The tragedy of enclosure, in: Scientific American, Januar 1994, S. 140.

11 W. Ophuls: Leviathan or oblivion, in: H.E. Daly (Hg.): Towards a Steady-state Economy, San Francisco 1973.

12 R. Bonner: At the Hand of Man, New York 1993; I. Sugg/U.P. Kreuter: Elephants and Ivory: Lessons from the Trade Ban, London 1994.

13 E. Ostrom/R. Gardner: Coping with asymmetries in the commons: self-governing irrigation systems can work, in: Journal of Economic Perspectives 7 (1993), S. 93-112.

14 S. Lansing, Rede auf dem Treffen der ›Human Behavior and Evolution Society‹ in Ann Arbor/Michigan im Juni 1994.

15 G. Chichilinisky: The economic value of the earth's resources, in: Trends in Ecology and Evolution 11 (1996), S. 135-140; H. De Soto: The missing ingredient, in: ›The future surveyed: 150 Economist year's‹, Economist vom 11. September 1993, S. 8-10.

16 E. Ostrom/J. Walker/R. Gardner: Covenants without a sword: self-go-vernance is possible, in: American political Science Review 86 (1992), S. 404-417. Eine ähnliche Folgerung – daß die Kommunikation bei der Lösung von Allmendetragödien entscheidend sei – wurde mit der Verwendung eines anderen Spielansatzes durch J.J. Edney/C.S. Harper erreicht: The effects of information in a resource management problem. A social trap analogy, in: Human Ecology 6 (1978), S. 387-395.

17 J. Diamond: New Guineans and their natural world, in: The Biophilia Hypothesis (wie Anm. 12 in Kap. 11).

18 D.N. Jones/R.W.R.J. Dekker/C.S. Roselaar: The Megapodes, Oxford 1995.
19 Vgl. die Kapitel von Eric Alden-Smith und Richard Lee in: T. Ingold/D. Riches/J. Woodburn (Hg.): Hunters and Gatherers, Bd. 1: History, Evolution and Social Change, Oxford 1988.
20 Brubaker, a.a.O.
21 E. Cashdan: Egalitarianism among hunters and gatherers, in: American Anthropologist 82 (1980), S. 116-120.
22 J.G. Carrier/A.H. Carrier: Profitless property: marine ownership and access to wealth on Ponam Island, Manus Province, in: Ethnology 22 (1983), S. 131-151.
23 P.L. Osborne: Biological and cultural diversity in Papua New Guinea: conversation, conflicts, constraints and compromise, in: Ambio 24 (1995), S. 231-237.
24 Brubaker, a.a.O.; T. Anderson (Hg.): Property Rights and Indian Economies, Lanham/Maryland 1992.

Kapitel 13

1 Zitiert aus R.K. Webb: Harriet Martineau: A Radical Victorian, London 1960.
2 Viele Versuche, den verschiedenen Gesellschaften der Nord- und Süditaliener auch genetische Unterschiede zuzuschreiben, wurden unternommen, aber nur wenige sind überzeugend. Vgl. M. Kohn: The Race Gallery, London 1995.
3 R. Putnam: Making Democracy Work: Civil Traditions in Modern Italy, Princeton/New Jersey 1993. F. Fukuyama: Trust: the Social Virtues and the Creation of Prosperity, London 1995.
4 R.D. Masters: Machiavelli, Leonardo and the Science of Power, Notre Dame/Ind. 1996; J. Passmore: The Perfectibility of Man, London 1970.
5 T. Hobbes: Leviathan. Introduction by Kenneth Minogue, London 1973 (zuerst 1651).
6 T.R. Malthus: Das Bevölkerungsgesetz, München 1972 (Orig. 1798). Vgl. M.T. Ghiselin: Darwin, progress, and economic principles, in: Evolution 49 (1995), S. 1029-1037. Exzentrischerweise meine ich, Darwin übertrieb seine Verpflichtung gegenüber (dem Werk von) Malthus, um die gegenüber Erasmus Darwin, seinem skandalumwitterten Großvater, zu verschleiern. Erasmus' großes Gedicht »Der Tempel der Natur«, posthum 1801 veröffentlicht, war sehr stark von Malthus beeinflußt, und sicherlich las Darwin es lange vor 1828, als er Malthus studierte.
7 L.B. Jones: The institutionalists and On the Origin of Species: a case of mistaken identity, in: Southern Economic Journal 52 (1986), S. 1043-1055; S. Gordon: Darwin and political economy: the connection reconsidered, in: Journal of the History of Biology 22 (1989), S. 437-459.

377

8 T.H. Huxley: The struggle for existence in human society. Collected Essays 9, o.O. 1888.

* Vermutlich spielt der Autor hier z. B. auf die US-amerikanischen Einwanderungsgesetze an, die in den 1920ern zweimal zugunsten der Völker des nördlicheren Europas mit germanischen Sprachen und des ›nordiden Phänotypus‹ geändert wurden, und auf die jahrzehntelang praktizierte zwangsweise Sterilisierung indianischer Frauen.

9 Die Information über Hitlers eugenische Quellen und das Zitat von Wells stammen aus G. Watson: The Idea of Liberalism, London 1985.

10 C. Degler: In Search of Human Nature: The Decline and Revival of Darwinism in American Social Thought, New York 1991.

11 Rousseau, a.a.O.

12 Zitiert in H.G. Graham: Rousseau, Edinburgh 1882.

13 Wracktrümmer von La Pérouses zwei Schiffen, dem Astrolabe und der Boussole, wurden achtundzwanzig Jahre später vor der Küste von Vanikoro gefunden, einer Insel nörlich der Neuen Hebriden. Sein Reisebericht wurde posthum veröffentlicht, und zwar an Hand der Notizen, die er 1787 nach Paris gesandt hatte.

14 A. Moorehead: The Fatal Impact: An Account of the Invasion of the South Pacific, 1767-1840, London 1966; P. Neville-Sington/D. Sington: Paradise Dreamed, London 1993.

15 Derek Freeman: The debate, at heart, is about evolution, in: M. Fairburn/W.H. Oliver (Hg.): The Certainty of Doubt: Tributes to Peter Mun, Wellington/Neuseeland 1995.

16 Vergl. Ders.: Paradigms in collision. Eine öffentliche Vorlesung, gehalten an der Australian National University am 23. Oktober 1991; Ders.: Margaret Mead and Samoa: The Making and Unmaking of an Anthropological Myth, Cambridge/Mass. 1983, deutsch als: Liebe ohne Aggression, München 1983; Wright, a.a.O.

* Da Ridley wörtlich schreibt, »Weil etwas sein soll, deshalb muß es sein«, drängt sich dem Übers. hier das Morgensternsche Zitat geradezu auf.

17 Zitiert in Passmore, a.a.O.

18 Vgl. Robert Wright in der New Republic vom 28. November 1994, S. 34.

19 Jung Chang: Wilde Schwäne. Die Geschichte einer Familie. Drei Frauen in China von der Kaiserzeit bis heute, München 1993; vergl. auch Wright, a.a.O.

20 H. Simon: A mechanism for social selection and successful altruism, in: Science 250 (1990), S. 1665-1668.

21 R. Fox: The Search for Society: Quest for a Biosocial Science and Morality, New Brunswick 1989.

22 W. Hazlitt: A reply to the essay on population by the Rev. T.R. Malthus, in: The Collected Works of William Hazlitt, Bd. 4, London 1902.

23 J.B. Stewart: Den of Thieves, New York 1992.
24 Wright, a.a.O.
25 F.A. Hayek: Law, Legislation and Liberty, Bd. 3: The Political Order of a
   Free People, Chicago 1979.
26 Time vom 25. Dezember 1995.
27 A. Duncan/D. Hobson: Saturn's Children, London 1995.